高等职业教育"十二五"规划教材

应用数学基础（理工类）

邢春峰　主编

张　耘　袁安锋　副主编

人民邮电出版社

北京

图书在版编目（CIP）数据

应用数学基础：理工类 / 邢春峰主编. -- 北京：
人民邮电出版社，2011.7
高等职业教育"十二五"规划教材
ISBN 978-7-115-25384-2

Ⅰ．①应… Ⅱ．①邢… Ⅲ．①应用数学－高等职业教
育－教材 Ⅳ．①O29

中国版本图书馆CIP数据核字(2011)第086475号

内 容 提 要

本书内容包括：函数、极限与连续，导数及其应用，积分学及其应用，无穷级数，矩阵及其应用，概率论与数理统计初步，数理逻辑初步，图论初步，数学建模初步与应用范例。本书以应用为目的，重视概念、几何意义及实际应用，有利于培养学生的数学应用意识和能力；内容阐述简明扼要、通俗易懂，同时注重渗透数学思想方法，便于教师讲授和学生自学；每章最后按学习内容的先后顺序及难易程度编排了习题，书后附有参考答案，便于任课教师根据学生的不同情况布置作业；基本上每章最后增加了注重基本数学运算的实验，让学生借助于计算机，充分利用数学软件（如 Mathematic）的数值功能和图形功能，很形象地演示一些概念并验证一些基本结论，使学生从感官上更形象地理解所学的数学知识，加深对数学基本概念的认识和理解。为了使广大读者更好地掌握教材的有关内容，加深理解并增强处理实际问题的能力，还编写了《应用数学基础（理工类）训练教程》一书，与主教材配套使用。

本教材可作为各类高等职业院校两年制或三年制（少学时）电子信息类及工程类等各专业的教材，也可供专升本及相关人员阅读参考。

高等职业教育"十二五"规划教材

应用数学基础（理工类）

◆ 主　　编　邢春峰
　　副 主 编　张　耘　袁安锋
　　责任编辑　丁金炎
　　执行编辑　洪　婕

◆ 人民邮电出版社出版发行　北京市崇文区夕照寺街 14 号
　　邮编　100061　电子邮件　315@ptpress.com.cn
　　网址　http://www.ptpress.com.cn
　　大厂聚鑫印刷有限责任公司印刷

◆ 开本：787×1092　1/16
　　印张：16
　　字数：394 千字　　　　　　　2011 年 7 月第 1 版
　　印数：1－3 000 册　　　　　　2011 年 7 月河北第 1 次印刷

ISBN 978-7-115-25384-2
定价：31.00 元

读者服务热线：(010)67132746　印装质量热线：(010)67129223
反盗版热线：(010)67171154
广告经营许可证：京崇工商广字第 0021 号

　　本教材借鉴国内外同类学校的教改成果，结合高等职业院校应用数学的教学特点、现状，以及当前教学改革实际编写的。内容精简扼要、条理清楚、深入浅出、通俗易懂，例题、习题难易适度，可作为各类高等院校两年制或三年制（少学时）电子信息类及工程类等各专业的教材，也可供专升本及相关人员阅读参考。

　　教材主要内容包括：函数、极限与连续，导数及其应用，积分学及其应用，无穷级数，矩阵及其应用，概率论与数理统计初步，数理逻辑初步，图论初步，数学建模初步与应用范例。从结构安排上采用了分模块、分层次的方式，以一元函数微积分（函数、极限与连续、微分学及其应用、积分学及其应用）为基础模块，在此基础上，面向不同专业需求，设置了无穷级数、矩阵及其应用、概率论与数理统计初步、数理逻辑初步、图论初步、数学建模初步与应用范例等应用模块，教师可根据不同专业需求进行选用。

　　我们遵循"以应用为目的，以必需、够用为度"的教学原则，强调数学概念、原理与实际问题的联系，注意结合具体应用实例引入数学的概念和原理，以问题为引线，进行数学思想、概念、原理及其实际意义等方面的介绍，用大量实例反映数学的应用，并逐步引入数学建模思想。所选案例不但优选了微积分在几何、物理方面的应用，还挖掘了微积分在其他学科领域中的一些应用。对于加强数学的应用性，培养学生应用数学思想和方法，认识、分析和解决实际问题的意识、兴趣、能力，进行了有益尝试。

　　与此同时，本教材在编写过程中，结合高等职业教育学生形象思维强的特点，在内容呈现与讲授过程中，强调直观描述和几何解释，适度淡化理论证明或推导；同时，每章最后大多增加了注重基本数学运算的实验，让学生借助于计算机，充分利用数学软件（如 Mathematic）的数值功能和图形功能，很形象地演示一些概念和验证一些基本结论，使学生从感官上更形象地理解所学的数学知识，加深对数学基本概念的认识和理解。在编写过程中，编者努力使本教材成为学生易学、教师易教的实用性较强的教材。希望通过本课程的学习，不仅使学生学到数学知识，而且有利于他们开阔眼界，养成正确的思维方式，提高自己的综合素质。

　　本书由邢春峰任主编，张耘、袁安锋任副主编。参加本书编写的还有：李林杉、王海菊、戈西元、崔菊连、陈艳燕、王笛。

　　限于编者水平，以及高等职业教育数学课程和教学内容的改革不断深入，本教材中不当之处在所难免，恳请同行教师和读者不吝赐教，批评指正。

编者

2010 年 12 月

Contents

目录

第1章　函数、极限与连续

微积分是以函数为主要研究对象的一门数学课程。极限是微积分的基本推理工具，连续是函数的一个重要性态。

1.1　函　　数

1.1.1　心电图问题——认识函数

在研究自然现象或社会现象时，往往会遇到几个变量。这些变量并不是孤立地变化的，而是存在着某种相互依赖关系，为了说明这种关系，给出下面几个例子。

【例1】（心电图）心电图（EKG）是由心电图仪直接根据病人的心率情况绘制的。如图1-1所示，由图形可以看出，它的图像上每一点都代表着相应时间对应的电流活动值。从而，这里的图形又表示了变量与变量间的对应关系。

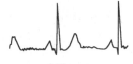
图 1-1

【例2】（汽车租赁）某汽车租赁公司出租某种汽车的收费标准为每天的基本租金200元加每千米收费10元。租赁一辆该汽车一天，行驶 x km 时的租车费（元）由

$$y = 200 + 10x$$

给出。在上式中，x 的取值范围为数集 $D = \{x \mid x \geqslant 0\}$，对每一个 $x \in D$，按上式都有唯一确定的 y 与之对应。

上述两个例子都给出了变量与变量间的对应关系，它们有一个共同特征：其中一个变量的任何取值（按照某种对应方式），都有另一变量的一个相应值与它对应。这种对应关系就是函数。

1.1.2　函数的概念与性质

1. 函数的概念

【定义1】设 x，y 是两个变量，若对非空数集 D 中每一个值 x，按照一定的对应法则 f，总有确定的数值 y 和它对应，则称变量 y 是 x 的函数，记作 $y=f(x)$。称 x 为自变量，y 为因变量，数集 D 为定义域，f 是函数符号，它表示 y 与 x 的对应法则。函数符号也可由其他字母来表示，例如，g，F，G 等。

当自变量取定 $x_0 \in D$ 时，与 x_0 对应的数值称为函数在点 x_0 处的函数值，记作 $f(x_0)$ 或 $y\big|_{x=x_0}$。当 x 取遍 D 中的每一个值时，对应的函数值组成的集合称为函数的值域。

由函数的定义可知，定义域和对应法则是函数定义的两个要素，如果两个函数具有相同的定义域和对应法则，那么它们就是同一个函数。如 $f(x) = \dfrac{x}{x}$ 与 $g(x) = 1$ 是不同的两个函数，因为它们的定义域不同。

【例3】已知函数 $f(x) = \dfrac{x}{x+1}$，求 $f(0)$，$f(-x)$，$f(x^2-1)$。

解：$f(0) = \dfrac{0}{0+1} = 0$；$f(-x) = \dfrac{-x}{-x+1} = \dfrac{x}{x-1}$；$f(x^2-1) = \dfrac{x^2-1}{x^2-1+1} = 1 - \dfrac{1}{x^2}$。

【例4】求函数 $y = \sqrt{6-5x-x^2} + \ln(x+1)$ 的定义域。

解：要使函数有意义，则有

$$\begin{cases} 6-5x-x^2 \geqslant 0 \\ x+1 > 0 \end{cases}$$

解得　$-1 < x \leqslant 1$，所以函数的定义域为 $(-1, 1]$。

2．函数的性质

（1）有界性

【定义2】设函数 $y = f(x)$ 在区间 I 内有定义，如果存在一个正数 M，对于任意的 $x \in I$，恒有 $|f(x)| \leqslant M$，则称 $f(x)$ 在 I 上有界。否则无界。

例如，$y = \cos x$ 在 $(-\infty, +\infty)$ 内有界；函数 $y = \dfrac{1}{x}$ 在 $(0, 2)$ 内无界。

（2）单调性

【定义3】设函数 $y = f(x)$ 在区间 I 内有定义，对于区间 I 内的任意两点 x_1，x_2，不妨设 $x_1 < x_2$，若 $f(x_1) < f(x_2)$，则称函数 $f(x)$ 在区间 I 内是单调增加的；若 $f(x_1) > f(x_2)$，则称函数 $f(x)$ 在区间 I 内是单调减少的。

例如，函数 $y = x^2$ 在区间 $[0, +\infty]$ 内是单调增加的，在区间 $(-\infty, 0]$ 内是单调减少的。

（3）奇偶性

【定义4】设函数 $y = f(x)$ 在关于原点对称的区间 I 内有定义，若对于任意的 $x \in I$，恒有 $f(-x) = f(x)$，则称 $y = f(x)$ 为偶函数；若 $f(-x) = -f(x)$，则称 $y = f(x)$ 为奇函数。

偶函数的图形关于 y 轴对称；奇函数的图形关于原点对称。

例如，函数 $y = x^2$ 在区间 $(-\infty, +\infty)$ 内是偶函数；函数 $y = x^3$ 在区间 $(-\infty, +\infty)$ 内是奇函数。

（4）周期性

【定义5】设函数 $y = f(x)$ 在区间 I 内有定义，如果存在一个不为零的实数 T，对于任意的 $x \in I$，有 $(x+T) \in I$，且恒有 $f(x+T) = f(x)$，则称 $y = f(x)$ 是周期函数。实数 T 称为周期。通常我们所说的周期函数的周期指的是函数的最小正周期。

例如，函数 $y = \sin x$ 是以 2π 为周期的周期函数。

3．反函数、分段函数

（1）反函数

在研究两个变量之间的依赖关系时，根据具体问题的实际情况，需要选定其中一个为自变量，那么另一个就是因变量（或函数）。

例如，在商品销售中，已知某商品的价格（即单价）为 p。如果要想用该商品的销售量 x 来计算该商品的销售总收入 y，那么 x 是自变量，y 是因变量，其函数关系为

$$y = px$$

反过来，如果想以这种商品的销售总收入来计算其销售量，就必须把 y 作为自变量，x 作为因变量，并由函数 $y = px$ 解出 x 关于 y 的函数关系

$$x = \frac{y}{p}$$

这时称 $x = \frac{y}{p}$ 为 $y = px$ 的反函数，$y = px$ 为直接函数。

【定义 6】 设函数 $y = f(x)$ 的定义域为 D_f，值域为 R_f，如果对任意一个 $y \in R_f$，D_f 内只有一个数 x 与 y 对应，使得 $y = f(x)$，这时把 y 看成自变量，x 看成因变量，就得到一个新的函数，称为直接函数 $y = f(x)$ 的反函数，记作 $x = f^{-1}(y)$。

习惯上，把函数 $y = f(x)$ 的反函数写作 $y = f^{-1}(x)$。反函数的定义域记为 $D_{f^{-1}}$，值域记为 $R_{f^{-1}}$。显然 $D_{f^{-1}} = R_f$，$R_{f^{-1}} = D_f$。

注意： $y = f(x)$ 与 $y = f^{-1}(x)$ 的图形关于直线 $y = x$ 对称。

【例 5】 求函数 $y = x^3 - 1$ 的反函数。

解： 由直接函数 $y = x^3 - 1$ 解出 $x = \sqrt[3]{y+1}$，得到所求反函数 $y = \sqrt[3]{x+1}$，其定义域为 $(-\infty, +\infty)$。

（2）分段函数

【例 6】 北京到某地的行李费按如下规定收取，当行李不超过 50kg 时，按基本运费 0.30 元/千克计算，当超过 50kg 时，超过部分按 0.45 元/千克收费，试求北京到该地的行李费 y（元）与行李重量 x（kg）之间的函数关系。

解： 当 $0 \leqslant x \leqslant 50$ 时，$y = 0.3x$；

当 $x > 50$ 时，$y = 0.3 \times 50 + 0.45(x - 50) = 0.45x - 7.5$

所以行李费 y（元）与行李重量 x（kg）之间的函数关系为

$$y = \begin{cases} 0.3x, & 0 \leqslant x \leqslant 50 \\ 0.45x - 7.5, & x > 50 \end{cases}$$

在上例中我们见到的函数关系，一个函数要用几个式子表示，这种在自变量的不同变化范围中，对应法则用不同式子来表示的函数通常称为**分段函数**。分段函数的图形在每一个分段上与相应表达式函数的图形相同。

【例 7】 已知分段函数 $f(x) = \begin{cases} 2\sqrt{x}, & 0 \leqslant x \leqslant 1 \\ 1 + x, & x > 1 \end{cases}$，

① 求 $f\left(\dfrac{1}{4}\right)$，$f(1)$ 和 $f(3)$；

② 求函数的定义域；

③ 画出函数图形。

解： ① 当 $x = \dfrac{1}{4}$ 时，条件 $0 \leqslant x \leqslant 1$ 成立，按表达式 $f(x) = 2\sqrt{x}$ 计算，从而

$$f\left(\frac{1}{4}\right) = 2\sqrt{\frac{1}{4}} = 1$$

当 $x = 0$ 时，仍有条件 $0 \leqslant x \leqslant 1$ 成立，仍按这一表达式 $f(x) = 2\sqrt{x}$ 计算，有

$$f(0) = 2 \times \sqrt{0} = 0$$

当 $x = 3$ 时，条件 $x > 1$ 成立，按表达式 $f(x) = 1 + x$ 计算，从而

$$f(3) = 1 + 3 = 4$$

② 因为函数定义域为自变量的所有可能取值，所以定义域为：$\{x \mid 0 \leqslant x \leqslant 1\} \bigcup \{x \mid x > 1\}$，即$[0, +\infty]$。

③ 函数$f(x)$图形由函数$y = 2\sqrt{x}$的$[0, 1]$段与直线$y = 1 + x$的（$1, +\infty$）段组成，分别将两个图形对接在同一图中，就得到了给定函数的图形，如图 1-2 所示。

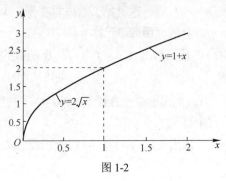

图 1-2

1.1.3 复合函数与初等函数

1. 基本初等函数

基本初等函数除了常值函数$y = c$外，还包括以下函数类。

（1）幂函数

幂函数的一般形式为$y = x^{\mu}$（μ为实常数）。

幂函数的定义域与指数常数μ有关。例如，当$\mu = 2$时，定义域为$(-\infty, +\infty)$；当$\mu = \dfrac{1}{2}$时，$y = \sqrt{x}$，定义域为$[0, +\infty]$；当$\mu = -1$时，$y = \dfrac{1}{x}$，定义域为$(-\infty, 0) \cup (0, +\infty)$。

幂函数$x > 0$部分的图像如图 1-3 所示；$x < 0$部分视μ的取值与$x > 0$部分的图像，或关于y轴对称或关于原点对称。

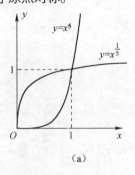 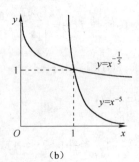

（a）　　　　　　　　　　（b）

图 1-3

（2）指数函数和对数函数

形式为$y = a^x$的函数（其中，底数$a > 0$且$a \neq 1$）称为**指数函数**，其定义域为$(-\infty, +\infty)$。图像如图 1-4 所示。

从图 1-4 可以看到，

① 指数函数$y = a^x$的函数值恒大于 0；

② 当 $0 < a < 1$ 时，它是单调减函数；当 $a > 1$ 时，它是单调增函数；

③ 该函数无零点，与 y 轴的交点为 $(0, 1)$。

常用的指数函数是 $y = e^x$ ，其中， $e = 2.71828\cdots\cdots$ 。

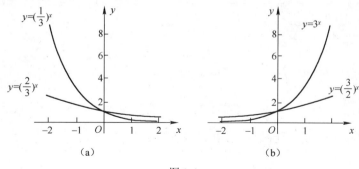

图 1-4

（3）对数函数

形式为 $y = \log_a x$ （其中，底数 $a > 0$ 且 $a \neq 1$ ）的函数称为对数函数，其定义域为 $(0, +\infty)$，对数函数的图形如图 1-5 所示。

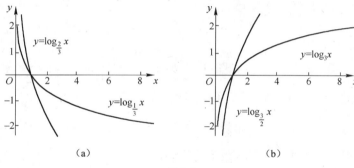

图 1-5

从图 1-5 中我们可以看到，

① 当 $0 < a < 1$ 时，对数函数 $y = \log_a x$ 为单调减函数；当 $a > 1$ 时，其为单调增函数；

② 该函数的零点[即与 x 轴交点的横坐标，或满足 $f(x) = 0$ 的 x 值]为 1，与 y 轴无交点。

对数函数 $y = \log_a x$ 与指数函数 $y = a^x$ 的图形关于直线 $y = x$ 对称，因此它们互为反函数。

常用的对数函数有 $f(x) = \lg x$ 和 $f(x) = \ln x$ 。前者是以 10 为底的对数函数，称为**常用对数函数**；后者是以 e 为底的对数函数，称为**自然对数函数**。

（4）三角函数

三角函数包括以下几类。

正弦函数： $y = \sin x$ ，如图 1-6 所示，定义域为 $(-\infty, +\infty)$，值域为 $[-1, 1]$ ，它的特性是：有界、奇函数、周期函数（周期为 2π ）。

余弦函数： $y = \cos x$ ，如图 1-7 所示，定义域为 $(-\infty, +\infty)$ ，值域为 $[-1, 1]$ ，它的特性是：有界、偶函数、周期函数（周期为 2π ）。

正切函数： $y = \tan x = \dfrac{\sin x}{\cos x}$ ，如图 1-8 所示，定义域为 $x \neq k\pi + \dfrac{\pi}{2}$ $(k \in Z)$ ，值域为 $(-\infty, +\infty)$，它的特性是：无界、奇函数、周期函数（周期为 π ）。

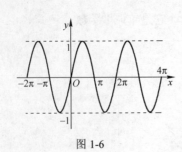

图 1-6

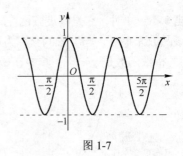

图 1-7

余切函数: $y = \cot x = \dfrac{\cos x}{\sin x}$ ，如图 1-9 所示，定义域为 $x \neq k\pi$ （$k \in Z$），值域为 $(-\infty,$ $+\infty)$，它的特性是：无界、奇函数、周期函数（周期为 π）。

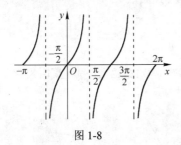

图 1-8

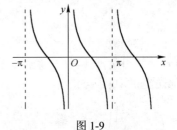

图 1-9

正割函数: $y = \sec x = \dfrac{1}{\cos x}$ ，如图 1-10 所示，定义域为 $x \neq k\pi + \dfrac{\pi}{2}$ （$k \in Z$），值域为 $|y| \geqslant 1$，它的特性是：无界、偶函数、周期函数（周期为 2π）。

余割函数: $y = \csc x = \dfrac{1}{\sin x}$ ，如图 1-11 所示，定义域为 $x \neq k\pi$ （$k \in Z$），值域为 $|y| \geqslant 1$，它的特性是：无界、奇函数、周期函数（周期为 2π）。

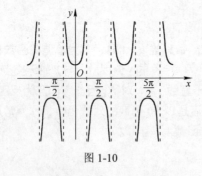

图 1-10

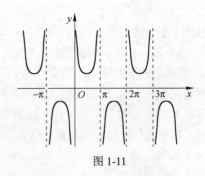

图 1-11

（5）反三角函数

常用的反三角函数包括以下几类。

反正弦函数: $y = \arcsin x$ ，如图 1-12 所示，定义域为 $[-1, 1]$，值域为 $\left[-\dfrac{\pi}{2}, \dfrac{\pi}{2}\right]$。

反余弦函数: $y = \arccos x$ ，如图 1-13 所示，定义域为 $[-1, 1]$，值域为 $[0, \pi]$。

反正切函数: $y = \arctan x$ ，如图 1-14 所示，定义域为 $(-\infty, +\infty)$，值域为 $\left(-\dfrac{\pi}{2}, \dfrac{\pi}{2}\right)$。

反余切函数：$y = \operatorname{arccot} x$，如图 1-15 所示，定义域为 $(-\infty, +\infty)$，值域为 $(0, \pi)$。

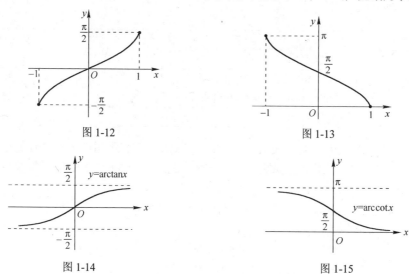

图 1-12   图 1-13

图 1-14   图 1-15

2．复合函数

有时两个变量的联系不是直接的，而是通过另一变量间接联系起来的。如 $y = \ln u$，$u = 1 + x^2$，得到 $y = \ln(1 + x^2)$。这样我们就说函数 $y = \ln(1 + x^2)$ 是由 $y = \ln u$ 经过中间变量 $u = 1 + x^2$ 复合而成的。

【定义 7】设两个函数 $y = f(u)$，$u = g(x)$，若 $u = g(x)$ 的值域的全部或部分能使 $y = f(u)$ 有意义，则称 y 是通过中间变量 u 构成的 x 的函数，即 y 是 x 的复合函数。记作 $y = f[g(x)]$。其中 x 是自变量，u 是中间变量。

注意：（1）并不是任何两个函数都可以构成一个复合函数。例如，$y = \ln u$，$u = -x^2$ 就不能构成复合函数，因为 $u = -x^2$ 的值域是 $u \leqslant 0$，而 $y = \ln u$ 的定义域是 $u > 0$。

（2）复合函数可以有多个中间变量。如 $y = \sqrt{\ln(x^2 - 3)}$ 是由 $y = \sqrt{u}$，$u = \ln v$，$v = x^2 - 3$ 复合而成的，有两个中间变量。

【例 8】写出下列函数的复合过程。

① $y = e^{\cos x}$；   ② $y = \sqrt{4 + x^2}$。

解：① $y = e^{\cos x}$ 是由 $y = e^u$，$u = \cos x$ 复合而成的；

② $y = \sqrt{4 + x^2}$ 是由 $y = \sqrt{u}$，$u = 4 + x^2$ 复合而成的。

3．初等函数

【定义 8】由基本初等函数经过有限次的四则运算和有限次的复合运算而成，且能用一个式子表达的函数称为初等函数。

例如，函数 $y = 2x^3 - x \tan x + \sqrt{1 - x^2}$ 为一个初等函数。

1.1.4　函数关系的建立

在解决工程技术问题等实际应用中，经常需要找出问题中变量之间的函数关系，下面通过两个简单的实例来说明建立函数关系式的方法。

【例 9】我国于 1993 年 10 月 31 日发布的《中华人民共和国个人所得税法》规定（表 1-1

中仅仅保留了原表中前四级的税率）:

表1-1

级数	全月应纳税所得额	税率（%）
1	不超过 500 元的	5
2	超过 500 元至 2 000 元的部分	10
3	超过 2 000 元至 5 000 元的部分	15
4	超过 5 000 元至 20 000 元的部分	20

其中，应纳税所得额为月工资减去 2 000 元。试在月工资不超过 20 000 元的范围内，给出月收入与所得税金额之间的函数关系。又若某人的工资为 3 500 元，试计算其所应交纳的个人所得税额。

解：设某人月收入为 x 元，应交纳所得税 y 元，则由题意得

当 $0 \leqslant x \leqslant 2\,000$ 时，$y=0$；

当 $2\,000 < x \leqslant 2\,500$ 时，$y = (x - 2\,000) \times 5\%$；

当 $2\,500 < x \leqslant 4\,000$ 时，$y = (x - 2\,500) \times 10\% + 25$；

当 $4\,000 < x \leqslant 7\,000$ 时，$y = (x - 4\,000) \times 15\% + 25 + 150$；

当 $7\,000 < x \leqslant 20\,000$ 时，$y = (x - 7\,000) \times 20\% + 25 + 150 + 450$。

所求函数表达式为

$$y = \begin{cases} 0, & 0 \leqslant x \leqslant 2\,000 \\ 0.05(x - 2\,000), & 2\,000 < x \leqslant 2\,500 \\ 0.1(x - 2\,500) + 25, & 2\,500 < x \leqslant 4\,000 \\ 0.15(x - 4\,000) + 175, & 4\,000 < x \leqslant 7\,000 \\ 0.2(x - 7\,000) + 625, & 7\,000 < x \leqslant 20\,000 \end{cases}$$

某人工资为 3 500 元，即当 $x = 3\,500$ 时，相应 y 值应使用表达式：$y = 0.1(x - 2\,500) + 25$ 求值，从而

$$f(3\,500) = 0.1(3\,500 - 2\,500) + 25 = 125，$$

即这人每月应交纳个人所得税125 元。

【例 10】如图 1-16 所示，某矿厂 A 要将生产出的矿石运往铁路旁的冶炼厂 C 冶炼。已知该矿距冶炼厂所在铁路垂直距离为 a km，它的垂足 B 到 C 的距离为 b km。又知铁路运价为 m 元/吨·千米，公路运价是 n 元/吨·千米（$m<n$），为节省运费，拟在铁路上另修一小站 M 作为转运站，那么总运费的多少决定于 M 的位置。试求出运费与距离|BM|的函数关系。

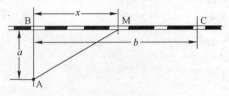

图 1-16

解：设 $|BM| = x$，运费为 y，则 $|AM| = \sqrt{x^2 + a^2}$。

所以总运费 $y = n\sqrt{x^2 + a^2} + m(b - x)$，其定义域为 $[0, b]$。

1.2 极 限

1.2.1 一个数字游戏带来的问题——认识极限

在介绍极限概念之前，首先看几个例子。

【例 11】（一个数字游戏带来的问题）用计算器对数 2 连续开平方时，经过一定次数的开方后得到 1，为什么？是否对于任何数经过一定次数的开平方运算都得 1？通过自己做几个例子后，你会确定这一点，但究竟是什么原因呢？

究其数学表达式，有：对数 2 开平方一次有 $\sqrt{2} = 2^{\frac{1}{2}}$；开平方两次有 $\sqrt{\sqrt{2}} = 2^{\frac{1}{2^2}}$；…；开平方 n 次有 $\sqrt{\sqrt{\cdots\sqrt{2}}} = 2^{\frac{1}{2^n}}$，…。可见开平方次数越来越大时，所得结果的指数 $\frac{1}{2^n}$ 就越来越接近于零，从而结果就越来越接近于 $2^0 = 1$。由此不难想到，对任何正整数 a，开平方次数越来越大时，其结果就越来越接近于 $a^0 = 1$。

【例 12】（割圆术）中国古代数学家刘徽在《九章算术注》"方田章圆田术"中创造了割圆术计算圆周率 π 的方法。刘徽注意到圆内接正多边形的面积小于圆面积，且当将边数屡次加倍时，正多边形的面积增大，边数愈大则正多边形面积愈近于圆的面积。"割之弥细，所失弥少。割之又割以至于不可割则与圆合体而无所失矣。"这几句话明确地表达了刘徽的这一思想。如图 1-17 所示，当内接正多边形的边数越多，多边形的边就越贴近圆周。

如图 1-18 所示，半径为 R 的圆内接正 n 边形的边长 $a(n)$ 和周长 $l(n)$ 分别为：

$$a(n) = 2R\sin\left(\frac{360^\circ}{2n}\right) = 2R\sin\left(\frac{2\pi}{2n}\right), \quad l(n) = n \times a(n) = 2nR\sin\left(\frac{\pi}{n}\right)$$

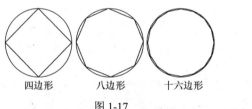

四边形　八边形　十六边形

图 1-17

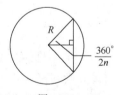

图 1-18

当 n 越来越大时，$l(n)$ 渐渐地稳定在一个值上，这个值就是圆周长 $2\pi R$。于是可计算得圆周率 π 的值。

上述两个问题的解决，均需要讨论当函数自变量进行某一趋势的变化时，函数值变化的规律，这就是极限。

1.2.2 极限的概念

1. 数列的极限

下面我们来求解【例 12】中提出的圆周长问题。根据上节的分析得知：圆周长求解问题可形式化地描述成当 n 无限增大（记为 $n \to +\infty$）时，函数 $l(n) = 2nR\sin\left(\dfrac{\pi}{n}\right)$ 的变化问题。

大家已经注意到，这个函数与前面讲述的函数有些不同，其自变量只能取正整数，因此其函数图形不是线，而是一系列点，这样的函数称为**数列**，记为 $\{a_n\}$，a_n 称为数列的一般项，我们所要研究的就是当 n 无限增大时，数列 $\{a_n\}$ 的变化趋势。

上述 $l(n)$ 的图形当 $R=1$ 时如图 1-19 所示，当 $n \to +\infty$ 时，数列 $\{l(n)\}$ 所对应的点列与直线 $y = 2\pi$ 逐渐靠拢，即 $n \to +\infty$ 时，$l(n) \to 2\pi$。此时，称数列 $\{l(n)\}$ 的极限为 2π，并记为 $\lim\limits_{n \to +\infty} l(n) = 2\pi$。

【定义 9】对于数列 $\{a_n\}$，当 $n \to +\infty$ 时，若数列 a_n 能无限趋近于唯一确定的常数 A，则称常数 A 为数列 $\{a_n\}$ 当 $n \to +\infty$ 时的极限，并记为 $\lim\limits_{n \to +\infty} a_n = A$。

【例 13】求数列 $a_n = 1 + \dfrac{1}{n}$ 的极限。

解：由表 1-2 和图 1-20 可看出，当 $n \to +\infty$，$a_n = 1 + \dfrac{1}{n}$ 无限趋近于 1。即 $\lim\limits_{n \to +\infty}\left(1 + \dfrac{1}{n}\right) = 1$。

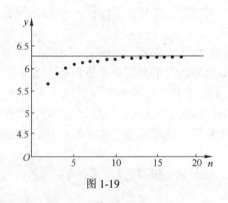

图 1-19

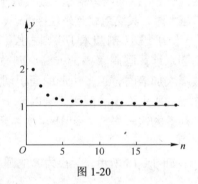

图 1-20

表 1-2

n	1	2	3	4	…	10	…	100	…
y_n	2	1.5	1.333	1.25	…	1.01	…	1.001	…

注意：并不是任何数列都有极限。

例如，数列 $a_n = 2^n$，当 n 无限增大时，它也无限增大，不能无限趋近于一个确定的常数，所以数列 $a_n = 2^n$ 没有极限；又如，数列 $a_n = (-1)^n$，当 n 无限增大时，a_n 在 -1 和 1 这两个点上来回跳动，不能无限趋近于一个确定的常数，所以数列 $a_n = (-1)^n$ 没有极限。

2．函数的极限

（1）当 $x \to \infty$ 时，函数 $f(x)$ 的极限

先考察函数 $f(x) = \dfrac{1}{x}$ 当 $|x|$ 无限增大（记为 $x \to \infty$）时的变化趋势。如图 1-21 所示，当 $x \to \infty$ 时，$f(x)$ 的值无限趋近于 0。

【定义 10】设函数 $f(x)$ 当 $|x|$ 充分大时有定义，当 $x \to \infty$ 时，若函数 $f(x)$ 能无限趋近于唯一一个确定的常数 A，那么称 A 为函数 $f(x)$ 当 $x \to \infty$ 时的极限，记为 $\lim\limits_{x \to \infty} f(x) = A$。

根据定义可知，当 $x \to \infty$ 时，函数 $f(x) = \dfrac{1}{x}$ 的极限为 0，即 $\lim\limits_{x \to \infty} \dfrac{1}{x} = 0$。

在上述定义中，$x \to \infty$ 指的是 x 既可取正值无限增大（记为 $x \to +\infty$，读作 x 趋向于正无穷大），同时也可取负值而绝对值无限增大（记为 $x \to -\infty$，读作 x 趋向于负无穷大）。但有时 x 的变化趋向只能或只需考虑这两种变化中的一种情形。

在定义中，若只考虑 $x \to +\infty$ 的情形，则记为 $\lim\limits_{x \to +\infty} f(x) = A$；若只考虑 $x \to -\infty$ 的情形，则记为 $\lim\limits_{x \to -\infty} f(x) = A$。

例如，如图 1-21 所示，有 $\lim\limits_{x \to +\infty} \dfrac{1}{x} = 0$ 及 $\lim\limits_{x \to -\infty} \dfrac{1}{x} = 0$，这两个极限值与 $\lim\limits_{x \to \infty} \dfrac{1}{x}$ 相等，都等于 0。

由此不难得出如下结论：

【结论 1】$\lim\limits_{x \to \infty} f(x)$ 存在 $\Leftrightarrow$ $\lim\limits_{x \to +\infty} f(x)$ 与 $\lim\limits_{x \to -\infty} f(x)$ 存在且相等。

【例 14】求 $\lim\limits_{x \to \infty} \mathrm{e}^x$。

解：如图 1-22 所示，因为

$$\lim\limits_{x \to -\infty} \mathrm{e}^x = 0 , \quad \lim\limits_{x \to +\infty} \mathrm{e}^x = +\infty。$$

所以 $\lim\limits_{x \to \infty} \mathrm{e}^x$ 不存在。

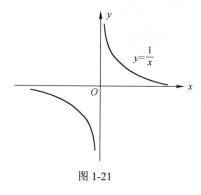

图 1-21

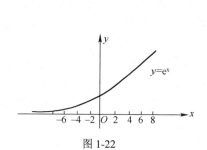

图 1-22

（2）当 $x \to x_0$ 时，函数 $f(x)$ 的极限

先考察当 $x \to 1$ 时，函数 $f(x) = \dfrac{x^2 - 1}{x - 1}$ 的变化趋势。

为了清楚起见，我们把 $x \to 1$ 时，函数 $f(x) = \dfrac{x^2 - 1}{x - 1}$ 的变化情况列成表 1-3。

表 1–3

x	0.9	0.99	0.999	0.999 9	⋯	1.000 1	1.001	1.01	1.1
$f(x)$	1.9	1.99	1.999	1.999 9	⋯	2.000 1	2.001	2.01	2.1

由表 1-3 及图 1-23 可知：当 $x \to 1$ 时，函数 $f(x) = \dfrac{x^2 - 1}{x - 1}$ 的值无限趋近于 2。

【定义 11】设函数 $f(x)$ 在点 x_0 的附近有定义，当 $x \to x_0$ 时，若函数 $f(x)$ 能无限趋近于一个确定的常数 A，则称 A 为函数 $f(x)$ 当 $x \to x_0$ 时的极限，记为 $\lim\limits_{x \to x_0} f(x) = A$。

由定义可知 $\lim\limits_{x \to 1} \dfrac{x^2 - 1}{x - 1} = 2$。

注意：函数 $f(x) = \dfrac{x^2 - 1}{x - 1}$ 在 $x = 1$ 处无定义，但 $x \to 1$ 时，函数的极限存在，可见极限值只表示函数的变化趋势，它与该点处的函数值是两个不同的概念。

【例 15】用图形法求极限 $\lim\limits_{x \to 0} \sin x$。

解：如图 1-24 可知，无论 x 从大于零的方向还是从小于零的方向趋近于 0，$\sin x$ 的值总是无限趋近于 0，因此，有 $\lim\limits_{x \to 0} \sin x = 0$。

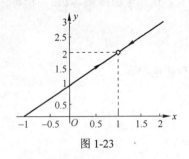
图 1-23

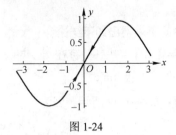
图 1-24

【定义 12】当 $x \to x_0^-$（表示 x 从小于 x_0 的左边趋于 x_0）时，若函数 $f(x)$ 能无限趋近于一个确定的常数 A，则称 A 为函数 $f(x)$ 当 $x \to x_0$ 时的左极限，记为 $\lim\limits_{x \to x_0^-} f(x) = A$。

当 $x \to x_0^+$（表示从 x_0 的右边趋于 x_0）时，若函数 $f(x)$ 能无限趋近于一个确定的常数 A，则称 A 为函数 $f(x)$ 当 $x \to x_0$ 时的右极限，记为 $\lim\limits_{x \to x_0^+} f(x) = A$。

如图 1-23 所示，函数 $f(x) = \dfrac{x^2 - 1}{x - 1}$ 当 $x \to 1$ 时的左极限为

$$\lim\limits_{x \to 1^-} f(x) = \lim\limits_{x \to 1^-} \dfrac{x^2 - 1}{x - 1} = 2$$

右极限为

$$\lim\limits_{x \to 1^+} f(x) = \lim\limits_{x \to 1^+} \dfrac{x^2 - 1}{x - 1} = 2$$

即 $\lim\limits_{x \to 1^-} f(x) = \lim\limits_{x \to 1^+} f(x) = 2$，它们都等于 $f(x) = \dfrac{x^2 - 1}{x - 1}$ 当 $x \to 1$ 时的极限。

由此不难得出如下结论：

【结论 2】$\lim\limits_{x \to x_0} f(x)$ 存在 $\Leftrightarrow$ $\lim\limits_{x \to x_0^+} f(x)$ 与 $\lim\limits_{x \to x_0^-} f(x)$ 都存在且相等。

【例 16】考察函数 $f(x) = \begin{cases} 2x + 2, & x < 1 \\ 3 - x, & x > 1 \end{cases}$ 当 $x \to 1$ 时的极限。

解：如图 1-25 所示，$\lim\limits_{x \to 1^-} f(x) = \lim\limits_{x \to 1^-} (2x + 2) = 4$，

$$\lim\limits_{x \to 1^+} f(x) = \lim\limits_{x \to 1^+} (3 - x) = 2,$$

因为 $\quad \lim\limits_{x \to 1^-} f(x) \neq \lim\limits_{x \to 1^+} f(x)$，

所以 $\quad \lim\limits_{x \to 1} f(x)$ 不存在。

由【例 16】可知，判断分段函数 $f(x)$ 在分段点的极限是否存在，只需计算它在分段点的左极限与右极限。若左极限和右极限存在并且相等，则函数 $f(x)$ 在分段点的极限存在并且等于左右极限，否则函数 $f(x)$ 在分段点的极限不存在。

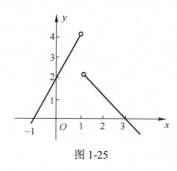

图 1-25

1.2.3　极限的简单运算

【定理 1】(四则运算法则) 设 $\lim_{x \to x_0} f(x) = A$ ， $\lim_{x \to x_0} g(x) = B$ ，则

① $\lim_{x \to x_0}[f(x) \pm g(x)] = \lim_{x \to x_0} f(x) \pm \lim_{x \to x_0} g(x) = A \pm B$ ；

② $\lim_{x \to x_0}[f(x) g(x)] = \lim_{x \to x_0} f(x) \lim_{x \to x_0} g(x) = A \times B$ ；

③ $\lim_{x \to x_0} \dfrac{f(x)}{g(x)} = \dfrac{\lim\limits_{x \to x_0} f(x)}{\lim\limits_{x \to x_0} g(x)} = \dfrac{A}{B}$ （ $B \neq 0$ ）。

【推论 1】 $\lim_{x \to x_0}[k f(x)] = k \lim_{x \to x_0} f(x)$ （ k 为常数 ）；

【推论 2】 $\lim_{x \to x_0}[f(x)]^n = [\lim_{x \to x_0} f(x)]^n$ 。

注： $x \to x_0$ 换为 $x \to \infty$ ，定理也成立

【例 17】计算 $\lim_{x \to 1}(x^2 - 2x + 2)$ 。

解： $\lim_{x \to 1}(x^2 - 2x + 2) = \lim_{x \to 1}(x^2) - \lim_{x \to 1}(2x) + \lim_{x \to 1} 2 = (\lim_{x \to 1} x)^2 - 2 \lim_{x \to 1} x + \lim_{x \to 1} 2$
$$= 1^2 - 2 \times 1 + 2 = 1 。$$

由此可知，若多项式 $P_n(x) = a_0 x^n + a_1 x^{n-1} + \cdots + a_{n-1} x + a_n$ ，则对于任意实数 x_0 有
$$\lim_{x \to x_0} P_n(x) = P_n(x_0) 。$$

【例 18】计算 $\lim_{x \to -1} \dfrac{x^3 + 2x - 4}{x^2 - 3}$ 。

解： $\lim_{x \to -1} \dfrac{x^3 + 2x - 4}{x^2 - 3} = \dfrac{\lim\limits_{x \to -1}(x^3 + 2x - 4)}{\lim\limits_{x \to -1}(x^2 - 3)} = \dfrac{(-1)^3 + 2(-1) - 4}{(-1)^2 - 3} = \dfrac{7}{2}$ 。

一般地，若 $P_n(x)$ ， $Q_m(x)$ 表示多项式函数，且 $Q_m(x_0) \neq 0$ ，则有
$$\lim_{x \to x_0} \dfrac{P_n(x)}{Q_m(x)} = \dfrac{P_n(x_0)}{Q_m(x_0)} 。$$

【例 19】计算 $\lim_{x \to 2} \dfrac{x+1}{x-2}$ 。

解：由于 $\lim\limits_{x \to 2}(x-2)=0$，而 $\lim\limits_{x \to 2}(x+1)=3 \neq 0$，

所以 $\lim\limits_{x \to 2}\dfrac{x+1}{x-2}=\infty$（不存在）。

【例20】计算 $\lim\limits_{x \to 2}\dfrac{x^2-4}{x^2+x-6}$。

解：$\lim\limits_{x \to 2}\dfrac{x^2-4}{x^2+x-6}=\lim\limits_{x \to 2}\dfrac{(x+2)(x-2)}{(x+3)(x-2)}=\lim\limits_{x \to 2}\dfrac{x+2}{x+3}=\dfrac{4}{5}$。

【例21】计算 ① $\lim\limits_{x \to +\infty}\dfrac{x^2+x-2}{6x^2-7x+1}$；② $\lim\limits_{x \to -\infty}\dfrac{x^2+x}{2x^3-7}$；③ $\lim\limits_{x \to \infty}\dfrac{5-2x^3}{x^2+2x+1}$。

解：① $\lim\limits_{x \to +\infty}\dfrac{x^2+x-2}{6x^2-7x+1}=\lim\limits_{x \to +\infty}\dfrac{1+\dfrac{1}{x}-\dfrac{2}{x^2}}{6-\dfrac{7}{x}+\dfrac{1}{x^2}}=\dfrac{1}{6}$；

② $\lim\limits_{x \to -\infty}\dfrac{x^2+x}{2x^3-7}=\lim\limits_{x \to -\infty}\dfrac{\dfrac{1}{x}+\dfrac{1}{x^2}}{2-\dfrac{7}{x^3}}=0$；

③ $\lim\limits_{x \to \infty}\dfrac{5-2x^3}{x^2+2x+1}=\lim\limits_{x \to +\infty}\dfrac{\dfrac{5}{x^3}-2}{\dfrac{1}{x}+\dfrac{2}{x^2}+\dfrac{1}{x^3}}=\infty$。

一般地，当 $x \to \infty$ 时，有理分式函数的极限有以下结果：

$$\lim\limits_{x \to \infty}\dfrac{a_0x^n+a_1x^{n-1}+\cdots+a_n}{b_0x^m+b_1x^{m-1}+\cdots+b_m}=\begin{cases} 0, & n<m \\ \dfrac{a_0}{b_0}, & n=m \\ \infty, & n>m \end{cases}$$

利用上面的结果求有理分式当 $x \to \infty$ 时的极限非常方便。

【例22】计算 $\lim\limits_{x \to 0}\dfrac{\sqrt{x+4}-2}{x}$。

解：$\lim\limits_{x \to 0}\dfrac{\sqrt{x+4}-2}{x}=\lim\limits_{x \to 0}\dfrac{(\sqrt{x+4}-2)(\sqrt{x+4}+2)}{x(\sqrt{x+4}+2)}=\lim\limits_{x \to 0}\dfrac{x}{x(\sqrt{x+4}+2)}$

$=\lim\limits_{x \to 0}\dfrac{1}{\sqrt{x+4}+2}=\dfrac{1}{4}$。

1.2.4 两个重要的极限

1. $\lim\limits_{x \to 0}\dfrac{\sin x}{x}=1$

我们给出当 x 趋近于 0 时函数 $\dfrac{\sin x}{x}$ 的值见表 1-4（由于 $x \to 0$ 时，$\sin x$ 与 x 保持同号，因此只需列出 x 取正值趋于 0 的部分），并作函数的图像，如图 1-26 所示。

表 1–4

x（弧度）	$\sin x$	$\dfrac{\sin x}{x}$
1.000	0.84147098	0.84147098
0.1000	0.099833417	0.99833417
0.0100	0.09999334	0.9999334
0.0010	0.00099999984	0.99999984

从表 1-4 和图 1-26 可以看出，当 $x \to 0$ 时，函数的值无限趋近于 1，即

$$\lim_{x \to 0} \frac{\sin x}{x} = 1 \text{。}$$

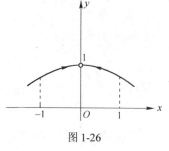

图 1-26

【例 23】求 $\lim\limits_{x \to 0} \dfrac{\tan x}{x}$。

解：$\lim\limits_{x \to 0} \dfrac{\tan x}{x} = \lim\limits_{x \to 0} \dfrac{\sin x}{x} \cdot \dfrac{1}{\cos x} = \lim\limits_{x \to 0} \dfrac{\sin x}{x} \cdot \lim\limits_{x \to 0} \dfrac{1}{\cos x} = 1$。

【例 24】求 $\lim\limits_{x \to 0} \dfrac{\sin kx}{x}$（$k$ 为非零常数）。

解：$\lim\limits_{x \to 0} \dfrac{\sin kx}{x} = \lim\limits_{x \to 0} \dfrac{\sin kx}{kx} \cdot k = k$。

【例 25】$\lim\limits_{x \to 0} \dfrac{1 - \cos x}{x^2}$。

解：$\lim\limits_{x \to 0} \dfrac{1 - \cos x}{x^2} = \lim\limits_{x \to 0} \dfrac{(1 - \cos x)(1 + \cos x)}{x^2 (1 + \cos x)} = \lim\limits_{x \to 0} \dfrac{\sin^2 x}{x^2 (1 + \cos x)}$

$\qquad = \lim\limits_{x \to 0} \left(\dfrac{\sin x}{x} \right)^2 \cdot \dfrac{1}{1 + \cos x} = \lim\limits_{x \to 0} \left(\dfrac{\sin x}{x} \right)^2 \cdot \lim\limits_{x \to 0} \dfrac{1}{1 + \cos x} = \dfrac{1}{2}$。

2. $\lim\limits_{x \to \infty} \left(1 + \dfrac{1}{x} \right)^x = e$

我们给出当 $|x|$ 逐渐增大时函数 $f(x) = \left(1 + \dfrac{1}{x} \right)^x$ 的值见表 1-5，并作函数图像，如图 1-27 所示。

表 1–5

x	1	10	100	1 000	10 000	100 000	$\cdots$
$\left(1 + \dfrac{1}{x} \right)^x$	2	2.59	2.705	2.717	2.718	2.71827	$\cdots$
x	-10	-100	$-1\,000$	$-10\,000$	$-100\,000$	$\cdots$	
$\left(1 + \dfrac{1}{x} \right)^x$	2.88	2.732	2.720	2.7183	2.71828	$\cdots$	

由表 1-5 及图 1-27 可以看出，$\lim\limits_{x\to\infty}\left(1+\dfrac{1}{x}\right)^x$ 存在，其值是一个无理数，记作 e，e = 2.71828182845……，这个值就是自然对数的底数，即

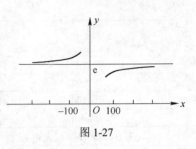

图 1-27

$$\lim_{x\to\infty}\left(1+\frac{1}{x}\right)^x = e。$$

此极限还有另一种形式：$\lim\limits_{x\to 0}(1+x)^{\frac{1}{x}}=e$，$\lim\limits_{n\to+\infty}\left(1+\dfrac{1}{n}\right)^n=e$。

【例 26】求 $\lim\limits_{x\to\infty}\left(1+\dfrac{2}{x}\right)^x$。

解：$\lim\limits_{x\to\infty}\left(1+\dfrac{2}{x}\right)^x = \lim\limits_{x\to\infty}\left[\left(1+\dfrac{2}{x}\right)^{\frac{x}{2}}\right]^2 = e^2$。

【例 27】求 $\lim\limits_{x\to 0}(1-2x)^{\frac{1}{4x}}$。

解：$\lim\limits_{x\to 0}(1-2x)^{\frac{1}{4x}} = \lim\limits_{x\to 0}(1-2x)^{\frac{1}{-2x}\cdot\frac{1}{-2}} = e^{-\frac{1}{2}}$。

1.2.5 极限在电路电阻问题中的应用

【例 28】（电路电阻）把一 10 Ω 的电阻与一个电阻为 r 的可变电阻器并联，则电路的总电阻为

$$R = \frac{10r}{10+r}，$$

当含可变电阻器 r 的这条支路突然短路时，求电路的总电阻。

解：当含可变电阻器 r 的这条支路突然短路时，电路的总电阻

$$R = \lim_{r\to+\infty}\frac{10r}{10+r} = 10(\Omega)。$$

【例 29】（野生动物的增长）在某一自然环境保护区内放入一群野生动物，总数为 20 只，若被精心照料，预计野生动物增长规律满足：在 t 年后动物总数 N 由以下公式给出

$$N = \frac{220}{1+10(0.83)^t}$$

保护区中野生动物数达到 80 只时，没有精心地照料，野生动物群也将会进入正常的生长状态，即其群体增长仍然符合上式中的增长规律。

① 需要精心照料的期限为多少年？

② 在这一自然保护区中，最多能供养多少只野生动物？

解：注意到 $t=0$ 时，由公式也可得 $N=20$，可见公式中的 t 是从放入动物后即开始计时的。

① 由于 $N<80$ 时，需要精心照料，令 $N=80$，求解时间 t 可得

$$80 = \frac{220}{1+10(0.83)^t}$$

于是可解出：$t=9.35423$。此值说明，精心照料的期限大约为 9 年半。

② 随着时间的延续，由于自然环境保护区内的各种资源限制，这一动物群不可能无限增大，它应达到某一饱和状态。在这一自然保护区中，最多能供养的野生动物数即求极限 $\lim\limits_{t \to +\infty} N$ 。

$$\lim_{t \to +\infty} N = \lim_{t \to +\infty} \frac{220}{1+10(0.83)^t} = 220 ，$$

即在这一自然保护区中，最多能供养 220 只野生动物。

1.3　函数的连续性

函数的连续性是一个非常重要的概念。自然界中有许多现象，例如，一天气温的变化，河水的流动，树木的生长等都是随时间变化而连续变化的。这种现象在函数关系上的反映就是函数的连续性。

1.3.1　函数连续的概念

1. 函数在一点处的连续性

观察图 1-28 中的 4 个函数曲线，可以看到，这 4 条函数曲线在 $x=c$ 处都断开了。分别考察这些函数在 $x \to c$ 时的极限不难发现，这些函数曲线断开的原因有：

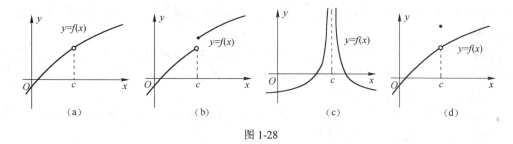

图 1-28

① 函数在 $x=c$ 点无定义，如图 1-28（a）和图 1-28（c）所示；

② 函数在 $x \to c$ 时极限不存在，如图 1-28（b）和图 1-28（c）所示；

③ $\lim\limits_{x \to c} f(x) \neq f(c)$ ，如图 1-28（d）所示。

可见，要使函数的曲线在 $x=c$ 点不断开，应保证上述 3 种情况均不出现。

【定义 13】若函数 $f(x)$ 满足

① 在 $x=c$ 点有定义；② $\lim\limits_{x \to c} f(x)$ 存在；③ $\lim\limits_{x \to c} f(x) = f(c)$ ，

则称函数 $f(x)$ 在 $x=c$ 点连续；否则称函数 $f(x)$ 在 $x=c$ 点间断。

【例 30】试判断函数 $f(x) = x^2 + 5x + 1$ 在 $x=c$ 点的连续性。

解：因为 $\lim\limits_{x \to c} f(x) = \lim\limits_{x \to c}(x^2 + 5x + 1) = c^2 + 5c + 1 = f(c)$ ，所以函数 $f(x)$ 在 $x=c$ 点连续。

【例 31】试判断函数 $f(x) = \begin{cases} x^2 - 1, & x \geq 0 \\ e^x, & x < 0 \end{cases}$ 在 $x=0$ 点的连续性。

解：因为 $\lim\limits_{x \to 0^+} f(x) = \lim\limits_{x \to 0^+}(x^2 - 1) = -1$ ；$\lim\limits_{x \to 0^-} f(x) = \lim\limits_{x \to 0^-} e^x = 1$ ，

所以 $\lim\limits_{x \to 0^+} f(x) \neq \lim\limits_{x \to 0^-} f(x)$ ，即函数 $f(x)$ 在 $x=0$ 点不连续。

【定义 14】若函数 $f(x)$ 在 $x=c$ 点有定义且 $\lim\limits_{x \to c^+} f(x) = f(c)$ ，则称 $f(x)$ 在 $x=c$ 点右连续；若函数 $f(x)$ 在 $x=c$ 点有定义且 $\lim\limits_{x \to c^-} f(x) = f(c)$ ，则称 $f(x)$ 在 $x=c$ 点左连续。

如【例 31】中 $f(x)$ 在 $x=0$ 点右连续，但是不左连续。

2．函数在区间上的连续性

【定义 15】若函数 $f(x)$ 在开区间 (a, b) 内的任意一点连续，则称函数 $f(x)$ 在开区间 (a, b) 内连续。

【定义 16】若函数 $f(x)$ 在闭区间 $[a, b]$ 上有定义，在开区间 (a, b) 内连续，且在区间左端点 $x=a$ 处右连续，在区间右端点 $x=b$ 处左连续，则称函数 $f(x)$ 在闭区间 $[a, b]$ 上连续。

例如，函数 $y = \dfrac{1}{x}$ 在开区间 $(0, 1)$ 内连续， $y = x^2$ 在 $[0, 1]$ 上连续。

3．初等函数的连续性

根据极限运算法则，容易得知

【定理 2】① 若函数 $f(x)$ 和 $g(x)$ 在 $x=c$ 点均连续，则函数 $f(x)+g(x)$ 、 $f(x)-g(x)$ 、 $f(x)g(x)$ 和 $\dfrac{f(x)}{g(x)}$ [当 $g(c) \neq 0$ 时]在 $x=c$ 点也连续；

② 若 $\lim\limits_{x \to c} g(x) = L$ ，且 $f(u)$ 在 $u = L$ 处连续，则 $\lim\limits_{x \to c} f[g(x)] = f(L)$ ，即

$$\lim_{x \to c} f[g(x)] = f[\lim_{x \to c} g(x)] = f(L) ;$$

③ 若函数 $g(x)$ 在 $x=c$ 处连续，函数 $f(u)$ 在 $u = g(c)$ 处连续，则复合函数 $f[g(x)]$ 在 $x=c$ 处连续。

由基本初等函数的图像可知，一切基本初等函数在其定义域内连续。因此，由基本初等函数的连续性及初等函数的定义可得一切初等函数在其定义区间内是连续的。这里所谓的定义区间是指包含在定义域内的区间。

函数的连续性提供了一种求极限的方法。如果已知函数连续，则可运用函数在某连续点的函数值计算自变量趋近该点的极限值。

【例 32】计算 $\lim\limits_{x \to 0} \sqrt{x+1}$ 。

解：因为 $f(x) = \sqrt{x+1}$ 是初等函数， $x=0$ 属于其定义区间，所以

$$\lim_{x \to 0} \sqrt{x+1} = \sqrt{0+1} = 1 。$$

【例 33】求极限 $\lim\limits_{x \to 0} \dfrac{\ln(1+x)}{x}$ 。

解： $\lim\limits_{x \to 0} \dfrac{\ln(1+x)}{x} = \lim\limits_{x \to 0} \ln(1+x)^{\frac{1}{x}} = \ln \lim\limits_{x \to 0} (1+x)^{\frac{1}{x}} = \ln \mathrm{e} = 1$ 。

1.3.2　函数的间断点

【定义 17】如果下面 3 条：

① 在 $x=c$ 点有定义；② $\lim\limits_{x \to c} f(x)$ 存在；③ $\lim\limits_{x \to c} f(x) = f(c)$ 中至少有一条不满足，则称 $x=c$ 为函数 $y = f(x)$ 的间断点。

例如，因为函数 $f(x) = \dfrac{x^2-1}{x-1}$ 在 $x=1$ 处无定义，所以 $x=1$ 是函数 $f(x) = \dfrac{x^2-1}{x-1}$ 的间断点，

如图 1-29 所示。

又例如，符号函数 $sgn(x) = \begin{cases} 1, & x > 0 \\ 0, & x = 0 \\ -1, & x < 0 \end{cases}$ 虽然在 $x = 0$ 处有定义，但 $\lim\limits_{x \to 0^+} sgn(x) = 1$，

$\lim\limits_{x \to 0^-} sgn(x) = -1$，即 $\lim\limits_{x \to 0} sgn(x)$ 不存在，所以这里的 $x = 0$ 为间断点，如图 1-30 所示。

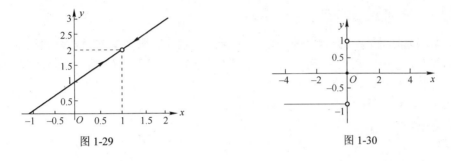

图 1-29   图 1-30

1.3.3 闭区间上连续函数的性质

下面介绍闭区间上连续函数的两个重要性质，由于证明时用到实数理论，我们仅从几何直观上加以说明。

【定理 3】（最值定理）若函数 $f(x)$ 在闭区间 $[a, b]$ 上连续，则它在这个闭区间上一定有最大值与最小值。

例如，如图 1-31 所示，$f(x)$ 在闭区间 $[a, b]$ 上连续，在点 x_1 处取得最小值 m，在点 x_2 处取得最大值 M。

【定理 4】（介值定理）若函数 $f(x)$ 在闭区间 $[a, b]$ 上连续，x_1 与 x_2 是 $[a, b]$ 上的点，函数在点 x_1 与 x_2 满足 $f(x_1) \neq f(x_2)$，则对于 $f(x_1)$ 与 $f(x_2)$ 之间的任意数 C，在区间 $[a, b]$ 内至少存在一点 x_0，使得 $f(x_0) = C$。

例如，在图 1-32 中函数 $f(x)$ 在 $[a, b]$ 上连续，过 y 轴上 $f(a)$ 与 $f(b)$ 之间的任何一点 $(0, C)$，画一条与 x 轴平行的直线 $y = C$，该直线与函数 $f(x)$ 的图像至少交于一点 (ξ, C)，其中 $a < \xi < b$。

【推论 3】（零点定理）若函数 $y = f(x)$ 在区间 $[a, b]$ 上连续，且 $f(a)f(b) < 0$，则其在区间 (a, b) 内至少存在一点 ξ，使 $f(\xi) = 0$。

如图 1-33 所示，满足定理条件的函数 $f(x)$ 的图形是一条连续的曲线，且曲线的两端分别位于 x 轴的两侧，因此，它至少要和 x 轴相交一次，若记交点的横坐标为 ξ，则 $f(\xi) = 0$。

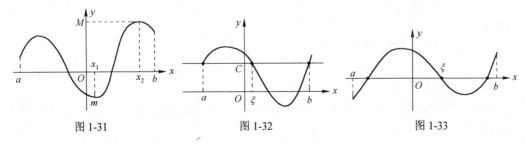

图 1-31   图 1-32   图 1-33

利用零点定理可以判断一元方程 $f(x) = 0$ 在闭区间 $[a, b]$ 上是否有根。

【例 34】 证明方程 $x^3 - 4x^2 + 1 = 0$ 在区间 $(0,\ 1)$ 内至少有一个实根。

解：设 $f(x) = x^3 - 4x^2 + 1$，显然 $f(x)$ 在闭区间 $[0,\ 1]$ 上连续，又 $f(0) = 1 > 0$，$f(1) = -2 < 0$，所以由零点定理可知，在区间 $(0,\ 1)$ 内至少存在一点 ξ，使得 $f(\xi) = 0$，即

$$\xi^3 - 4\xi^2 + 1 = 0,$$

所以方程 $x^3 - 4x^2 + 1 = 0$ 在区间 $[0,\ 1]$ 内至少有一个实根。

1.3.4　求方程近似根的二分法

在科学技术问题中，经常会遇到求解高次代数方程或其他类型的方程的问题。要求得这类方程的实根的精确值，往往有点困难，因此就需要寻求方程的近似解。下面介绍求方程近似解的一种方法——二分法。

设函数 $f(x)$ 在闭区间 $[a,\ b]$ 上连续，$f(a)f(b) < 0$，根据连续函数的性质，函数 $f(x)$ 在闭区间 $[a,\ b]$ 内一定有一个实的零点，即方程 $f(x) = 0$ 在 $[a,\ b]$ 内一定有实根，这里假定它在区间 $[a,\ b]$ 内有唯一的单实根 x^*。如图 1-34 所示。

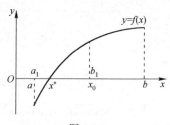

图 1-34

考察有根区间 $[a,\ b]$，取中点 $x_0 = \dfrac{a+b}{2}$ 将它分为两半，计算 $f(x_0)$。

如果 $f(x_0) = 0$，则 $x_0 = \dfrac{a+b}{2}$ 即为所求的根；

如果 $f(x_0)$ 与 $f(a)$ 同号，则所求的根 x^* 在 x_0 的右侧，这时令 $a_1 = x_0$，$b_1 = b$；

如果 $f(x_0)$ 与 $f(a)$ 异号，则所求的根 x^* 在 x_0 的左侧，这时令 $a_1 = a$，$b_1 = x_0$；

总之，$x^* \neq x_0$ 时，新的有根区间 $[a_1,\ b_1]$ 的长度仅为 $[a, b]$ 的一半。

对于压缩了的有根区间 $[a_1,\ b_1]$ 又可以施行同样的步骤，即用中点 $x_1 = \dfrac{a_1+b_1}{2}$ 将区间 $[a_1,\ b_1]$ 再分为两半，然后再判定所求的根在 x_1 的哪一侧，从而又确定一个新的有根区间 $[a_2,\ b_2]$，其长度是 $[a_1,\ b_1]$ 的一半。

如此反复二分下去，即可得到一系列有根区间

$$[a,\ b] \supset [a_1,\ b_1] \supset [a_2,\ b_2] \supset \cdots \supset [a_k,\ b_k] \supset \cdots$$

其中每个区间都是前一个区间的一半，因此二分 k 次后的有根区间 $[a_k,\ b_k]$ 的长度

$$b_k - a_k = \frac{1}{2^k}(b-a),$$

可见，如果二分无限地继续下去，这些有根区间最终必收缩于一点 x^*，该点显然就是所求的根。

第 k 次二分后，取有根区间 $[a_k,\ b_k]$ 的中点

$$x_k = \frac{a_k + b_k}{2}$$

作为根的近似值，则在二分过程中可以获得一个近似根的序列 $x_0,\ x_1,\ x_2,\ \cdots$，该序列以根 x^* 为极限。

在实际计算时，人们不可能也没有必要完成这种无穷过程，因为计算结果允许带有一定的误差。由于

$$\left| x^{*}-x_{k} \right| \leqslant \frac{1}{2}(b_{k}-a_{k})=\frac{1}{2^{k+1}}(b-a)，$$

只要二分足够多次（即 k 充分大），便有

$$\left| x^{*}-x_{k} \right| < \varepsilon，$$

这里 ε 为预精度。

上述求根方法称为二分法，它是电子计算机上一种常用算法。

我们给出其算法框图，如图 1-35 所示。

图中 a，b 表示有根区间的左右端点；x 表示近似根。

图中各框的具体含义如下：

[框 1]　从所给区间 $[a, b]$ 着手二分；

[框 2]　取有根区间 $[a, b]$ 的中点 x 作为近似根；

[框 3]　判定二分后生成的有根区间 $[a, b]$；

[框 4]　检查近似根 x 是否满足精度要求。

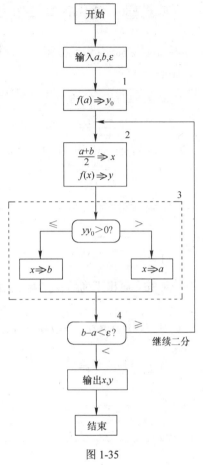

图 1-35

【例 35】用二分法求方程 $x^3-x-1=0$ 在区间 $[1, 1.5]$ 内的一个实根，使绝对误差不超过 0.001。

解：设 $f(x)=x^3-x-1$，显然该函数是连续函数。因 $f(1)=-1$，$f(1.5)=0.875$，所以区间 $[1, 1.5]$ 是含根区间。以此区间为初始含根区间，计算区间中点得 1.25，计算其函数值有 $f(1.25)=-0.2969$，由零点定理可知 $[1.25, 1.5]$ 为含根区间；再取其中点并计算函数值有 $f(1.375)=0.2246$，从而得含根区间为 $[1.25, 1.375]$，如此计算下去可得表 1-6。

表 1-6

i	a_i	b_i	m_i	$f(m_i)$
0	1.0000	1.5000	1.2500	-0.2969
1	1.2500	1.5000	1.3750	0.2246
2	1.2500	1.3750	1.3125	-0.0515
3	1.3125	1.3750	1.3438	0.0828
4	1.3125	1.3438	1.3282	0.0149
5	1.3125	1.3282	1.3204	-0.0183
6	1.3204	1.3282	1.3243	-0.0018
7	1.3243	1.3282	1.3263	-0.0068
8	1.3243	1.3263	1.3253	0.0025

因此只要使误差上限小于所要求的精度 $\dfrac{1.5-1}{2^{k+1}}<0.001$，也就是 $k>\log_2\dfrac{1.5-1}{2\times0.001}=7.9658$

即可，故 8 次二分区间后所得区间的中点 1.3253 必是满足要求的近似方程根（注：根的精确

值为1.3253……)。

试试看：用 Mathematica 数学软件制作函数图像、求极限

用 Mathematica 做函数图像、求极限的基本语句（见表1-7）。

表1-7

命 令 格 式	功 能 说 明
Plot[f[x], {x, a, b}]	画出函数 $f(x)$ 在区间 $[a, b]$ 上的图形
ParametricPlot[{x[t], y[t]}, {t, t_1, t_2}]	画出参数方程 $\begin{cases} x = x(t) \\ y = y(t) \end{cases}$ 在 $[t_1, t_2]$ 上的图形
ListPlot[list]	画出以所给表 list 为坐标的点的散点图
Show[g1, g2, g3, …]	将 g1, g2, g3, …等图形组合显示在一张图中
Limit[f[x], x->x_0, Direction->-1]	求右极限 $\lim\limits_{x \to x_0^+} f(x)$
Limit[f[x], x->x_0, Direction->+1]	求左极限 $\lim\limits_{x \to x_0^-} f(x)$

【例36】画出下列函数在给定区间内的图形。

（1） $f(x) = \sin x$, $x \in [-2\pi, 2\pi]$；

（2） $\begin{cases} x = \sin^3 t \\ y = \cos^3 t \end{cases}$, $t \in [0, 2\pi]$；

（3）给定数据见表1-8。

表1-8

x	0	0.5	1	1.5	2	2.5	3
y	0.1	3	2	2.5	4	5	7

试画出这一数据表的散点图。

解：（1）Plot[Sin[x], {x, −2Pi, 2Pi}]

结果见图1-36：

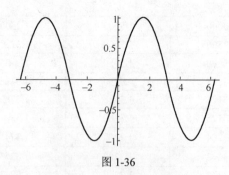

图 1-36

（2）ParametricPlot[{Sin[t]^3, Cos[t]^3}, {t, 0, 2Pi}]

结果见图1-37：

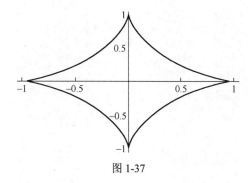

图 1-37

（3）data={{0, 0.1}, {0.5, 3}, {1, 2}, {1.5, 2.5}, {2, 4}, {2.5, 5}, {3, 7}}
ListPlot[data]
结果见图 1-38：

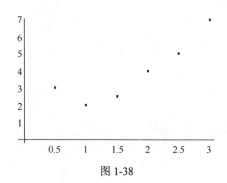

图 1-38

【例 37】求下列极限。

（1）$\lim\limits_{n\to+\infty}\left(1+\dfrac{1}{n}\right)^{3n}$；

（2）$\lim\limits_{x\to0}\dfrac{x\sin x+\cos x-1}{x^2}$。

解 （1）Limit[(1+1/n)^(3n)，n->Infinity，Direction->−1]
结果：E^3

由此可得 $\lim\limits_{n\to+\infty}\left(1+\dfrac{1}{n}\right)^{3n}=e^3$。

（2）Limit[(x*Sin[x]+Cos[x]−1)/x^2，x->0，Direction->−1]

结果：$\dfrac{1}{2}$

由此可得 $\lim\limits_{x\to0}\dfrac{x\sin x+\cos x-1}{x^2}=\dfrac{1}{2}$。

习题 1

1. 求下列函数的定义域。

（1）$y=\dfrac{x+5}{\sqrt{x^2-3x+2}}$；

（2）$y=\sqrt{1-x^2}+\dfrac{1}{x}-21$；

（3）$y = -\log_2 \dfrac{1+x}{1-x}$； （4）$y = 1 - e^{-x^2}$。

2. 计算并化简 $\dfrac{f(x+\Delta x) - f(x)}{\Delta x}$。

（1）$f(x) = C$（C 为常数）； （2）$f(x) = x^2$；

（3）$f(x) = \dfrac{1}{x}$； （4）$f(x) = \sqrt{x}$。

3. 设 $f(x) = x^2 - x$，计算 $\dfrac{f(x) - f(2)}{x - 2}$。

4. 设 $f(x) = 3x^2 - 4x$，试求 $f(2)$，$f(-x)$，$f(x-1)$，$f[f(x)]$。

5. 求下列函数的反函数，指出定义域。

（1）$y = \dfrac{x-1}{x+1}$； （2）$y = 1 + \ln(x+2)$；

（3）$y = \sqrt{x^2 + 1}$ （$x \geqslant 0$）； （4）$y = 2^x - 1$。

6. 确定下列函数的定义域，并作函数的图形。

（1）$f(x) = \begin{cases} 1, & x > 0 \\ 0, & x = 0 \\ -1, & x < 0 \end{cases}$； （2）$f(x) = \begin{cases} x^2, & x > 1 \\ 2x-1, & x \leqslant 1 \end{cases}$。

7. 下列函数可以看成是由哪些简单函数复合而成的。

（1）$y = e^{-x}$； （2）$y = \lg(\cos x)$；

（3）$y = \sin^2 x$； （4）$y = \sqrt{2x^2 + 1}$；

（5）$y = (2 - \ln x)^3$； （6）$y = \tan\left(\sqrt{x}e^x\right)$。

8. 将直径为 d 的圆木料锯成截面为矩形的木材，列出矩形截面两边长之间的函数关系。

9. 有一物体做直线运动，已知物体所受阻力的大小与物体的运动速度成正比，但方向相反。当物体以 4 m/s 的速度运动时，阻力为 2N，试建立阻力与速度之间的函数关系。

10. 设某商品的供给函数（即供给量作为价格的函数）为 $S(x) = x^2 + 3x - 70$，需求函数（即需求量作为价格的函数）为 $D(x) = 410 - x$，其中 x 为价格。

（1）在同一坐标系中，画出 $S(x)$，$D(x)$ 的图形；

（2）若该商品的需求量与供给量均衡，求其价格。

11. 旅客乘坐火车时，随身携带物品，不超过 20kg 免费；超过 20kg 部分，每千克收费 0.20 元；超过 50kg 部分再加收 50%。试列出收费与物品重量的函数关系式。

12. 某停车场收费标准为：凡停车不超过两小时的，收费 2 元；以后每多停车 1h（不到 1h 仍以 1h 计）增加收费 0.5 元，但停车时间最长不能超过 5h。试建立停车费用与停车时间之间的函数模型。

13. 生物在稳定的理想状态下，细菌的繁殖按指数模型增长：

$$Q(t) = ae^{kt}$$（表示 t min 后的细菌数），

假设在一定的条件下，开始（$t = 0$）时有 2 000 个细菌，且 20min 后已增加到 6 000 个，试问 1h 后将有多少个细菌？

14. 根据给定函数的图形（如图 1-39 所示），求解以下极限问题。

（1）① $\lim\limits_{x\to 2^-}f(x)$；② $\lim\limits_{x\to 2^+}f(x)$；③ $\lim\limits_{x\to 2}f(x)$；④ $f(2)$；⑤ $\lim\limits_{x\to +\infty}f(x)$；⑥ $\lim\limits_{x\to -\infty}f(x)$。

（2）① $\lim\limits_{x\to 3^-}f(x)$；② $\lim\limits_{x\to 3^+}f(x)$；③ $\lim\limits_{x\to 3}f(x)$；④ $f(3)$；⑤ $\lim\limits_{x\to +\infty}f(x)$；⑥ $\lim\limits_{x\to -\infty}f(x)$。

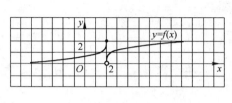

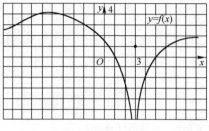

（1）题图 （2）题图

图 1-39

15. 设 $f(x)=\begin{cases}2x, & 0\leqslant x\leqslant 1 \\ 3-x, & 1<x\leqslant 2\end{cases}$，求 $\lim\limits_{x\to 1^+}f(x)$ 及 $\lim\limits_{x\to 1^-}f(x)$，并判断 $\lim\limits_{x\to 1}f(x)$ 是否存在？

16. 设函数 $f(x)=\dfrac{|x|}{x}$，求 $\lim\limits_{x\to 0^+}f(x)$ 及 $\lim\limits_{x\to 0^-}f(x)$，并判断 $\lim\limits_{x\to 0}f(x)$ 是否存在？

17. 计算下列各极限。

（1）$\lim\limits_{x\to 3}(2x^2-6x+1)$；

（2）$\lim\limits_{x\to 0}\dfrac{6x-9}{x^3-12x+3}$；

（3）$\lim\limits_{x\to 1}\dfrac{x^2}{2x^2-x-1}$；

（4）$\lim\limits_{x\to 2}\dfrac{x-2}{x^2-5x+6}$；

（5）$\lim\limits_{h\to 0}\dfrac{(x+h)^3-x^3}{h}$；

（6）$\lim\limits_{x\to 1}\left(\dfrac{1}{x-1}-\dfrac{2}{x^2-1}\right)$；

（7）$\lim\limits_{x\to 1}\dfrac{\sqrt{5x-4}-\sqrt{x}}{x-1}$；

（8）$\lim\limits_{x\to \infty}\left(1+\dfrac{1}{x}\right)\left(2-\dfrac{1}{x^2}\right)$；

（9）$\lim\limits_{x\to +\infty}\dfrac{3x+1}{2x-5}$；

（10）$\lim\limits_{x\to -\infty}\dfrac{x-2}{x^2+2x+1}$；

（11）$\lim\limits_{x\to \infty}\left(\dfrac{2x}{3-x}-\dfrac{2+x}{3x^2}\right)$；

（12）$\lim\limits_{x\to +\infty}\dfrac{1}{\sqrt{x^2+3x}-x}$。

18. 计算下列各极限。

（1）$\lim\limits_{x\to 0}\dfrac{\sin 3x}{x}$；

（2）$\lim\limits_{x\to 0}\dfrac{\tan 2x}{3x}$；

（3）$\lim\limits_{x\to 0}\dfrac{\sin 5x}{\sin 2x}$；

（4）$\lim\limits_{x\to 0}\dfrac{x(x+3)}{\sin x}$；

（5）$\lim\limits_{x\to 0^-}\dfrac{\sin x}{|x|}$；

（6）$\lim\limits_{x\to \infty}\left(1-\dfrac{2}{x}\right)^{2x}$；

（7）$\lim\limits_{x\to 0}(1+3x)^{\frac{1}{x}}$；

（8）$\lim\limits_{x\to \infty}\left(\dfrac{5+3x}{3x}\right)^{-x}$。

19. 已知某药物在人体内的代谢速度 v 与药物进入人体的时间 t 呈现函数关系

$$v(t)=24.61(1-0.273^t)，$$

试画出该函数的大致图形，并求出代谢速度最终的稳定值（即 $t\to +\infty$ 时 v 的极限）。

20. 在一 RC 电路的充电过程中，电容器两端的电压 $U(t)$ 与时间 t 的关系为

$$U(t) = E\left(1 - e^{-\frac{t}{RC}}\right), \quad (E, R, C \text{ 均为常数})$$

求 $t \to +\infty$ 时电压 $U(t)$ 的变化趋势。

21. 设某企业生产 x 个汽车轮胎的成本（单位：元）为

$$C(x) = 200 + \sqrt{2 + 2x + x^2}$$

生产 x 个汽车轮胎的平均成本为 $\overline{C}(x) = \dfrac{C(x)}{x}$，当生产量很大时，每个轮胎的成本大致为 $\lim\limits_{x \to +\infty} \overline{C}(x)$，试求这个极限。

22. 研究下列函数在给定点处的连续性。

（1） $f(x) = \begin{cases} 2 - x, & 0 \leqslant x \leqslant 1 \\ x^2, & 1 < x \leqslant 3 \end{cases}$，$x = 1$；　　（2） $f(x) = \begin{cases} e^x, & -2 \leqslant x \leqslant 0 \\ 2 + x, & 0 < x \leqslant 7 \end{cases}$，$x = 0$。

23. 设 $f(x) = \begin{cases} e^x + k, & x \leqslant 0 \\ (1 + x)^{\frac{2}{x}}, & x > 0 \end{cases}$，试确定常数 k，使得函数 $f(x)$ 在 $x = 0$ 处连续。

24. 设函数 $f(x) = \begin{cases} e^{x-2}, & x < 2 \\ a + x, & x \geqslant 2 \end{cases}$，试问 a 取何值时，$f(x)$ 在 $x = 2$ 处连续。

25. 求下列函数的间断点。

（1） $f(x) = \dfrac{x^2 - 9}{x - 3}$；　　　　　　　　　　（2） $f(x) = \dfrac{x^2 - 1}{x^2 - x}$；

（3） $f(x) = \begin{cases} x - 1, & x \leqslant 0 \\ x^2, & x > 0 \end{cases}$；　　　　　　（4） $f(x) = \begin{cases} \dfrac{1 - x^2}{1 - x}, & x \neq 1 \\ 0, & x = 1 \end{cases}$。

26. 证明方程 $x^3 - 2x - 1 = 0$ 至少有一个根介于 1 与 2 之间。

27. 证明方程 $x \cdot 2^x = 1$ 在区间 $(0, 1)$ 内至少有一个实根。

28. 用二分法求方程 $x^3 - 3x^2 + 6x - 1 = 0$ 在区间 $[0, 1]$ 内的一个实根的近似值，使得绝对误差不超过 0.01。

第2章 导数及其应用

微分学研究导数、微分及其应用，是高等数学的重要组成部分；它的基本概念是导数与微分，其中，导数反映函数相对于自变量变化快慢的程度，是一种变化率；微分反映当自变量有微小变化时，函数相应的变化。本章主要讨论导数与微分的概念，微分法及其应用。

2.1 导数的概念

2.1.1 变速直线运动的瞬时速度问题——认识导数

在实际问题中，经常需要讨论自变量 x 的增量 Δx 与相应的函数 $y = f(x)$ 的增量 Δy 之间的关系。例如，讨论它们的比 $\dfrac{\Delta y}{\Delta x}$ 以及当 $\Delta x \to 0$ 时，$\dfrac{\Delta y}{\Delta x}$ 的极限。下面先讨论两个问题：变速直线运动的瞬时速度和平面曲线切线的斜率。这两个问题在历史上都与导数概念的形成有着十分密切的关系。

1．变速直线运动的瞬时速度

若物体做匀速直线运动，则其速度为常量，$v = \dfrac{\Delta s}{\Delta t} = \bar{v}$，而在实际生活中，大量物体做的是非匀速直线运动。例如，已知物体移动的距离随时间 t 的变化规律 $s(t)$，如何由 $s(t)$ 求出物体在任一时刻的速度与加速度？

显然，这一问题不能像计算匀速运动那样用运动的时间去除移动的距离来计算。

下面以自由落体运动为例。一小球做自由落体运动，实验结果表明其运动方程为：$s = \dfrac{1}{2}gt^2$，其中 g=9.8m/s^2，如何求小球在 t_0 时刻的速度 v？

设时间 t 由 t_0 变化到 $t_0 + \Delta t$，相应位移由 $s(t_0)$ 变化到 $s(t_0 + \Delta t)$，由平均速度的概念，在 $[t_0, t_0 + \Delta t]$ 时间段内的平均速度为

$$\bar{v} = \frac{s(t_0 + \Delta t) - s(t_0)}{\Delta t},$$

又

$$s(t_0 + \Delta t) - s(t_0) = \frac{1}{2}g(t_0 + \Delta t)^2 - \frac{1}{2}gt_0^2 = gt_0\Delta t + \frac{1}{2}g\Delta t^2,$$

所以

$$\bar{v} = gt_0 + \frac{1}{2}g\Delta t,$$

但 $\bar{v}$ 毕竟不是小球的在 t_0 时刻的速度，它与我们所取的时间间隔 Δt 有关。

下面我们计算 $t_0 = 1$ 时，Δt 分别为 0.1，0.01，0.001，0.0001 时的平均速度：

$[1，1.1]$ $\bar{v} = 9.8 + \dfrac{1}{2} \times 9.8 \times 0.1 = 10.29$；

[1，1.01]　　　$\bar{v}=9.8+\dfrac{1}{2}\times9.8\times0.01=9.849$；

[1，1.001]　　　$\bar{v}=9.8+\dfrac{1}{2}\times9.8\times0.001=9.8049$；

[1，1.0001]　　　$\bar{v}=9.8+\dfrac{1}{2}\times9.8\times0.0001=9.80049$。

可以看出，不同时间段上的平均速度不相等，但当时间段间隔 Δt 非常小时，平均速度 $\bar{v}$ 很接近某一确定的值 9.80。因此时间段间隔 Δt 越小，平均速度越能准确地近似质点在 t_0 时刻的速度。因此当 $\Delta t\to0$ 时，$\bar{v}$ 的极限就是质点在 t_0 时刻的速度 $v(t_0)$，即

$$v(t_0)=\lim_{\Delta t\to0}\frac{s(t_0+\Delta t)-s(t_0)}{\Delta t}。$$

物体在一点处的速度称为该物体在此点处的**瞬时速度**，从而上述问题中的瞬时速度为

$$v(t_0)=\lim_{\Delta t\to0}\frac{s(t_0+\Delta t)-s(t_0)}{\Delta t}=\lim_{\Delta t\to0}\left(gt_0+\frac{1}{2}g\Delta t\right)=gt_0。$$

2．平面曲线在某一点切线的斜率

在中学里已经学了圆的切线的概念，它是以"与圆只有一个公共点的直线"来定义的，但是对于某些曲线，再以"与曲线只有一个公共点的直线"来作为切线的定义就不准确了。例如，图 2-1 中所示直线虽然与曲线只有一个交点，但是从直观上就认为该直线不是曲线的切线。下面来讨论一般曲线的切线问题。

设函数 $y=f(x)$ 的图像是一条连续的曲线 C，如图 2-2 所示。点 $P[x_0，f(x_0)]$ 是曲线 C 上的一点，连接 P 及曲线上另一点 $Q[x_0+\Delta x，f(x_0+\Delta x)]$ 的直线 PQ 称为 C 的割线，当点 Q 沿曲线 C 无限趋近于点 P 时，割线 PQ 的极限位置上的直线 PT 为曲线在点 $P[x_0，f(x_0)]$ 处的切线。由此可得该切线的斜率为

$$k=\lim_{\Delta x\to0}\frac{\Delta y}{\Delta x}=\lim_{\Delta x\to0}\frac{f(x_0+\Delta x)-f(x_0)}{\Delta x}，$$

若这个极限不存在，也不是无穷大，则表示曲线在点 $P[x_0，f(x_0)]$ 处没有切线。若这个极限是无穷大，则表示曲线在该点有垂直于 x 轴的切线。

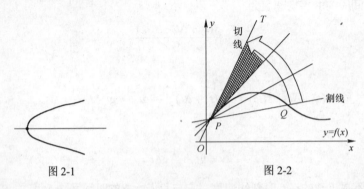

图 2-1　　　　　　　　　　图 2-2

以上两例，一个是物理问题，另一个是几何问题，尽管所讨论的对象不同，但从抽象的数量关系来看，其实质是一样的，即要求计算当自变量的增量趋于零时，函数的增量与自变量增量比的极限。类似的情形还在计算化学反应速度、边际成本、电流强度等问题时遇到，

尽管它们的实际意义不同，但数学运算却是相同的。我们将此极限抽象为一数学概念，即函数的导数。

2.1.2 导数的概念

【定义 1】设函数 $y = f(x)$ 在点 x_0 及其附近有定义，当自变量 x 在 x_0 处取得增量 Δx 时，相应的函数 y 的增量为 $\Delta y = f(x_0 + \Delta x) - f(x_0)$，若 Δy 与 Δx 之比当 $\Delta x \to 0$ 时的极限存在，则称函数 $y = f(x)$ 在点 x_0 处可导，称此极限值为函数 $y = f(x)$ 在点 x_0 处的导数，记为 $y'|_{x=x_0}$，$f'(x_0)$，$\dfrac{dy}{dx}\Big|_{x=x_0}$ 或 $\dfrac{df(x)}{dx}\Big|_{x=x_0}$。即

$$y'|_{x=x_0} = \lim_{\Delta x \to 0} \frac{\Delta y}{\Delta x} = \lim_{\Delta x \to 0} \frac{f(x_0 + \Delta x) - f(x_0)}{\Delta x}。$$

如果上述极限不存在，则称函数 $y = f(x)$ 在点 x_0 处不可导。

注意：导数的定义式也可取其他的不同形式，常见的有

$$f'(x_0) = \lim_{h \to 0} \frac{f(x_0 + h) - f(x_0)}{h}，$$

或

$$f'(x_0) = \lim_{x \to x_0} \frac{f(x) - f(x_0)}{x - x_0}。$$

引进导数概念后，可以用导数来表示前面的问题：

变速直线运动的瞬时速度 $v(t_0) = s'(t_0)$；

平面曲线的切线斜率 $k = f'(x_0)$。

导数的概念广泛地应用于各门学科中，在科学技术中，常常把导数称为变化率。

【例 1】设函数 $y = x^3$，求 $y'|_{x=1}$。

解：函数增量 $\Delta y = f(x_0 + \Delta x) - f(x_0) = f(1 + \Delta x) - f(1)$

$$= (1 + \Delta x)^3 - 1 = 1 + 3\Delta x + 3(\Delta x)^2 + (\Delta x)^3 - 1$$

$$= 3\Delta x + 3(\Delta x)^2 + (\Delta x)^3$$

计算比值 $\dfrac{\Delta y}{\Delta x} = \dfrac{3\Delta x + 3(\Delta x)^2 + (\Delta x)^3}{\Delta x} = 3 + 3\Delta x + (\Delta x)^2$

$$y'|_{x=1} = \lim_{\Delta x \to 0} \frac{\Delta y}{\Delta x} = \lim_{\Delta x \to 0} \left[3 + 3\Delta x + (\Delta x)^2 \right] = 3$$

若函数 $f(x)$ 在区间上每一点都可导，将区间上的点与函数在此点的导数对应起来，则可得到定义在这个区间上的一个函数，称该函数为原来函数在此区间上的导函数（简称导数），记作 y'，$f'(x)$，$\dfrac{dy}{dx}$ 或 $\dfrac{df(x)}{dx}$，即

$$y' = \lim_{\Delta x \to 0} \frac{\Delta y}{\Delta x} = \lim_{\Delta x \to 0} \frac{f(x + \Delta x) - f(x)}{\Delta x}，$$

显然，函数 $y = f(x)$ 在 x_0 点的导数 $f'(x_0)$ 就是导函数 $f'(x)$ 在 x_0 处的函数值，即

$$f'(x_0) = f'(x)\big|_{x=x_0} \, 。$$

根据导数定义，求函数 $y = f(x)$ 的导数可分为以下 3 个步骤：

① 求函数的增量：$\Delta y = f(x + \Delta x) - f(x)$；

② 计算比值：$\dfrac{\Delta y}{\Delta x} = \dfrac{f(x + \Delta x) - f(x)}{\Delta x}$；

③ 求极限：$f'(x) = \lim\limits_{\Delta x \to 0} \dfrac{\Delta y}{\Delta x} = \lim\limits_{\Delta x \to 0} \dfrac{f(x + \Delta x) - f(x)}{\Delta x}$。

下面根据这三个步骤来求较简单函数的导数。

【例 2】求常值函数 $y = C$ 的导数。

解：① 求函数的增量：因为 $y = C$，不论 x 取什么值，y 的值总是 C，所以 $\Delta y = 0$；

② 计算比值：$\dfrac{\Delta y}{\Delta x} = 0$；

③ 求极限：$\lim\limits_{\Delta x \to 0} \dfrac{\Delta y}{\Delta x} = \lim\limits_{\Delta x \to 0} 0 = 0$。

因此，$(C)' = 0$。

【例 3】求函数 $y = x^2$ 的导数。

解：① 求函数的增量：$\Delta y = f(x + \Delta x) - f(x) = (x + \Delta x)^2 - x^2 = 2x\Delta x + (\Delta x)^2$；

② 计算比值：$\dfrac{\Delta y}{\Delta x} = \dfrac{2x\Delta x + (\Delta x)^2}{\Delta x} = 2x + \Delta x$；

③ 求极限：$\lim\limits_{\Delta x \to 0} \dfrac{\Delta y}{\Delta x} = \lim\limits_{\Delta x \to 0} (2x + \Delta x) = 2x$，

因此，$(x^2)' = 2x$。

事实上，可以证明：$(x^\alpha)' = \alpha x^{\alpha-1}$　　（其中，α 为任意实数）。

例如，当 $\alpha = \dfrac{1}{2}$ 时，$y = x^{\frac{1}{2}} = \sqrt{x}\,(x > 0)$ 的导数为

$$\left(x^{\frac{1}{2}}\right)' = \frac{1}{2} x^{\frac{1}{2}-1} = \frac{1}{2} x^{-\frac{1}{2}} = \frac{1}{2\sqrt{x}} \, ,$$

即

$$\left(\sqrt{x}\right)' = \frac{1}{2\sqrt{x}} \, ;$$

当 $\alpha = -1$ 时，$y = x^{-1} = \dfrac{1}{x}\,(x \neq 0)$ 的导数为

$$\left(x^{-1}\right)' = (-1)x^{-1-1} = -x^{-2} = -\frac{1}{x^2} \, ,$$

即

$$\left(\frac{1}{x}\right)' = -\frac{1}{x^2} \, 。$$

【例 4】求函数 $y = \sin x$ 的导数。

解：因为

$$\frac{\Delta y}{\Delta x} = \frac{\sin(x + \Delta x) - \sin x}{\Delta x} = \frac{2\sin\frac{\Delta x}{2}\cos\left(\frac{2x + \Delta x}{2}\right)}{\Delta x},$$

所以

$$\lim_{\Delta x \to 0}\frac{\Delta y}{\Delta x} = \lim_{\Delta x \to 0}\frac{2\sin\frac{\Delta x}{2}\cos\left(\frac{2x + \Delta x}{2}\right)}{\Delta x} = \lim_{\Delta x \to 0}\frac{\sin\frac{\Delta x}{2}}{\frac{\Delta x}{2}} \cdot \lim_{\Delta x \to 0}\cos\left(\frac{2x + \Delta x}{2}\right) = \cos x \, 。$$

因此

$$(\sin x)' = \cos x \, 。$$

用同样的方法可以求得余弦函数 $y = \cos x$ 的导数

$$(\cos x)' = -\sin x \, 。$$

类似地，我们可以得到部分基本初等函数的求导公式：

① $(c)' = 0$ ； ② $(x^{\alpha})' = \alpha x^{\alpha-1}$ ；

③ $(a^x)' = a^x \ln a$ ； ④ $(e^x)' = e^x$ ；

⑤ $(\log_a x)' = \dfrac{1}{x\ln a}$ ； ⑥ $(\ln x)' = \dfrac{1}{x}$ ；

⑦ $(\sin x)' = \cos x$ ； ⑧ $(\cos x)' = -\sin x \, 。$

【例 5】求：① $y = \cos\dfrac{\pi}{4}$ 的导数；② $y = \cos x$ 在 $x = \dfrac{\pi}{4}$ 处的导数。

解：① 由于函数 $y = \cos\dfrac{\pi}{4}$ 是一个常数函数，由常数函数的导数公式得 $y' = 0$ ，即

$$\left(\cos\frac{\pi}{4}\right)' = 0 \, ；$$

② 因为 $y' = (\cos x)' = -\sin x$ ，所以 $y'\big|_{x=\frac{\pi}{4}} = -\sin x\big|_{x=\frac{\pi}{4}} = -\dfrac{\sqrt{2}}{2}$ 。

2.1.3 用导数表示变化率模型

为了更深刻的理解变化率，掌握用导数表示变化率的方法，下面给出几个应用。

【例 6】（电流强度）从中学物理知识可知，电流大小是单位时间内通过导线横截面的电量的多少来描述的。若电量 $Q = Q(t)$ ，则在某时刻 t 的电流为

$$i(t) = Q'(t) = \lim_{\Delta t \to 0}\frac{\Delta Q}{\Delta t} = \lim_{\Delta t \to 0}\frac{Q(t + \Delta t) - Q(t)}{\Delta t},$$

上述极限值越大，说明在时刻 t 通过导线横截面的电量越多，此时导线的电流也越大。

【例 7】（人口增长率）《全球 2000 年报告》指出世界人口在 1975 年为 41 亿，并以每年 2% 的比率增长。若用 P 表示自 1975 年以来的世界人口数，则有 $\dfrac{dP}{dt} = 2\%$ 。

【例 8】（生长速度）在生命科学中，常用 $x(t)$ 表示某生物量，例如，体重、体长等，$x(t)$

的生长速度就是 $x(t)$ 关于时间 t 的导数 $\dfrac{dx}{dt}$；若用 $Q(t)$ 表示某生物种群在时间 t 的数量，则种群的增长速率就是 $\dfrac{dQ}{dt}$。

2.1.4 导数的几何意义与物理意义

由上述平面曲线切线的斜率的讨论可知，曲线 $y = f(x)$ 在点 $P(x_0, y_0)$ 处的导数 $f'(x_0)$，在几何上是表示曲线 $y = f(x)$ 在点 $P(x_0, y_0)$ 处切线的斜率。

由导数的几何意义，可得曲线 $y = f(x)$ 在点 $P(x_0, y_0)$ 处的切线方程为

$$y - y_0 = f'(x_0)(x - x_0)。$$

【例 9】求曲线 $y = \ln x$ 在点 $(1, 0)$ 的切线方程。

解：由导数的几何意义可得，所求切线的斜率

$$k = y'\big|_{x=1} = \frac{1}{x}\bigg|_{x=1} = 1,$$

所以切线方程为

$$y - 0 = x - 1,$$

即

$$y = x - 1。$$

由前文变速直线运动的瞬时速度问题可知，变速直线运动的瞬时速度为 $s'(t_0)$。因此导数 $s'(t_0)$ 的物理意义就是变速直线运动的物体在 $t = t_0$ 时刻的速度。

【例 10】火箭发射 t s 后的高度为 $5t^3$，求火箭发射后 10s 时的速度？

解：由导数的物理意义得，所求的速度为

$$v = \frac{ds}{dt} = 15t^2, \quad v\big|_{t=10} = 1\,500,$$

因此火箭发射后 10s 时的速度为 1500。

2.2 导数的运算法则

2.2.1 函数的和、差、积、商的求导法则

根据导数的定义和极限的四则运算，可得到导数的四则运算。

【法则 1】设 $u(x)$、$v(x)$ 均可导，则

① $[u(x) \pm v(x)]' = u'(x) \pm v'(x)$，

可以推广到任意有限个函数的情况；

② $[u(x)v(x)]' = u'(x)v(x) + u(x)v'(x)$，

特别地 $\quad [au(x)]' = au'(x) \quad$（其中，$a$ 为常数）；

③ $\left[\dfrac{u(x)}{v(x)}\right]' = \dfrac{u'(x) \cdot v(x) - u(x) \cdot v'(x)}{[v(x)]^2}\ [v(x) \neq 0]$，

特别地 $\left[\dfrac{1}{v(x)}\right]' = -\dfrac{v'(x)}{[v(x)]^2}$。

【例 11】求函数 $y = \cos x + x^2 + \sin\dfrac{\pi}{3}$ 的导数。

解：$y' = \left(\cos x + x^2 + \sin\dfrac{\pi}{3}\right)' = (\cos x)' + (x^2)' + \left(\sin\dfrac{\pi}{3}\right)' = -\sin x + 2x$。

【例 12】求函数 $y = \dfrac{x^3 + x^2\sqrt{x} - x}{\sqrt{x}}$ 的导数。

解：$y' = \left(\dfrac{x^3 + x^2\sqrt{x} - x}{\sqrt{x}}\right)' = \left(x^{\frac{5}{2}} + x^2 - x^{\frac{1}{2}}\right)' = \left(x^{\frac{5}{2}}\right)' + (x^2)' - \left(x^{\frac{1}{2}}\right)'$

$= \dfrac{5}{2}x^{\frac{5}{2}-1} + 2x^{2-1} - \dfrac{1}{2}x^{\frac{1}{2}-1} = \dfrac{5}{2}x^{\frac{3}{2}} + 2x - \dfrac{1}{2}x^{-\frac{1}{2}}$。

【例 13】已知 $y = e^x \ln x + \dfrac{2}{x}$，求 y'。

解：$y' = \left(e^x \ln x + \dfrac{2}{x}\right)' = (e^x \ln x)' + \left(\dfrac{2}{x}\right)' = e^x\left(\ln x + \dfrac{1}{x}\right) - \dfrac{2}{x^2}$。

【例 14】已知 $y = \dfrac{x}{1 - \sin x}$，求 $y'\big|_{x=1}$。

解：由于 $y' = \dfrac{x'(1 - \sin x) - x \cdot (1 - \sin x)'}{(1 - \sin x)^2} = \dfrac{(1 - \sin x) + x \cdot \cos x}{(1 - \sin x)^2}$，

所以 $y'\big|_{x=1} = \dfrac{1 - \sin 1 + \cos 1}{(1 - \sin 1)^2}$。

【例 15】求正切函数 $y = \tan x$ 的导数。

解：由于 $\tan x = \dfrac{\sin x}{\cos x}$，因此由商的求导法则得

$$\left(\dfrac{\sin x}{\cos x}\right)' = \dfrac{(\sin x)'\cos x - (\cos x)'\sin x}{(\cos x)^2} = \dfrac{\sin^2 x + \cos^2 x}{\cos^2 x} = \sec^2 x ,$$

即

$$(\tan x)' = \sec^2 x 。$$

同理可得

$$(\cot x)' = -\csc^2 x ,$$

$$(\sec x)' = \sec x \cdot \tan x ,$$

$$(\csc x)' = -\csc x \cdot \cot x 。$$

为便于查阅，将基本初等函数的求导公式归纳如下：

① $(c)' = 0$；

② $(x^\alpha)' = \alpha\, x^{\alpha-1}$；

③ $(a^x)' = a^x \ln a$；

④ $(e^x)' = e^x$；

⑤ $(\log_a x)' = \dfrac{1}{x \ln a}$；

⑥ $(\ln x)' = \dfrac{1}{x}$；

⑦ $(\sin x)' = \cos x$;　　　　　　　⑧ $(\cos x)' = -\sin x$;

⑨ $(\tan x)' = \sec^2 x$;　　　　　　⑩ $(\cot x)' = -\csc^2 x$;

⑪ $(\sec x)' = \sec x \cdot \tan x$;　　　⑫ $(\csc x)' = -\csc x \cdot \cot x$;

⑬ $(\arcsin x)' = \dfrac{1}{\sqrt{1-x^2}}$;　　⑭ $(\arccos x)' = -\dfrac{1}{\sqrt{1-x^2}}$;

⑮ $(\arctan x)' = \dfrac{1}{1+x^2}$;　　　⑯ $(\operatorname{arc}\cot x)' = -\dfrac{1}{1+x^2}$ 。

2.2.2　复合函数的求导法则

如何求函数 $y = \sin 2x$ 的导数呢？分析此函数的构成，它是由 $y = \sin u$ ，$u = 2x$ 构成的复合函数，对于复合函数的求导，我们有下面的【法则 2】。

【法则 2】 若函数 $u = g(x)$ 在点 x 处可导，而函数 $y = f(u)$ 在相应的点 $u = g(x)$ 处也可导，则复合函数 $y = f[g(x)]$ 在点 x 处也可导，且有

$$\frac{\mathrm{d}y}{\mathrm{d}x} = \frac{\mathrm{d}y}{\mathrm{d}u} \cdot \frac{\mathrm{d}u}{\mathrm{d}x}$$

或 $f[g(x)]' = f'[g(x)] \cdot g'(x)$ 。此定理又称为复合函数的链式法则。

注意： $f'[g(x)]$ 表示复合函数 $y = f[g(x)]$ 关于中间变量 $u = g(x)$ 的导数，而 $f[g(x)]'$ 表示复合函数 $y = f[g(x)]$ 关于自变量 x 的导数。

上述法则可以推广到有限个可导函数所合成的复合函数。例如，

若 $v = h(x)$ ，$u = g(v)$ ，$y = f(u)$ 分别在点 x 及其相应的点 v 及 u 处可导，则复合函数 $y = f\{g[h(x)]\}$ 在点 x 也可导，并且有

$$\frac{\mathrm{d}y}{\mathrm{d}x} = \frac{\mathrm{d}y}{\mathrm{d}u} \cdot \frac{\mathrm{d}u}{\mathrm{d}v} \cdot \frac{\mathrm{d}v}{\mathrm{d}x}$$

或 $f\{g[h(x)]\}' = f'\{g[h(x)]\} \cdot g'[h(x)] \cdot h'(x)$

【例 16】 已知 $y = \sin 2x$ ，求 $\dfrac{\mathrm{d}y}{\mathrm{d}x}$ 。

解： 设 $u = 2x$ ，则 $y = \sin u$ 。所以

$$\frac{\mathrm{d}y}{\mathrm{d}x} = \frac{\mathrm{d}y}{\mathrm{d}u} \cdot \frac{\mathrm{d}u}{\mathrm{d}x} = (\sin u)' \cdot (2x)' = 2\cos u = 2\cos 2x 。$$

【例 17】 设 $y = \sqrt{1-x^2}$ ，求 $\dfrac{\mathrm{d}y}{\mathrm{d}x}$ 。

解： 设 $u = 1 - x^2$ ，则 $y = \sqrt{u}$ 。所以

$$\frac{\mathrm{d}y}{\mathrm{d}x} = \frac{\mathrm{d}y}{\mathrm{d}u} \cdot \frac{\mathrm{d}u}{\mathrm{d}x} = \frac{1}{2} u^{-\frac{1}{2}}(-2x) = \frac{-x}{\sqrt{1-x^2}} 。$$

对复合函数求导法则熟练之后，可不必写出中间变量，而直接运用链式法则，按复合函数的次序，由外到里层层求导。

【例 18】 已知函数 $y = \tan^2(2-3x)$ ，求 y' 。

解： $y' = 2\tan(2-3x) \cdot [\tan(2-3x)]' = 2\tan(2-3x) \cdot \sec^2(2-3x) \cdot (2-3x)'$

$\qquad = 2\tan(2-3x)\sec^2(2-3x) \cdot (-3) = -6\tan(2-3x)\sec^2(2-3x)$ 。

【例 19】求函数 $y = \dfrac{x}{2}\sqrt{1-x^2}$ 的导数 y'。

解：$y' = \left(\dfrac{x}{2}\right)'\sqrt{1-x^2} + \dfrac{x}{2}\left(\sqrt{1-x^2}\right)'$

$= \dfrac{1}{2}\sqrt{1-x^2} + \dfrac{x}{2}\cdot\dfrac{1}{2}(1-x^2)^{-\frac{1}{2}}(1-x^2)'$

$= \dfrac{1}{2}\sqrt{1-x^2} + \dfrac{x}{4}\dfrac{1}{\sqrt{1-x^2}}\cdot(-2x) = \dfrac{1-2x^2}{2\sqrt{1-x^2}}$。

【例 20】求函数 $y = x^x$ 的导数。

解：因为 $y = x^x = e^{\ln x^x} = e^{x\ln x}$，所以

$$y' = e^{x\ln x}\cdot(x\ln x)' = x^x\left(\ln x + x\cdot\dfrac{1}{x}\right) = x^x(\ln x + 1)。$$

2.2.3 导数在实际问题中的应用

【例 21】（制冷效果）某电器厂在对冰箱制冷后后断电测试其制冷效果，t 小时后冰箱的温度为 $T = \dfrac{2t}{0.05t+1} - 20$（单位：℃）。问冰箱温度 T 关于时间 t 的变化率是多少？

解：冰箱温度 T 关于时间 t 的变化率

$$\dfrac{\mathrm{d}T}{\mathrm{d}t} = \left(\dfrac{2t}{0.05t+1}\right)' - (20)' = \dfrac{2(0.05t+1)-2t\times0.05}{(0.05t+1)^2} - 0$$

$$= \dfrac{2}{(0.05t+1)^2}\ (℃/h)$$

【例 22】（气球膨胀）设气体以 $10\mathrm{cm}^3/\mathrm{s}$ 的常速注入球状的气球。假定气体的压力不变，则当半径为 5cm 时，气球半径增加的速率是多少？

解：设在时刻 t，气球的体积与半径分别为 V 和 r。

已知 $\dfrac{\mathrm{d}V}{\mathrm{d}t} = 10\mathrm{cm}^3/\mathrm{s}$，求 $r = 5$ 时 $\dfrac{\mathrm{d}r}{\mathrm{d}t}$ 的值。

显然

$$V = \dfrac{4}{3}\pi r^3，\quad r = r(t)，$$

因此 V 通过中间变量 r 与时间 t 联在一起，构成复合函数

$$V = \dfrac{4}{3}\pi[r(t)]^3，$$

根据复合函数求导法则，得

$$\dfrac{\mathrm{d}V}{\mathrm{d}t} = \dfrac{\mathrm{d}V}{\mathrm{d}r}\cdot\dfrac{\mathrm{d}r}{\mathrm{d}t} = \dfrac{4}{3}\pi\cdot3\cdot[r(t)]^2\cdot\dfrac{\mathrm{d}r}{\mathrm{d}t}，$$

将已知数据代入上式，得

$$10 = 4\pi\cdot5^2\cdot\dfrac{\mathrm{d}r}{\mathrm{d}t}，$$

应用数学基础（理工类）

解得
$$\frac{\mathrm{d}r}{\mathrm{d}t}=\frac{1}{10\,\pi}。$$

即当半径为 $r=5\mathrm{cm}$ 时，气球半径增加的速率是 $\dfrac{1}{10\,\pi}$。

2.2.4 高阶导数

我们知道，变速直线运动的速度 $v(t)$ 是路程函数 $s(t)$ 关于时间 t 的导数，即 $v(t)=\dfrac{\mathrm{d}s}{\mathrm{d}t}$ 或 $v(t)=s'(t)$，而加速度 a 又是速度 $v(t)$ 关于时间 t 的导数，即 $a=\dfrac{\mathrm{d}v}{\mathrm{d}t}=\dfrac{\mathrm{d}}{\mathrm{d}t}\left(\dfrac{\mathrm{d}s}{\mathrm{d}t}\right)$ 或 $a=\left(s'(t)\right)'$，由此引入高阶导数的定义。

若函数 $y=f(x)$ 的导数 $y'=f'(x)$ 仍然可导，则 $y'=f'(x)$ 的导数称为函数 $y=f(x)$ 的二阶导数，记作 y''，$f''(x)$ 或 $\dfrac{\mathrm{d}^2y}{\mathrm{d}x^2}$。即

$$y''=(y')';\quad f''(x)=[f'(x)]';\quad \frac{\mathrm{d}^2y}{\mathrm{d}x^2}=\frac{\mathrm{d}}{\mathrm{d}x}\left(\frac{\mathrm{d}y}{\mathrm{d}x}\right)。$$

相应地，把函数 $y=f(x)$ 的导数 $y'=f'(x)$ 称为 $y=f(x)$ 的一阶导数。

类似地，函数 $y=f(x)$ 的二阶导数的导数称为 $y=f(x)$ 的三阶导数，记作

$$y''';\quad f'''(x);\quad \frac{\mathrm{d}^3y}{\mathrm{d}x^3}。$$

三阶导数的导数称为四阶导数，记作 $y^{(4)}$；$f^{(4)}(x)$；$\dfrac{\mathrm{d}^4y}{\mathrm{d}x^4}$。

一般地，$y=f(x)$ 的 $n-1$ 阶导数的导数称为 $y=f(x)$ 的 n 阶导数；记作

$$y^{(n)};\quad f^{(n)}(x);\quad \frac{\mathrm{d}^ny}{\mathrm{d}x^n}。$$

二阶及二阶以上的导数统称为高阶导数。

显然，求高阶导数的方法就是反复地运用求一阶导数的方法。

【例23】求函数 $y=x\ln x+\mathrm{e}^x$ 的二阶导数 y''。

解：
$$y'=(x\ln x+\mathrm{e}^x)'=\ln x+1+\mathrm{e}^x,$$
$$y''=(\ln x+1+\mathrm{e}^x)'=\frac{1}{x}+\mathrm{e}^x。$$

【例24】求函数 $y=\sin x$ 的 n 阶导数。

解：$(\sin x)'=\cos x=\sin\left(\dfrac{\pi}{2}+x\right)$，

$$(\sin x)''=(\cos x)'=\left[\sin\left(\frac{\pi}{2}+x\right)\right]'=\cos\left(\frac{\pi}{2}+x\right)=\sin\left(2\cdot\frac{\pi}{2}+x\right),$$

$$(\sin x)'''=\left[\sin\left(2\cdot\frac{\pi}{2}+x\right)\right]'=\cos\left(2\cdot\frac{\pi}{2}+x\right)=\sin\left(3\cdot\frac{\pi}{2}+x\right),$$

依此类推，可得

$$(\sin x)^{(n)} = \sin\left(\frac{n\pi}{2} + x\right) \qquad (\ n = 1,\ 2,\ 3\cdots\ )_{\circ}$$

用类似的方法，可得

$$(\cos x)^{(n)} = \cos\left(\frac{n\pi}{2} + x\right) \qquad (\ n = 1,\ 2,\ 3\cdots\ )_{\circ}$$

2.3 函数的微分

2.3.1 受热的金属片——认识微分

【例25】(金属片热胀冷缩后面积的改变量) 假设某正方形金属薄片受温度变化的影响，其边长由 x_0 变到 $x_0 + \Delta x$ (如图 2-3 所示)，问薄片的面积改变了多少？

解：金属薄片的原面积为 $A = x_0^2$，薄片受温度变化的影响，当边长由 x_0 变到 $x_0 + \Delta x$ 时，面积的增量 ΔA 为

$$\Delta A = (x_0 + \Delta x)^2 - x_0^2 = 2x_0\Delta x + (\Delta x)^2$$

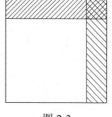

图 2-3

可见，ΔA 由两部分组成，第一部分 $2x_0\Delta x$ 是 Δx 的线性函数，第二部分 $(\Delta x)^2$ 当 $\Delta x \to 0$ 时，$(\Delta x)^2$ 是比 Δx 高阶的无穷小，即 $(\Delta x)^2 = o(\Delta x)$，所以当 $|\Delta x|$ 很小时，面积的改变量 ΔA 可近似地用第一部分来代替，(这里 $2x_0$ 是面积函数 $A = x^2$ 在点 x_0 处的导数)。

一般地，如果函数 $y = f(x)$ 满足一定的条件，则函数的增量 Δy 可表示为

$$\Delta y = A\Delta x + o(\Delta x)$$

其中，A 是不依赖于 Δx 的常数，因此 $A\Delta x$ 是 Δx 的线性函数，且它与 Δy 之差 $o(\Delta x)$ 是比 Δx 高阶的无穷小，所以当 $A \neq 0$ 且 $|\Delta x|$ 很小时，我们就可近似地用 $A\Delta x$ 来代替 Δy。

由此引入微分的定义。

2.3.2 微分的概念

【定义2】若一元函数 $y = f(x)$ 在点 x 处满足

$$\Delta y = f'(x) \cdot \Delta x + \alpha,$$

其中 α 满足 $\lim\limits_{\Delta x \to 0} \dfrac{\alpha}{\Delta x} = 0$，则称一元函数 $y = f(x)$ 在 x 点可微，且称 $f'(x) \cdot \Delta x$ 为一元函数 $y = f(x)$ 在 x 点的**微分**，记为 $\mathrm{d}y$。即

$$\mathrm{d}y = f'(x)\Delta x_{\circ}$$

显然，函数的微分 $\mathrm{d}y = f'(x)\Delta x$ 与 $f'(x)$ 和 Δx 两个量有关。

【例26】求函数 $y = x^3$ 当 $x = 1$，$\Delta x = 0.01$ 时的微分。

解：先求函数在任意点处的微分

$$\mathrm{d}y = (x^3)' \cdot \Delta x = 3x^2 \cdot \Delta x,$$

然后将 $x = 1$，$\Delta x = 0.01$ 代入上式，得

$$dy\Big|_{\substack{x=1\\ \Delta x=0.01}} = 3x^2 \cdot \Delta x\Big|_{\substack{x=1\\ \Delta x=0.01}} = 3 \times 1 \times 0.01 = 0.03。$$

通常把自变量的改变量 Δx，记作 dx，即 $dx = \Delta x$，称为自变量的微分。

于是函数 $y = f(x)$ 在任一点的微分记作

$$dy = f'(x)dx,$$

从而有

$$\frac{dy}{dx} = f'(x)。$$

由此可知，一元函数的可导与可微是等价的。

若一元函数在一区间上任一点是可微的，则称函数在此区间上可微。

【例 27】已知函数 $y = \dfrac{1}{x}$，求其微分 dy 以及微分 $dy\big|_{x=2}$。

解：因为 $y' = \left(\dfrac{1}{x}\right)' = -\dfrac{1}{x^2}$，所以

$$dy = y'dx = -\frac{1}{x^2}dx,$$

且

$$dy\Big|_{x=2} = -\frac{1}{4}dx。$$

【例 28】已知函数 $y = \ln\sqrt{x}$，求 dy。

解：因为 $y' = \dfrac{1}{\sqrt{x}} \cdot \left(\sqrt{x}\right)' = \dfrac{1}{\sqrt{x}} \cdot \dfrac{1}{2\sqrt{x}} = \dfrac{1}{2x}$，所以

$$dy = y'dx = \frac{1}{2x}dx。$$

【例 29】在下列等式左端的括号内填入适当的函数，使等式成立：

① $d(\quad) = xdx$；　　　　　　② $d(\quad) = e^x dx$；

③ $d(\quad) = \dfrac{1}{\sqrt{x}}dx$；　　　　　④ $d(\quad) = \sin 2x dx$。

解：① 因为 $d(x^2) = 2xdx$，所以

$$xdx = \frac{1}{2}d(x^2) = d\left(\frac{x^2}{2}\right),$$

即

$$d\left(\frac{x^2}{2}\right) = xdx。$$

又因为任意常数 C 的微分 $d(C) = 0$，所以一般地应该为

$$d\left(\frac{x^2}{2} + C\right) = xdx \qquad (C \text{ 为任意常数})。$$

类似地，

② $d(e^x + C) = e^x dx$。

③ $d(2\sqrt{x} + C) = \dfrac{1}{\sqrt{x}} dx$。

④ $d\left(-\dfrac{1}{2}\cos 2x + C\right) = \sin 2x dx$。

2.3.3 微分的几何意义

如图 2-4 所示为函数 $y = f(x)$ 的图像，曲线上过点 $M(x,\ y)$ 的切线 MT，其倾斜角为 α，当自变量 x 有一微小增量 Δx 时，即当横坐标在 $x = ON$ 有一个增量 $\Delta x = dx = NN'$ 时，相应地函数 y 即纵坐标在 $y = NM = N'Q$ 处便得到增量 $\Delta y = QM'$，同时切线上的纵坐标也得到对应的增量 QP，从直角三角形 MQP 中可知：

$$QP = MQ \cdot \tan\alpha，$$

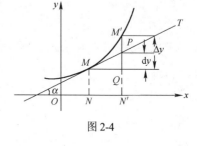

图 2-4

而
$$\tan\alpha = f'(x),\quad MQ = dx，$$

所以
$$QP = f'(x) \cdot dx = dy。$$

由此得出，函数的微分 dy，就是曲线在点 $M(x,\ y)$ 处的切线纵坐标对应于 dx 的增量。用 dy 近似代替 Δy 就是用切线的增量近似代替曲线的增量。

2.3.4 微分在近似计算中的应用

在前面的学习中知道，若 $y = f(x)$ 在点 x_0 处可微，且 $f'(x_0) \neq 0$，当 $|\Delta x|$ 很小时，有

$$\Delta y \approx dy = f'(x)\Delta x。$$

此公式被广泛应用于计算函数增量的近似值。

【例 30】（金属立体受热后体积的改变量）半径为 10cm 的实心金属球受热后，半径增大 0.1cm。问球的体积大约增大多少？

解：球的体积 V 与半径 R 之间的函数关系为 $V = \dfrac{4}{3}\pi R^3$，则 $V' = 4\pi R^2$，半径的改变量为 $\Delta R = 0.1$，用 dR 近似计算 ΔR，得

$$\Delta R \approx dR = V'|_{R=10} \cdot \Delta R = 4\pi \times 100 \times 0.1 = 40\pi \approx 125.6(\text{cm})^3。$$

【例 31】（钟表误差）某一机械挂钟的钟摆的周期为 1s，在冬季摆长因热胀冷缩而缩短了 0.01cm，已知单摆的周期为 $T = 2\pi\sqrt{\dfrac{l}{g}}$，其中，$g = 980\text{cm}/\text{s}^2$，问这只钟每秒大约变化了多少？

解：钟摆的周期为 $T = 1$，由 $T = 2\pi\sqrt{\dfrac{l}{g}}$ 解得钟表的摆长为 $l = \dfrac{g}{(2\pi)^2}$。又，摆长的改变量为 $\Delta l = -0.01\text{cm}$，$\dfrac{dT}{dl} = \pi\dfrac{1}{\sqrt{gl}}$，用 dT 近似计算 ΔT，得

$$\Delta T \approx dT = \frac{dT}{dl}\Delta l = \pi\frac{1}{\sqrt{gl}}\Delta l = \pi\frac{1}{\sqrt{g \cdot \dfrac{g}{(2\pi)^2}}} \times (-0.01) = \frac{2\pi^2}{g} \times (-0.01) = -0.0002\ (\text{s})。$$

即由于摆长缩短了 0.01cm，使得钟摆的周期相应地减少了 0.0002 s。

【例 32】（收入增加量）某公司一个月生产 x 单位的产品的收入函数为 $R(x) = 36x - \dfrac{1}{20}x^2$（单位：百元），已知该公司某年 6 月份的产量从 250 单位增加到 260 单位，求该公司 6 月份的收入增加了多少？

解：该公司 6 月份产量的增加量为 $\Delta x = 260 - 250 = 10$（单位），用 $\mathrm{d}R$ 来计算 6 月份收入的增加量

$$\Delta R \approx \mathrm{d}R = \frac{\mathrm{d}R}{\mathrm{d}x}\Delta x\bigg|_{\substack{x=250\\ \Delta x=10}} = \left(36x - \frac{1}{20}x^2\right)'\Delta x\bigg|_{\substack{x=250\\ \Delta x=10}} = \left(36 - \frac{1}{10}x\right)\Delta x\bigg|_{\substack{x=250\\ \Delta x=10}} = 110\ (\text{百元})$$

即该公司 6 月份的收入大约增加了 11 000 元。

2.4 导数的应用

2.4.1 一元可导函数的单调性与极值

1. 一元可导函数的单调性

在第 1 章中，已给出了函数单调性的概念，本节中我们利用导数作为工具来判断函数的单调性。如图 2-5 所示，当其图形随着自变量的增大而上升时，曲线上每点处的切线与 x 轴正向夹角为锐角，从而斜率大于零，由导数的几何意义知导数大于零。同样可知图形随着自变量的增大而下降时，导数小于零。

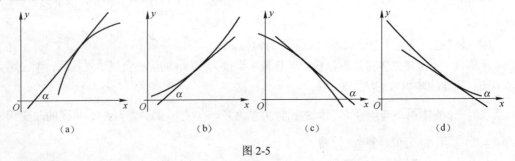

图 2-5

反过来，能否利用导数的符号来判断函数的单调性呢？事实上，有以下定理。

【定理 1】设函数 $y = f(x)$ 在区间 (a, b) 内可导，

① 若 $f'(x) > 0$，$x \in (a, b)$，则函数 $f(x)$ 在 (a, b) 内是单调增加的；

② 若 $f'(x) < 0$，$x \in (a, b)$，则函数 $f(x)$ 在 (a, b) 内是单调减少的；

③ 若 $f'(x) = 0$，$x \in (a, b)$，则函数 $f(x)$ 在 (a, b) 内必为常值函数。

称一阶导数为零的点为驻点。作图可以判断函数的单调性，但用上述结论，先求出驻点划分出单调区间，再用导数的正负判断单调性有时会更方便些。

【例 33】判断函数 $y = \ln x + x$ 在其定义域内的单调性。

解：定义域为（0，$+\infty$），因为

$$y' = \frac{1}{x} + 1 > 0,$$

所以函数 $y = \ln x + x$ 在定义域（0，$+\infty$）内单调增加。

【例34】讨论函数 $f(x) = 3x - x^3$ 的单调性。

解：定义域为（$-\infty$，$+\infty$），

$$f'(x) = 3 - 3x^2,$$

令 $f'(x) = 0$，解得驻点：$x_1 = -1$，$x_2 = 1$。

下面直接列表分析，见表 2-1。

表 2-1

x	$(-\infty, -1)$	-1	$(-1, 1)$	1	$(1, +\infty)$
$f'(x)$	$-$	0	$+$	0	$+$
$f(x)$	↘		↗		↘

即函数 $f(x)$ 在（$-\infty$，-1）和（1，$+\infty$）内单调减少，在 $(-1,1)$ 内单调增加。

2．一元可导函数的极值

设函数 $y = f(x)$ 的图形如图 2-6 所示，C_1，C_2，C_4，C_5 是函数由增变减或由减变增的转折点，在 $x = c_1$，$x = c_4$ 处曲线出现"峰"，即函数 $y = f(x)$ 在点 C_1，C_4 处的函数值 $f(c_1)$，$f(c_4)$ 分别比它们左、右邻近各点的函数值都大；而在 $x = c_2$，$x = c_5$ 处曲线出现"谷"，即函数 $y = f(x)$ 在点 C_2，C_5 处的函数值 $f(c_2)$，$f(c_5)$ 分别比它们左、右邻近各点的函数值都小。对于这种性质的点及函数值，给出如下定义：

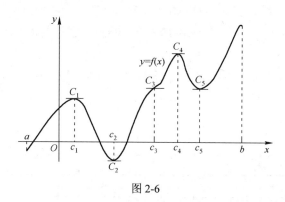

图 2-6

【定义3】设函数 $f(x)$ 在点 x_0 及其附近有定义，若对于点 x_0 附近的任意一点 x，均有 $f(x) < f(x_0)$（或 $f(x) > f(x_0)$），则称 $f(x_0)$ 是函数 $f(x)$ 的一个极大值（或极小值），点 x_0 叫做函数 $f(x)$ 的一个极大值点（极小值点）。极大值与极小值统称为极值；极大值点与极小值点统称为极值点。

在图 2-6 中，$f(c_1)$，$f(c_4)$ 是函数的极大值，$x = c_1$，$x = c_4$ 是函数的极大值点；$f(c_2)$，$f(c_5)$ 是函数极小值，$x = c_2$，$x = c_5$ 是函数极小值点。

注意：① 函数的极值只是一个局部概念，它仅仅与极值点左右近旁所有点的函数值相比是较大或较小。

② 函数的极大值并不一定比该函数的极小值大。图 2-6 中，极大值 $f(c_1)$ 就比极小值

$f(c_5)$ 小。

由图 2-6 可以看出，若函数在极值点处存在切线，则切线必然水平。但反过来不一定正确，c_3 处存在水平切线，但 c_3 不是极值点。由此，给出函数极值存在的必要条件。

【定理 2】（极值存在的必要条件）若可导函数 $y = f(x)$ 在点 x_0 处取得极值，则 $f'(x_0) = 0$。

结合函数单调性的判别方法，下面给出函数极值的判别方法。

【定理 3】（极值的判别方法）若导数在 x_0 左正右负，则 x_0 为极大值点；左负右正，则 x_0 为极小值点。

【例 35】 讨论函数 $f(x) = 3x - x^3$ 的极值、极值点。

解：定义域为 $(-\infty, +\infty)$，

$$f'(x) = 3 - 3x^2,$$

令 $f'(x) = 0$，解得驻点：$x_1 = -1$，$x_2 = 1$。

下面直接列表分析：

表 2-2

x	$(-\infty, -1)$	-1	$(-1, 1)$	1	$(1, +\infty)$
$f'(x)$	$-$	0	$+$	0	$+$
$f(x)$	↘	极小值	↗	极大值	↘

即函数 $f(x)$ 的极小值点是 $x = -1$，极小值是 $f(-1) = -2$；

极大值点是 $x = 1$，极大值是 $f(1) = 2$。

【例 36】 求函数 $f(x) = x^3 - 3x^2 - 9x + 10$ 的单调区间、极值与极值点。

解：定义域为 $(-\infty, +\infty)$，

$$f'(x) = 3x^2 - 6x - 9 = 3(x+1)(x-3),$$

令 $f'(x) = 0$，解得驻点：$x_1 = -1$，$x_2 = 3$。

下面直接列表分析：

表 2-3

x	$(-\infty, -1)$	-1	$(-1, 3)$	3	$(3, +\infty)$
$f'(x)$	$+$	0	$-$	0	$+$
$f(x)$	↗	极大值	↘	极小值	↗

即函数 $f(x)$ 的单调增区间为 $(-\infty, -1)$，$(3, +\infty)$，单调减区间为 $(-1, 3)$；

函数 $f(x)$ 的极大值点是 $x = -1$，极大值是 $f(-1) = 15$；

函数 $f(x)$ 的极小值点是 $x = 3$，极小值是 $f(3) = -17$。

2.4.2 曲线的凹凸性与拐点

利用函数的一阶导数可以判断函数是上升还是下降的，有时还需知道更多的信息，图 2-5 所示的（a）、（b）它们都是上升的，我们还需知道它是按照（a）的方式上升，还是按照

（b）的方式上升呢?

从图 2-5 所示的（a）、（c）可以观察到，它们的图形均是朝上鼓的，数学上称之为凸弧；从图 2-5 的（b）、（d）可以观察到，它们的图形均是朝下鼓的，数学上称之为凹弧。对于图形是凸的函数，由图形可以看出当 x 增大时，切线的倾斜角逐渐变小，因而导函数是单调减少的，即函数的二阶导数为负；同理图形为凹的函数二阶导数为正。于是有下面凹凸的判别方法。

【定理 4】若函数 $y = f(x)$ 在区间 (a, b) 内二阶可导，则

① 若 $f''(x) < 0$，$x \in (a, b)$，则函数 $f(x)$ 在 (a, b) 内是凸的；

② 若 $f''(x) > 0$，$x \in (a, b)$，则函数 $f(x)$ 在 (a, b) 内是凹的。

【定义 4】若函数 $f(x)$ 在 (a, b) 内是凸的，则称区间 (a, b) 为函数 $f(x)$ 的凸区间；若函数 $f(x)$ 在 (a, b) 内是凹的，则称区间 (a, b) 为函数 $f(x)$ 的凹区间。

【定义 5】连续曲线上凹弧与凸弧的分界点称为曲线的拐点。

由于拐点是曲线凹凸的分界点，所以拐点左右近旁的 $f''(x)$ 必然异号。

【例 37】求函数 $y = x^4 - 4x^3 + 2x - 5$ 的凸凹区间与拐点。

解：定义域为 $(-\infty, +\infty)$，

$$y' = 4x^3 - 12x^2 + 2，$$

$$y'' = 12x^2 - 24x = 12x(x - 2)，$$

令 $y'' = 0$，解得 $x_1 = 0$，$x_2 = 2$。

为便于分析列出表 2-4：

表 2-4

x	$(-\infty, 0)$	0	$(0, 2)$	2	$(2, +\infty)$
y''	$+$	0	$-$	0	$+$
y	$\cup$	拐点	$\cap$	拐点	$\cup$

即函数的凹区间为 $(-\infty, 0)$ 和 $(2, +\infty)$；凸区间为 $(0, 2)$；拐点坐标为 $(0, -5)$，$(2, -17)$。

2.4.3 一元可导函数的最值及其应用

函数的最大值与最小值统称为最值。最值与极值是不同的。极值是局部性的概念，函数在某一区间内可能有多个不同的极大值与极小值。而最值是整体的概念，是所考察的区间上全部函数值的最大或最小者。下面讨论如何求函数的最值。

1. 闭区间上可导函数的最值

前面讲过，若函数 $f(x)$ 在闭区间 $[a, b]$ 上连续，则在 $[a, b]$ 上必取得最大值和最小值。显然，函数 $f(x)$ 的最大值和最小值只能在区间内的极值点或端点处取得。因此，可用下述方法求出连续函数 $f(x)$ 在闭区间 $[a, b]$ 上的最大值和最小值：

① 求出可导函数 $f(x)$ 在 (a, b) 内的所有驻点：$x_1, x_2, \cdots, x_n$；

② 求出 $f(x)$ 在驻点和区间端点处的函数值：$f(x_1), f(x_2), \cdots, f(x_n), f(a), f(b)$；

③ 比较各函数值的大小，其中最大的值就是函数 $f(x)$ 的最大值，最小的值就是函数 $f(x)$ 的最小值。

【例 38】求函数 $f(x) = 2x^3 + 3x^2 - 12x + 10$ 在 $[-3, 4]$ 的最大值与最小值。

解：$f'(x) = 6x^2 + 6x - 12$，

令 $f'(x) = 0$，从而可得驻点为：$x_1 = -2$，$x_2 = 1$。

下面求驻点和区间端点处的函数值：

$$f(-2) = 30，\quad f(1) = 3，$$
$$f(-3) = 19，\quad f(4) = 138。$$

比较可得到函数 $f(x) = 2x^3 + 3x^2 - 12x + 10$ 在 $[-3, 4]$ 上的最大值 $f(4) = 138$，最小值 $f(1) = 3$。

2. 一般区间上可导函数的最值

在求解实际问题时，若函数 $f(x)$ 在定义区间内部，函数的极值点只有一个，则极大值点必为定义区间上的最大值点；极小值点必为定义区间上的最小值点，如图 2-7 所示。

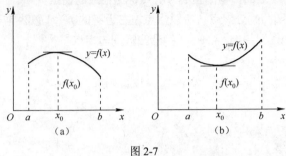

图 2-7

【例 39】（发动机的效率）一汽车厂家正在测试新开发的汽车发动机的效率，发动机的效率 E（%）与汽车的速度 v（单位：km/h）之间的关系为 $E = 0.84375v - 0.00005v^3$。问发动机的最大效率是多少？

解：求发动机的最大效率，即求函数 $E = 0.84375v - 0.00005v^3$ 的最大值。

$$\frac{dE}{dv} = 0.84375 - 0.000015v^2，\quad 令 \frac{dE}{dv} = 0，\quad 得 v = 75（km/h）。$$

因为驻点唯一，由实际问题可知，最大值存在，所以此驻点一定是最大值点。最大效率为

$$E(75) \approx 42(\%)。$$

【例 40】（最大容积）一块边长为 a 的正方形金属薄片，从四角各截去一个小方块，然后折成一个无盖的盒子。问截去的小方块的边长等于多少时，方盒子的容积最大？

解：设截去的小方块的边长为 x，则盒子的容积为

$$v = (a - 2x)^2 x \quad \left(0 < x < \frac{a}{2}\right)，$$

求导得

$$v' = 2(a - 2x)(-2)x + (a - 2x)^2 = (a - 2x)(a - 6x)$$

令 $v' = 0$，求得驻点：$x = \dfrac{a}{6}$ 唯一（$x = \dfrac{a}{2}$ 舍掉）。

因为驻点唯一，由实际问题可知，最大值存在，所以此驻点一定是最大值点。即截去的小方块的边长 $x = \dfrac{a}{6}$ 时，方盒子的容积最大。

【例 41】（最小库存）某商店每年销售某种产品 100 万件，每购货一次，需手续费 1 000 元，而每件商品的库存费为 0.05 元／年，若该商品均匀销售，且上一批销售完后，立即购进

下一批货，问商店应分几批购进此商品，能使所用的手续费及库存费总和最少？

解：设分为 x 批购进此种商品，所用手续费及库存费总和为 y 元。

分析可知，每年所需的购货手续费为：$1\,000x$，

而每年库存费为：$0.05 \times \dfrac{10^6}{2x}$，

手续费及库存费总和 $y = 1\,000x + 0.05 \times \dfrac{10^6}{2x} = 1\,000x + \dfrac{25\,000}{x}$，（$x > 0$）

求导得 $y' = 1\,000 - \dfrac{25\,000}{x^2}$，

令 $y' = 0$，求得驻点：$x = 5$ 唯一（$x = -5$ 舍掉）。

因为驻点唯一，由实际问题可知，最小值存在，所以此驻点一定是最小值点。因此，分 5 批购进时才能使手续费和库存费总和最少。

2.4.4 罗比达法则

如果当 $x \to x_0$（$x \to \infty$）时，函数 $f(x)$ 与 $g(x)$ 都趋于零，或趋于无穷大，这时极限 $\lim\limits_{\substack{x \to x_0 \\ (x \to \infty)}} \dfrac{f(x)}{g(x)}$ 可能存在，也可能不存在，因此把这种极限称为未定式，记为 $\dfrac{0}{0}$ 型或 $\dfrac{\infty}{\infty}$ 型。例如 $\lim\limits_{x \to 0} \dfrac{\sin x}{x}$ 是 $\dfrac{0}{0}$ 型；$\lim\limits_{x \to +\infty} \dfrac{e^x}{x}$ 是 $\dfrac{\infty}{\infty}$ 型等。下面介绍一种求这类极限的一种简便且重要的方法——罗比达法则。

【定理 5】若函数 $f(x)$，$g(x)$ 满足：

① 当 $x \to x_0$ 时，函数 $f(x)$ 与 $g(x)$ 都趋于零；

② 在点 x_0 及其左右附近 $f'(x)$ 及 $g'(x)$ 都存在，且 $g'(x) \neq 0$；

③ $\lim\limits_{x \to x_0} \dfrac{f'(x)}{g'(x)} = A$（或 ∞），

则 $\lim\limits_{x \to x_0} \dfrac{f(x)}{g(x)} = \lim\limits_{x \to x_0} \dfrac{f'(x)}{g'(x)} = A$（或 ∞）。

说明：a. 将定理中的 $x \to x_0$ 换成 $x \to x_0^+$，$x \to x_0^-$，$x \to +\infty$，$x \to \infty$ 等，条件②作相应的修改，也有相同的结论；

b. 定理中条件①换成 $\lim\limits_{x \to x_0} f(x) = \lim\limits_{x \to x_0} g(x) = \infty$，其他条件不变，结论仍成立。

1. $\dfrac{0}{0}$ 型或 $\dfrac{\infty}{\infty}$ 型未定式

【例 42】求 $\lim\limits_{x \to 0} \dfrac{\sin 3x}{\sin 5x}$。

解：属于 $\dfrac{0}{0}$ 型未定式。利用罗比达法则，得

$$\lim_{x \to 0} \frac{\sin 3x}{\sin 5x} = \lim_{x \to 0} \frac{(\sin 3x)'}{(\sin 5x)'} = \lim_{x \to 0} \frac{3\cos 3x}{5\sin 5x} = \frac{3}{5}。$$

【例 43】求 $\lim\limits_{x \to +\infty} \dfrac{\ln x}{x}$。

解：属于 $\dfrac{\infty}{\infty}$ 型未定式。利用罗比达法则，得

$$\lim_{x \to +\infty} \frac{\ln x}{x} = \lim_{x \to +\infty} \frac{(\ln x)'}{(x)'} = \lim_{x \to +\infty} \frac{\frac{1}{x}}{1} = \lim_{x \to +\infty} \frac{1}{x} = 0$$

在应用了一次罗比达法则后，如果 $\lim \dfrac{f'(x)}{g'(x)}$ 仍属于 $\dfrac{0}{0}$ 型或 $\dfrac{\infty}{\infty}$ 型，且 $\lim \dfrac{f''(x)}{g''(x)}$ 存在（或为无穷大），则可继续使用罗比达法则，即 $\lim \dfrac{f(x)}{g(x)} = \lim \dfrac{f'(x)}{g'(x)} = \lim \dfrac{f''(x)}{g''(x)}$，依此类推。但应该注意，如果在某次使用罗比达法则之后不再是未定式，则不能再使用此法则。

【例 44】求 $\lim\limits_{x \to 0} \dfrac{1-\cos x}{x^3}$。

解：两次使用罗比达法则，得

$$\lim_{x \to 0} \frac{1-\cos x}{x^3} = \lim_{x \to 0} \frac{\sin x}{3x^2} = \lim_{x \to 0} \frac{\cos x}{6x} = \infty$$

注意：上式中的 $\lim\limits_{x \to 0} \dfrac{\cos x}{6x}$ 已不是未定式，不能使用罗比达法则，否则会发生错误。

2. 其他类型未定式——可化为 $\dfrac{0}{0}$ 型或 $\dfrac{\infty}{\infty}$ 未定式

$0 \cdot \infty$，$\infty - \infty$，0^0，1^∞，∞^0 等类型，可以通过恒等变形化为 $\dfrac{0}{0}$ 型或 $\dfrac{\infty}{\infty}$ 型后，再用罗比达法则进行计算。

【例 45】求 $\lim\limits_{x \to 1} \left(\dfrac{x}{x-1} - \dfrac{1}{\ln x} \right)$。

解：这是一个 $\infty - \infty$ 型未定式，通分后化为 $\dfrac{0}{0}$ 型，

$$\lim_{x \to 1} \left(\frac{x}{x-1} - \frac{1}{\ln x} \right) = \lim_{x \to 1} \frac{x \ln x - (x-1)}{(x-1)\ln x} = \lim_{x \to 1} \frac{\ln x}{\ln x + \frac{x-1}{x}}$$

$$= \lim_{x \to 1} \frac{\frac{1}{x}}{\frac{1}{x} + \frac{1}{x^2}} = \frac{1}{2}$$

【例 46】求 $\lim\limits_{x \to +\infty} x \left(\dfrac{\pi}{2} - \arctan x \right)$。

解：这是一个 $0 \cdot \infty$ 型未定式，恒等变形将它转化为 $\dfrac{\infty}{\infty}$ 型，

$$\lim_{x \to +\infty} x \left(\frac{\pi}{2} - \arctan x \right) = \lim_{x \to +\infty} \frac{\frac{\pi}{2} - \arctan x}{\frac{1}{x}} = \lim_{x \to +\infty} \frac{-\frac{1}{1+x^2}}{-\frac{1}{x^2}} = \lim_{x \to +\infty} \frac{x^2}{1+x^2} = 1$$

【例 47】求 $\lim\limits_{x \to 0^+} x^{\sin x}$。

解：这是一个 0^0 型未定式。

$$\lim_{x\to 0^+} x^{\sin x} = \lim_{x\to 0^+} e^{\sin x \ln x} = e^{\lim\limits_{x\to 0^+} \sin x \ln x} = e^{\lim\limits_{x\to 0^+} \frac{\ln x}{\csc x}}$$

$$= e^{\lim\limits_{x\to 0^+} \frac{\frac{1}{x}}{-\csc x \cot x}} = e^{\lim\limits_{x\to 0^+} -\frac{\sin x}{x} \tan x} = e^0 = 1$$

注意：当 $\lim \dfrac{f'(x)}{g'(x)}$ 不存在时，不能说明 $\lim \dfrac{f(x)}{g(x)}$ 不存在。

【例 48】求 $\lim\limits_{x\to\infty} \dfrac{x-\sin x}{x+\sin x}$。

解：属于 $\dfrac{\infty}{\infty}$ 型未定式。利用罗比达法则，得

$$\lim_{x\to\infty} \frac{x-\sin x}{x+\sin x} = \lim_{x\to\infty} \frac{1-\cos x}{1+\cos x},$$

而 $\lim\limits_{x\to\infty} \dfrac{1-\cos x}{1+\cos x}$ 不存在，也不是无穷大，因此不能使用罗比达法则。下面给出正确解法：

$$\lim_{x\to\infty} \frac{x-\sin x}{x+\sin x} = \lim_{x\to\infty} \frac{1-\dfrac{\sin x}{x}}{1+\dfrac{\sin x}{x}} = 1。$$

2.4.5 求方程近似根的牛顿迭代法

求一个方程 $f(x)=0$ 的根就是求满足方程 $f(x)=0$ 的 x 值，也就是求函数 $f(x)$ 的零点。求零点的精确值常常是复杂的，有时甚至不可能，因而需要设计一种方法来求解零点的近似值，只要其达到了我们所要求的近似程度即可。

衡量近似值的好坏往往采用以下方法：

（1）要求近似值与精确值之差小于 10^{-2}，10^{-3}，$\cdots$，的精度限制；

（2）要求函数 f 在近似零点处的函数值很小，比如小于某一精度限制。这是因为若 $f(x)$ 连续，则当近似值接近真正零点时，近似点处的函数值将接近于零。

1. 牛顿迭代法的思想

设已知方程 $f(x)=0$ 的近似根 x_0，且 $f'(x_0)\ne 0$，在 x_0 处作曲线的切线，其切线方程为 $f(x)=f(x_0)+f'(x_0)(x-x_0)$。令 $f(x)=0$，可得该切线与 x 轴交点 x_1，即 x_1 满足 $f(x_0)+f'(x_0)(x_1-x_0)=0$，解得 $x_1=x_0-\dfrac{f(x_0)}{f'(x_0)}$。类似地，再在 x_1 处作曲线的切线，其切线方程为 $f(x)=f(x_1)+f'(x_1)(x-x_1)$，令 $f(x)=0$，可得该切线与 x 轴交点 x_2，即 x_2 满足 $f(x_1)+f'(x_1)(x_2-x_1)=0$，解得 $x_2=x_1-\dfrac{f(x_1)}{f'(x_1)}$。如图 2-8 所示，点 x_0，x_1，x_2 逐渐逼近方程 $f(x)=0$ 的根 x^*（设 x^* 为 $f(x)$ 零点的精确值）。对上述方法加以总结，可获得一种求方程 $f(x)=0$ 根的数值计算方法，其一般迭代公式为 $x_{n+1}=x_n-\dfrac{f(x_n)}{f'(x_n)}$，$n=0$，1，2，$\cdots$，这就是著名的牛顿迭代公式，因此，牛顿法又称"切线法"。其过程如图 2-8 所示。

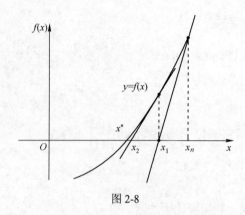

图 2-8

【例 49】求 $f(x) = x^2 - 2$ 的正零点。

解：由 $f'(x) = 2x$ 及牛顿迭代公式得 $x_{n+1} = x_n - \dfrac{x_n^2 - \sqrt{2}}{2x_n} = \dfrac{1}{2}(x_n + \dfrac{\sqrt{2}}{x_n})$ $\quad n = 0,\ 1\cdots$，取

$x_0 = 2.7$ 进行计算可得表 2-5 的结果，从表中可以看出，第 4 次与第 5 次的计算结果已完全相同，因此所求的正零点为 1.41421。

表 2-5

n	x_n
0	2.7
1	1.72037
2	1.44146
3	1.41447
4	1.41421
5	1.41421

为了更好地使用牛顿迭代法，我们给出以下牛顿迭代法的算法：

2．牛顿迭代法的算法

（1）初始化。选定初始近似值 x_0，近似根的精度 ε，允许的最大迭代次数 N，迭代次数计数变量 $k = 0$；

（2）迭代。计算 $f(x_0)$，$f'(x_0)$，如果 $f'(x_0) = 0$，输入该方法显示失败的信息；否则，

按公式 $x_1 = x_0 - \dfrac{f(x_0)}{f'(x_0)}$ 迭代一次得新的近似值 x_1，记作 $k = k + 1$；

（3）控制。如果 $|x_1 - x_0| < \varepsilon$，则迭代过程收敛，终止迭代，并取 $x^* \approx x_1$ 为所求根的近似值，否则，令 $x_0 = x_1$，返回（2）再继续迭代。如果迭代次数 $k > N$，仍达不到精度要求，则认为方法失败。

3. 牛顿迭代法的流程图

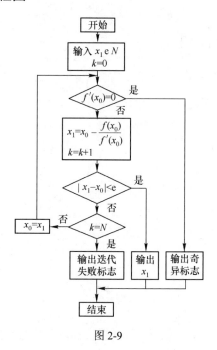

图 2-9

试试看：用 Mathematica 数学软件求导数与微分

用 Mathematica 求导数与微分的基本语句（见表 2-6）。

表 2-6

命令格式	功能说明
D[f[x]，x]	求 $f(x)$ 关于 x 的一阶导数
D[f[x]，{x，n}]]	求 $f(x)$ 关于 x 的 n 阶导数
FindRoot[方程，{x，初始点}]	求方程在初始点的近似根，x 是自变量
FindMinimum[f[x]，{x，初始点}]	求函数 $f(x)$ 在初始点的近似极小值，x 是自变量

【例 50】若 $f(x) = x\sin 2x$ ，求 $f'(x)$ ， $f^{(8)}(x)$ 及 $f'(0)$ ， $f^{(8)}(0)$ 。

解：f[x_]：=x*Sin[2*x]；

D[f[x]，x]

结果：2 x Cos[2x]+Sin[2x]

D[f[x]，x]/ {x->0}

结果：0

D[f[x]，{x，8}]

结果：−1024 Cos[2x]+256 x Sin[2x]

D[f[x]，{x，8}]/{x->0}

结果：−1024

【例 51】求函数 $y = x + \ln x$ 的微分及 $x = 1$ 处的微分。

解：D[x+Log[x]，x] dx

结果： $\mathrm{d}x\left(1 + \dfrac{1}{x}\right)$ ，即 $\left(1 + \dfrac{1}{x}\right)\mathrm{d}x$

(D[x+Log[x]，x]/.{x->1})dx

结果：2 dx

练一练

求下列函数的导数和微分。

（1） $y = (x+1)\mathrm{e}^x$ ；

（2） $y = \dfrac{x+1}{x-1}$ ；

（3） $y = \ln\ln x$ ；

（4） $y = 3^x\,\mathrm{e}^x$ ；

（5） $y = \csc x + x\sin(2^x)$ ；

（6） $y = \dfrac{x\sin x}{1 + \tan x}$ 。

习题 2

1. 将一个物体垂直上抛，设经过时间 t s 后，物体上升的高度为

$$s = 10t - \frac{1}{2}gt^2,$$

求下列各值：

（1）物体在 1s 到 $1 + \Delta t$ s 这段时间内的平均速度；

（2）物体在 1s 时的瞬时速度；

（3）物体在 t_0 s 到 $t_0 + \Delta t$ s 这段时间内的平均速度；

（4）物体在 t_0 s 时的瞬时速度。

2. 一块凉的甘薯被放进热烤箱，其温度 T（℃）由函数 $T = f(t)$ 给出，其中 t（单位：min）从甘薯放进烤箱开始计时。

（1） $f'(t)$ 的符号是什么？为什么？

（2） $f'(20)$ 的单位是什么？ $f'(20) = 2$ 有什么实际意义？

3. 用导数定义求函数 $f(x) = \sqrt{x} + 2$ 的导数 $f'(x)$ 和 $f'(4)$ 。

4. 用导数定义求函数 $y = x^3$ 的导数。

5. 求下列曲线在点 $x = 1$ 处的切线方程。

（1） $y = \dfrac{1}{x}$ ；

（2） $y = x^2$ 。

6. 求下列函数的导数（其中 a , b 为常数）。

（1） $y = 5x^4 - 3x^2 + x - 2$ ；

（2） $y = x^{a+b}$ ；

（3） $y = \sqrt{x} - \dfrac{1}{x} + 4\sqrt{2}$ ；

（4） $y = \dfrac{1-x^2}{\sqrt{x}}$ ；

（5） $y = \cos x + x^2\sin x$ ；

（6） $y = \dfrac{x+1}{\ln x}$ ；

（7）$y = 2^x \mathrm{e}^x$ ；

（8）$y = \dfrac{\sec x}{x}$ ；

（9）$y = \sqrt{x} \cot x$ ；

（10）$y = (3x+1)^5$ ；

（11）$y = \ln \ln x$ ；

（12）$y = \cot \dfrac{1}{x}$ ；

（13）$y = x^4 \mathrm{e}^{\sqrt{x}}$ ；

（14）$y = \sqrt{2x} \cot \dfrac{1}{x}$ ；

（15）$y = \dfrac{x}{\sqrt{x^2 - a^2}}$ ；

（16）$y = 2^{x^2} \cos \sqrt{1 - x^2}$ ；

（17）$y = \ln\left(\sqrt{x^2 + a^2} - x\right)$ ；

（18）$y = \mathrm{e}^{x \ln x}$ ；

（19）$y = f(x^3)$ 。

7．求下列函数在相应点处的导数值。

（1）$y = \sin x \cos x$ ，$x = \dfrac{\pi}{2}$ ；

（2）$y = \dfrac{1+x}{1-x}$ ，$x = 0$ ；

（3）$y = 2^{\sin x}$ ，$x = \dfrac{\pi}{4}$ 。

8．求下列函数的二阶导数或二阶导数值。

（1）$y = 2x^2 \ln x$ ；

（2）$y = \sin 2x$ ；

（3）$s = \dfrac{1}{2}(\mathrm{e}^t - \mathrm{e}^{-t})$ ，求 $s''(0)$ ；

（4）$y = \ln(1 + x^2)$ 。

9．试求出通过点 $(2, -3)$ 与抛物线 $y = x^2 + x$ 相切的直线方程。

10．设 $f(x) = x^5 + 2x^3 - x$ ，求 $f^{(5)}(x)$ 和 $f^{(6)}(x)$ 。

11．某产品生产 x 单位的总成本 C 为 x 的函数

$$C = C(x) = 100 + 7x + 50\sqrt{x} ，$$

（1）求生产 900 单位和 1 600 单位时的总成本；

（2）求生产 900 单位和 1 600 单位时的边际成本。

12．设某商品 x 单位的收益 R 为 x 的函数

$$R = L(x) = 200x - 0.01x^2 ，$$

（1）求生产 50 单位时的总收益；

（2）求生产 50 单位时的边际收益。

13．某公司自 2002 年以来的资产可以近似地用下列表达式

$$f(t) = 3 + 0.2t - \frac{4}{t+2} \quad （单位：百万元）$$

表示，其中 t 是自 2002 年以来的年数。若将 $f(t)$ 看成时间 t 的连续函数，试求该公司资产的增长率。

14．求下列函数的微分。

（1）$y = x\sqrt{x} + \dfrac{1}{x^2} - 5x^2 + 1$ ；

（2）$y = (x+1)\mathrm{e}^x$ ；

（3）$y = \dfrac{x+1}{x-1}$ ；

（4）$y = \tan \sqrt{x}$ ；

（5）$y = \ln\cos x$；

（6）$y = \csc x + x\sin(2^x)$；

（7）$y = \dfrac{x\sin x}{1+\tan x}$。

15．将适当的函数填入括号内，使等式成立：

（1）$\mathrm{d}(\quad) = 3x\mathrm{d}x$；

（2）$\mathrm{d}(\quad) = \dfrac{2}{\sqrt{x}}\mathrm{d}x$；

（3）$\mathrm{d}(\quad) = \dfrac{1}{x^2}\mathrm{d}x$；

（4）$\mathrm{d}(\quad) = \mathrm{e}^x\mathrm{d}x$；

（5）$\mathrm{d}(\quad) = -\sin x\mathrm{d}x$；

（6）$\mathrm{d}(\quad) = \sec^2 x\mathrm{d}x$。

16．某一负反馈放大电路，记其开环电路的放大倍数为 A，闭环电路放大倍数为 A_f，则它们二者有函数关系为：$A_f = \dfrac{A}{1+0.01A}$，当 $A = 10^4$ 时，由于受环境温度变化的影响，A 变化了 10%，求 A_f 的相对变化量 ΔA_f 大约为多少？

17．判断函数 $f(x) = x + \ln x$ 的单调性。

18．求下列函数的单调区间、极值点和极值。

（1）$y = 2x^3 - 6x^2 - 18x + 5$；

（2）$y = 2x^2 - \ln x$；

（3）$y = 2x + \dfrac{8}{x}$；

（4）$y = (x-1)^2(x+1)^3$。

19．求下列曲线的凹凸区间与拐点。

（1）$y = x^3 - 5x^2 + 3x - 5$；

（2）$y = \ln(1+x^2)$；

（3）$y = 2x^3 - 6x^2 - 18x + 5$；

（4）$y = -x^4 + 2x^2$；

（5）$y = x^4 - 2x^3 + 1$；

（6）$y = \mathrm{e}^{-x}$。

20．求下列函数在指定区间上的最大值和最小值。

（1）$y = x^4 - 2x^2 + 5$　$[-2,\ 2]$；

（2）$y = 2x^3 - 3x^2$　$[-1,\ 4]$；

（3）$y = x - 2\sqrt{x}$　$[1,\ 4]$；

（4）$y = \sqrt{x}\ln x$　$\left[\dfrac{1}{4},\ 1\right]$。

21．已知函数 $f(x) = ax^3 + bx^2 + cx + d$ 在 $x = -3$ 处取得极小值 $f(-3) = 2$，在 $x = 3$ 处取得极大值 $f(3) = 6$，求常数 a,b,c,d。

22．已知两个正数的乘积为常数 a，试问这两个数分别为多少时其和为最小？

23．某细菌群体的数量 $N(t)$ 是由下列函数模型确定的：

$$N(t) = \dfrac{5\,000t}{50+t^2},$$

其中 t 是时间，以周为单位。试问细菌的群体在多少周后数量最大，最大数量是多少？

24．设每亩地种植梨树 20 棵时，每棵梨树产梨300kg。若每亩种植梨树超过 20 棵时，每超种一棵，每棵产量平均减少 10kg。试问每亩种植多少棵梨树才能使亩产量最高？

25．生产某种商品 x 单位的利润是

$$L(x) = 5\,000 + x - 0.00001x^2,$$

问生产多少单位时获得的利润最大？

26．某厂每批生产某种商品 x 单位的费用为

$$C(x) = 5x + 200,$$

得到的收益为

$$R(x) = 10x - 0.01x^2,$$

问每批应生产多少单位时才能使利润最大？

27. 根据临床经验，病人的血压下降幅度的大小 $D(x)$ 与注射的药物剂量 x（单位：mg）有密切关系

$$D(x) = 0.025x^2(30 - x),$$

试求注射药物剂量多少时，血压下降幅度达到最大值？

28. 利用罗必达法则求下列极限：

（1） $\lim\limits_{x \to +\infty} \dfrac{x^2}{e^x}$ ；

（2） $\lim\limits_{x \to 0} \dfrac{e^{-x} - e^x}{\sin x}$ ；

（3） $\lim\limits_{x \to \pi} \dfrac{\sin 2x}{\sin 3x}$ ；

（4） $\lim\limits_{x \to 1} \dfrac{\ln x}{x^2 - 1}$ ；

（5） $\lim\limits_{x \to 0} \dfrac{x - \sin x}{x^3}$ ；

（6） $\lim\limits_{x \to 0} \left(\dfrac{1}{\sin x} - \dfrac{1}{x} \right)$ ；

（7） $\lim\limits_{x \to 0} x^2 e^{\frac{1}{x^2}}$ ；

（8） $\lim\limits_{x \to 0} (1 + x^2)^{\frac{1}{x}}$ 。

29. 用牛顿迭代法求 $f(x) = x^3 - x - 1$ 的最大零点，精确到 6 位小数。

第3章 积分学及其应用

在微分学中，我们讨论了求已知函数的导数（或微分）问题。但是，在科学、技术和经济等许多问题中，常常还需要解决相反的问题，即已知一个函数的导数，求原函数，由此产生了积分学。

3.1 定积分的概念

3.1.1 认识定积分

【例1】曲边梯形的面积。

所谓曲边梯形是指在直角坐标系下，由闭区间 $[a, b]$ 上的连续曲线 $y = f(x) \geqslant 0$，直线 $x = a$，$x = b$ 与 x 轴所围成的平面图形 $AabB$，如图3-1所示。

下面讨论如何计算曲边梯形的面积。

解决这个问题的困难之处在于曲边梯形的上部边界是一条曲线，而在初等数学中，我们只会求如矩形面积、三角形面积、梯形面积等。如图3-2所示，若把曲边梯形分割成许多细小的曲边梯形，然后用我们易求的矩形面积近似代替小曲边梯形的面积，则大曲边梯形的面积的近似值就是所有小矩形的面积之和。显然，若分割得越细，小曲边梯形的宽度越小，小矩形和小曲边梯形的近似程度就越高，误差就越小。当所有的小曲边梯形的宽度都趋于零时，则所有小矩形面积之和的极限值就是这个大曲边梯形面积的精确值了。

按照上述思路，计算曲边梯形的面积一般要经过"分割—取近似—求和—取极限"这四个步骤来完成。

① 分割：把曲边梯形分割成 n 个小曲边梯形。

如图3-2所示，在区间 $[a, b]$ 内任意插入 $n-1$ 个分点：

$$a = x_0 < x_1 < x_2 < \cdots < x_{i-1} < x_i < x_{i+1} < \cdots < x_{n-1} < x_n = b,$$

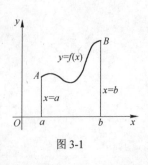

图3-1

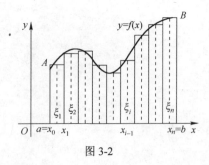

图3-2

即把区间 $[a, b]$ 分成 n 个小区间：

$$[x_{i-1}, x_i] \qquad (i = 1, 2, \cdots, n),$$

每个小区间的长度记为：

$$\Delta x_i = x_i - x_{i-1} \qquad (\ i = 1,\ 2,\ \cdots,\ n\ ),$$

过每个分点作平行 y 轴的直线，则把整个曲边梯形分成了 n 个小曲边梯形，其面积分别记为 ΔA_i（$i = 1,\ 2,\ \cdots,\ n$），则大曲边梯形的面积为：

$$A = \Delta A_1 + \Delta A_2 + \cdots + \Delta A_n。$$

② 取近似：用小矩形的面积近似代替小曲边梯形的面积。

在每个小区间上任取一点 $\xi_i \in [x_{i-1},\ x_i]$（$i = 1,\ 2,\ \cdots,\ n$），如图 3-2 所示。则以 $\Delta x_i = x_i - x_{i-1}$ 为底，以 $f(\xi_i)$ 为高的小矩形面积就可以近似地代替小曲边梯形的面积 ΔA_i，即

$$\Delta A_i \approx f(\xi_i)\Delta x_i \qquad (\ i = 1,\ 2,\ \cdots,\ n\ )。$$

③ 求和：用小矩形面积的和近似代替大曲边梯形的面积。即

$$\begin{aligned}
A &\approx \Delta A_1 + \Delta A_2 + \cdots + \Delta A_n \\
&\approx f(\xi_1)\Delta x_1 + f(\xi_2)\Delta x_2 + \cdots + f(\xi_n)\Delta x_n \\
&= \sum_{i=1}^{n} f(\xi_i)\Delta x_i。
\end{aligned}$$

④ 取极限：求出曲边梯形面积的精确值。

当分割越来越细的时候，每个小曲边梯形的宽度都趋近于 0。为了便于描述，取小区间宽度的最大值 $\lambda = \max\limits_{1 \leqslant i \leqslant n}\{\Delta x_i\}$ 趋于 0 时，如果和式 $\sum\limits_{i=1}^{n} f(\xi_i)\Delta x_i$ 的极限存在，则极限值就是曲边梯形面积的精确值，即

$$A = \lim_{\lambda \to 0} \sum_{i=1}^{n} f(\xi_i)\Delta x_i。$$

【例 2】变速直线运动的路程。

设一物体作直线运动，已知速度 $v = v(t)$ 是时间间隔 $[T_1,\ T_2]$ 上的一个连续函数，并且 $v(t) \geqslant 0$，求物体在这段时间内所经过的路程 s。

如果物体作匀速直线运动，则路程 $s = v \times (T_2 - T_1)$。对于变速直线运动，由于每一时刻速度都是变化的，因此不能按上述公式求路程。但我们仍可以采用求曲边梯形面积的方法"分割—取近似—求和—取极限"来解决这个问题。

① 分割：在时间间隔 $[T_1,\ T_2]$ 内任意插入 $n-1$ 个分点：

$$T_1 = t_0 < t_1 < t_2 < \cdots < t_{i-1} < t_i < t_{i+1} < \cdots < t_{n-1} < t_n = T_2,$$

将 $[T_1,\ T_2]$ 分成了 n 个小区间

$$[t_{i-1},\ t_i] \qquad (\ i = 1,\ 2,\ \cdots,\ n\ ),$$

每个小区间的长度记为

$$\Delta t_i = t_i - t_{i-1} \qquad (\ i = 1,\ 2,\ \cdots,\ n\ ),$$

设在 $[t_{i-1}, t_i]$ 内物体经过的路程为 Δs_i，则

$$s = \Delta s_1 + \Delta s_2 + \cdots + \Delta s_n。$$

② 取近似：由于在小区间 $[t_{i-1},\ t_i]$ 上的时间间隔很小，于是可以把每个小时间段上的运动近似看成是匀速的（以常量代变量），任取一个时刻 $\tau_i \in [t_{i-1}, t_i]$，以 τ_i 时刻的速度 $v(\tau_i)$ 代替 $[t_{i-1},\ t_i]$ 上各个时刻的速度，则

$$\Delta s_i \approx v(\tau_i)\Delta t_i \qquad (\ i = 1,\ 2,\ \cdots,\ n\ )。$$

③ 求和:

$$s = \sum_{i=1}^{n} \Delta s_i \approx \sum_{i=1}^{n} v(\tau_i) \Delta t_i 。$$

④ 取极限:当小时间间隔的最大值 $\lambda = \max_{1 \leqslant i \leqslant n}\{\Delta t_i\}$ 趋近于 0 时,取和式的极限,若该极限存在,则极限值就是物体在这段时间内所经过的路程 s ,即

$$s = \lim_{\lambda \to 0} \sum_{i=1}^{n} v(\tau_i) \Delta t_i 。$$

从上面两个例子可以看到,无论计算曲边梯形的面积还是变速直线运动的路程,尽管它们的实际意义并不相同,但是解决问题的思路、方法和计算步骤都是相同的,即:分割—取近似—求和—取极限,并且它们都可以归结为具有相同结构的一种和式的极限。抛开这些问题的具体意义,只考虑定义在区间 $[a, b]$ 的函数 $f(x)$,就可以抽象出定积分的定义。

3.1.2 定积分的概念与性质

1. 定积分的概念

定义 设函数 $f(x)$ 在 $[a, b]$ 上连续,任取分点

$$a = x_0 < x_1 < x_2 < \cdots < x_{i-1} < x_i < x_{i+1} < \cdots < x_{n-1} < x_n = b,$$

把区间 $[a, b]$ 分割成 n 个小区间 $[x_{i-1}, x_i]$ ($i=1, 2, \cdots, n$),其长度记为

$$\Delta x_i = x_i - x_{i-1},$$

在每个小区间 $[x_{i-1}, x_i]$ 上任取一点 ξ_i ($x_{i-1} \leqslant \xi_i \leqslant x_i$),做乘积

$$f(\xi_i)\Delta x_i \ (i=1, 2, \cdots, n),$$

把所有这些乘积加起来,得和式

$$\sum_{i=1}^{n} f(\xi_i)\Delta x_i ,$$

记 $\lambda = \max_{1 \leqslant i \leqslant n}\{\Delta x_i\}$,若极限 $\lim_{\lambda \to 0} \sum_{i=1}^{n} f(\xi_i)\Delta x_i$ 存在,则称函数 $f(x)$ 在区间 $[a, b]$ 上可积,并

称此极限值为 $f(x)$ 在 $[a, b]$ 上的定积分,记作 $\int_a^b f(x)\mathrm{d}x$,即

$$\int_a^b f(x)\mathrm{d}x = \lim_{\lambda \to 0} \sum_{i=1}^{n} f(\xi_i)\Delta x_i ,$$

其中,称 $\int$ 为积分号, $f(x)$ 为被积函数, $f(x)\mathrm{d}x$ 为被积表达式, x 为积分变量, $[a, b]$ 为积分区间, a, b 分别称为积分下限和积分上限。

根据定积分的定义,上面两个例子都可以表示为定积分:

(1)由闭区间 $[a, b]$ 上的连续曲线 $y = f(x) \geqslant 0$,直线 $x = a$, $x = b$ 与 x 轴所围成的曲边梯形的面积为

$$A = \int_a^b f(x)\mathrm{d}x ;$$

(2)以连续的速度 $v = v(t) \geqslant 0$ 做变速直线运动的物体,从时刻 T_1 到 T_2 通过的路程为

$$S = \int_{T_1}^{T_2} v(t)\mathrm{d}t 。$$

注意：

① 定义中的极限过程是 $\lambda \to 0$，它表示是对区间 $[a, b]$ 的分割越来越细的过程，当 $\lambda \to 0$ 时，必有小区间的个数 $n \to \infty$，反之则不成立；

② 定积分表示的是一个和式的极限值，是一个常量，它仅与被积函数 $f(x)$、积分区间 $[a, b]$ 有关，而与积分变量用什么符号表示无关，即

$$\int_a^b f(x)\mathrm{d}x = \int_a^b f(t)\mathrm{d}t = \int_a^b f(u)\mathrm{d}u ;$$

③ 为了讨论方便，规定

a. $\int_a^a f(x)\mathrm{d}x = 0$ ，　　b. $\int_a^b f(x)\mathrm{d}x = -\int_b^a f(x)\mathrm{d}x$ 。

2．定积分的几何意义

由定积分的定义以及【例1】可知，曲边梯形的面积就是 $f(x)$ 在区间的定积分，这就是定积分的几何意义。

（1）在闭区间 $[a, b]$ 上，若函数 $f(x) \geqslant 0$，则定积分 $\int_a^b f(x)\mathrm{d}x$ 在几何上表示由曲线 $y = f(x)$，直线 $x = a$，$x = b$ 与 x 轴所围成的曲边梯形的面积；

（2）在闭区间 $[a, b]$ 上，若函数 $f(x) \leqslant 0$，则定积分 $\int_a^b f(x)\mathrm{d}x$ 在几何上表示由曲线 $y = f(x)$，直线 $x = a$，$x = b$ 与 x 轴所围成的曲边梯形面积的负值；

（3）若在 $[a, b]$ 上 $f(x)$ 的值有正也有负，如图 3-3 所示，则定积分 $\int_a^b f(x)\mathrm{d}x$ 表示介于 x 轴、曲线 $y = f(x)$ 及直线 $x = a$，$x = b$ 之间各部分面积的代数和。即在 x 轴上方的图形面积减去 x 轴下方的图形面积：

$$\int_a^b f(x)\mathrm{d}x = A_1 - A_2 + A_3$$

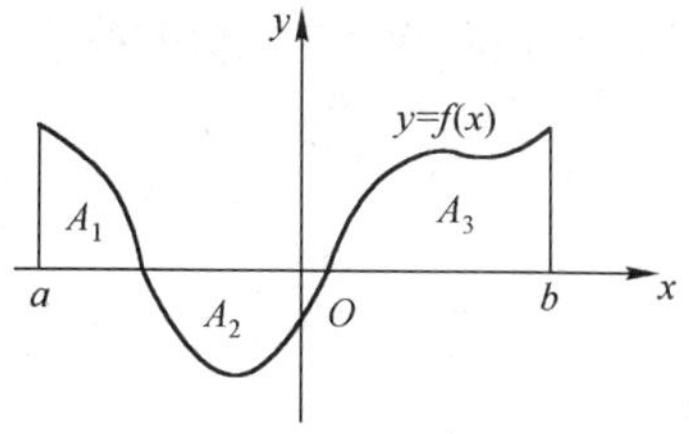

图 3-3

【例3】利用定积分的几何意义求 $\int_0^1 \sqrt{1-x^2}\,\mathrm{d}x$ 。

解： 画出被积函数 $y = \sqrt{1-x^2}$ 在区间 $[0, 1]$ 上的图形，如图 3-4 所示。

由图可看出，在区间 $[0, 1]$ 上，由曲线 $y = \sqrt{1-x^2}$，x 轴，y 轴所围成的曲边梯形是 $\frac{1}{4}$ 单位圆，所以由定积分的几何意义可得

$$\int_0^1 \sqrt{1-x^2}\,\mathrm{d}x = \frac{\pi}{4} 。$$

在【例 1】中求曲边梯形的面积是将区间 $[a, b]$ 无限细分，则相应地曲边梯形被分为无穷多个小竖条。现考虑以任意一点 $x \in [a, b]$ 为左端点的小竖条，其底边为 $\mathrm{d}x$（$\mathrm{d}x > 0$），如图 3-5 所示。在无限细分的条件下，小竖条的面积就近似等于以 $f(x)$ 为高，以 $\mathrm{d}x$ 为底的小矩形的面积，记作 $\mathrm{d}A = f(x)\mathrm{d}x$，称为**面积微元**（简称微元）。将这无穷多个极其微小的面积由 $x = a$ 到 $x = b$ "积累" 起来，就成为总面积 A，也就是定积分 $\int_a^b f(x)\mathrm{d}x$，即 $A = \int_a^b f(x)\mathrm{d}x$ 。

由此可见，定积分 $\int_a^b f(x)\mathrm{d}x$ 实际上就是无穷多个微元" $f(x)\mathrm{d}x$ "累加求和。这种"微元求和"的思想，就是定积分的实质。这种解决问题的方法通常称为"微元法"。实际应用中，我们经常使用这种方法。

3．定积分的性质

下面介绍定积分的性质，假设图 3-4 和图 3-5 中所示的函数性质中所有的函数都是可积的。

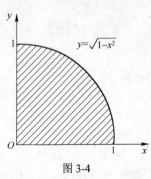

图 3-4

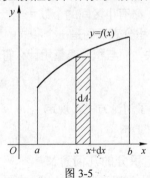

图 3-5

① $\int_a^b k\mathrm{d}x = k(b-a)$ （ k 为常数 ）；

② $\int_a^b kf(x)\mathrm{d}x = k\int_a^b f(x)\mathrm{d}x$ （ k 为常数 ）；

③ $\int_a^b \left[f(x)+g(x)\right]\mathrm{d}x = \int_a^b f(x)\mathrm{d}x + \int_a^b g(x)\mathrm{d}x$ ；

④ 设 a，b，c 为常数，则

$$\int_a^b f(x)\mathrm{d}x = \int_a^c f(x)\mathrm{d}x + \int_c^b f(x)\mathrm{d}x ，$$

该性质称为定积分对积分区间具有可加性。它的几何意义如图 3-6 所示。

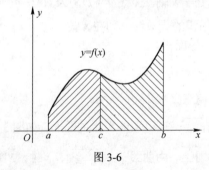

图 3-6

3.1.3 水塔中的水量问题

【例 4】（ 水塔中的水量问题 ）水流到水塔的速度为 $v = v(t)$ （ 单位：L/min ），这里时间 t 的单位为分钟，

① 写出在时间 t 到 $t+\Delta t$ 内水流入水塔的数量近似表达式，这里 Δt 很小；

② 写出从 $t = 0$ 到 $t = 5$ 期间水流入水塔的总量的近似和，并给出这一总量的精确表达式；

③ 如果 $r(t) = 20t$ ，试问从 $t = 0$ 到 $t = 5$ 期间水塔中的水量改变了多少？

解：① 由条件可得在时间 t 到 $t+\Delta t$ 内水流入水塔的数量的近似表达式为：

$$r(t)\Delta t 。$$

② 将时间区间 $[0, 5]$ 分成 n 个小区间 $[t_{i-1}, t_i]$ ，$(n = 1, 2, \cdots, n)$ ，其中，$t_0 = 0$ ，$t_n = 5$ 。在第 i 个小区间 $[t_{i-1}, t_i]$ 内水流入水塔的数量近似表达式为 $r(t_i)\Delta t_i$ ，（ 其中，$\Delta t = t_i - t_{i-1}$ ），

所以从 $t = 0$ 到 $t = 5$ 期间水流入水塔的总量近似和为 $\sum_{i=1}^n r(t_i)\Delta t_i$ ，这一总量的精确表达式为：

$$\int_0^5 r(t)\mathrm{d}t。$$

③ 由②可知，从 $t=0$ 到 $t=5$ 期间水塔中水量的改变量为 $\int_0^5 20t\mathrm{d}t$，

为了计算方便，这里取 $\Delta t=\dfrac{5}{n}$，$t_i=\dfrac{5i}{n}(i=1,\ 2,\ \cdots,\ n)$，根据定积分定义可得：

$$\int_0^5 20t\mathrm{d}t=\lim_{n\to\infty}\sum_{i=1}^{n}\left[20\times\frac{5i}{n}\times\frac{5}{n}\right]=500\lim_{n\to\infty}\sum_{i=1}^{n}\frac{i}{n^2}=500\lim_{n\to\infty}\frac{n(n+1)}{2n^2}=250(\mathrm{L})。$$

3.2 微积分基本公式

3.2.1 积分上限函数

前面介绍了定积分的概念和性质，显然通过定义计算定积分，计算量大且复杂。下面将要介绍的微积分基本公式，不但揭示了定积分与不定积分或被积函数的原函数之间的联系，还为定积分的计算提供了一个有效而简便的计算方法。

【定义 1】设函数 $f(t)$ 在 $[a,\ b]$ 上可积，$x\in[a,\ b]$，则变动上限的积分 $\int_a^x f(t)\mathrm{d}t$ 是 x 的函数，称之为积分上限函数，记为 $\Phi(x)=\int_a^x f(t)\mathrm{d}t$，$x\in[a,\ b]$。

由定积分的几何意义知，$\int_a^x f(t)\mathrm{d}t$ 在 $f(t)\geqslant0$ 时表示区间 $[a,\ x]$ 上的曲边梯形的面积(如图 3-7 所示)，当 x 在 $[a,\ b]$ 上不断变化时，$\int_a^x f(t)\mathrm{d}t$ （即图 3-7 中阴影部分所示的面积 ）也相应地改变。则对 x 的每一个取值，该定积分都有一个确定的值与之对应，因此 $\int_a^x f(t)\mathrm{d}t$ 是关于积分上限 x 的函数。

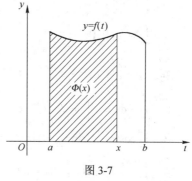

图 3-7

$\Phi(x)$ 在推导微积分基本公式中将起到重要作用，它具有定理 9 中所指出的重要性质。

【定理 1】若函数 $f(x)$ 在区间 $[a,\ b]$ 上连续，则积分上限函数 $\Phi(x)=\int_a^x f(t)\mathrm{d}t\ (a\leqslant x\leqslant b)$ 在区间 $[a,\ b]$ 上可导，且导数为

$$\Phi'(x)=\frac{\mathrm{d}}{\mathrm{d}x}\int_a^x f(t)\mathrm{d}t=f(x)。（ 证明略 ）$$

【例 5】已知 $\Phi(x)=\int_0^x \cos(t^2)\mathrm{d}t$，求 $\Phi'(\sqrt{\pi})$。

解：因为 $\Phi'(x)=\cos(x^2)$，所以 $\Phi'(\sqrt{\pi})=-1$。

【例 6】求 $\int_x^a f(t)\mathrm{d}t$ 的导数。

解：如果交换积分上下限，就得到了一个积分上限函数，并且由定积分的性质，它们有这样的关系：

$$\int_x^a f(t)\mathrm{d}t=-\int_a^x f(t)\mathrm{d}t，$$

因此，

$$\frac{\mathrm{d}}{\mathrm{d}x}\int_x^a f(t)\mathrm{d}t = \frac{\mathrm{d}}{\mathrm{d}x}\left[-\int_a^x f(t)\mathrm{d}t\right] = -\frac{\mathrm{d}}{\mathrm{d}x}\int_a^x f(t)\mathrm{d}t = -f(x) 。$$

积分上限函数的性质给出了一个重要的结论：连续函数 $f(x)$ 取变上限 x 的定积分后求导，其结果仍为 $f(x)$ 本身。若联想到原函数的定义，由定理可知 $\varPhi(x)$ 就是 $f(x)$ 的一个原函数。因此我们引入下面的原函数存在定理：

【定理2】若函数 $f(x)$ 在区间 $[a, b]$ 上连续，则函数 $\varPhi(x) = \int_a^x f(t)\mathrm{d}t$ 就是 $f(x)$ 在区间 $[a, b]$ 上的一个原函数。

这个定理初步揭示了积分学中的定积分与原函数之间的联系，因此我们就有可能通过原函数来计算定积分，由此我们就可以得到计算定积分的一个重要公式：牛顿——莱布尼兹公式。

3.2.2 牛顿——莱布尼兹公式

【定理3】若函数 $F(x)$ 是连续函数 $f(x)$ 在区间 $[a, b]$ 上的一个原函数，即 $F'(x) = f(x)$，则

$$\int_a^b f(x)\mathrm{d}x = F(x)\Big|_a^b = F(b) - F(a) 。$$

上式称为牛顿（Newton）——莱布尼兹（Leibniz）公式，也称为微积分基本公式。这个公式表明一个连续函数在区间 $[a, b]$ 上的定积分等于它的一个原函数在区间 $[a, b]$ 上的增量，这就给定积分提供了一个有效而简便的计算方法。

【例7】计算下列定积分。

① $\int_1^2 x^2 \mathrm{d}x$ ；　　　　　　　　　　② $\int_0^1 \mathrm{e}^x \mathrm{d}x$ ；

③ $\int_0^\pi \cos x \mathrm{d}x$ ；　　　　　　　　　④ $\int_{-2}^{-1} \dfrac{\mathrm{d}x}{x}$ 。

解：① $\int_1^2 x^2 \mathrm{d}x = \frac{1}{3}x^3\Big|_1^2 = \frac{1}{3} \times 2^3 - \frac{1}{3} \times 1^3 = \frac{7}{3}$ ；

② $\int_0^1 \mathrm{e}^x \mathrm{d}x = \mathrm{e}^x\Big|_0^1 = \mathrm{e}^1 - \mathrm{e}^0 = \mathrm{e} - 1$ ；

③ $\int_0^\pi \cos x \mathrm{d}x = \sin x\Big|_0^\pi = \sin\pi - \sin 0 = 0$ ；

④ $\int_{-2}^{-1} \dfrac{\mathrm{d}x}{x} = \ln|x|\Big|_{-2}^{-1} = \ln 1 - \ln 2 = -\ln 2$ 。

3.2.3 原函数与不定积分

1. 原函数的定义

我们在讨论导数的概念时，解决了这样一个问题：已知某物体作直线运动时，路程随时间 t 变化的规律为 $s = s(t)$，那么，在任意时刻 t 物体运动的速度为 $v(t) = s'(t)$。现在提出相反的问题：已知某物体运动的速度随时间 t 变化的规律为 $v = v(t)$，要求该物体运动的路程随时间变化的规律 $s = s(t)$。显然，这个问题就是在关系式 $v(t) = s'(t)$ 中，当 $v(t)$ 为已知时，要求 $s(t)$ 的问题。

又如，已知曲线 $y = f(x)$ 上任意点 (x, y) 处的切线的斜率为 $2x$，要求此曲线方程，这个问题就是要根据关系式 $y' = 2x$，求出曲线 $y = f(x)$。

从数学的角度来说，这类问题是在关系式 $F'(x) = f(x)$ 中，当函数 $f(x)$ 已知时，求出函数 $F(x)$。由此引出原函数的概念。

【定义2】设 $f(x)$ 是定义在某区间 I 内的一个函数，如果存在一个函数 $F(x)$，对于每一

点 $x \in I$ ，都有

$$F'(x) = f(x) ，$$

则称函数 $F(x)$ 为 $f(x)$ 在区间 I 内的一个原函数。

例如，由于 $(\sin x)' = \cos x$ ，所以在 $(-\infty, +\infty)$ 内， $\sin x$ 是 $\cos x$ 的一个原函数；又因为 $(\sin x + 2)' = \cos x$ ，所以在 $(-\infty, +\infty)$ 内， $\sin x + 2$ 是 $\cos x$ 的一个原函数；更进一步，对任意常数 C，有 $(\sin x + C)' = \cos x$ ，所以在 $(-\infty, +\infty)$ 内， $\sin x + C$ 都是 $\cos x$ 的原函数。

注意：① 如果函数 $f(x)$ 在区间 I 内连续，则 $f(x)$ 在区间 I 内一定有原函数。

② 若 $F'(x) = f(x)$ ，则对于任意常数 C， $F(x) + C$ 都是 $f(x)$ 的原函数。即如果 $f(x)$ 在 I 上有原函数，则它有无穷多个原函数。

③ 若 $F(x)$ 和 $G(x)$ 都是 $f(x)$ 的原函数，则 $F(x) - G(x) = C$ ，（C 为任意常数），即任意两个原函数只相差一个常数。

2．不定积分的定义

【定义 3】若 $F(x)$ 是 $f(x)$ 在区间 I 内的一个原函数，则称 $F(x) + C$（C 为任意常数）为 $f(x)$ 在区间 I 内的不定积分，记为 $\int f(x) dx$ ，即

$$\int f(x) dx = F(x) + C 。$$

其中，称 $\int$ 为积分号， $f(x)$ 为被积函数， $f(x) dx$ 为被积表达式， x 为积分变量，C 为积分常数。

由不定积分的定义可知，计算一个函数的不定积分时，只要求出被积函数的一个原函数再加上任意的常数即可。

由不定积分的定义，有

① $\dfrac{d}{dx} \left[\int f(x) dx \right] = f(x)$ ，或 $d \left[\int f(x) dx \right] = f(x) dx$ ；

② $\int F'(x) dx = F(x) + C$ ，或 $\int dF(x) = F(x) + C$ 。

由此可见，微分运算与求不定积分的运算是互逆的。

【例 8】计算下列不定积分。

① $\int 2x dx$ ； ② $\int \sin x dx$ ； ③ $\int e^x dx$ 。

解：① 因为 $(x^2)' = 2x$ ，所以 x^2 是 $2x$ 的一个原函数，由不定积分的定义知

$$\int 2x dx = x^2 + C 。$$

② 因为 $(-\cos x)' = \sin x$ ，所以 $-\cos x$ 是 $\sin x$ 的一个原函数，由不定积分的定义知

$$\int \sin x dx = -\cos x + C 。$$

③ 因为 $(e^x)' = e^x$ ，所以 e^x 是 e^x 的一个原函数，由不定积分的定义知

$$\int e^x dx = e^x + C 。$$

3．不定积分的性质

由不定积分的定义，可得到下面的性质：

① $\int [f(x) \pm g(x)] dx = \int f(x) dx \pm \int g(x) dx$ ；

此性质可推广到有限多个函数之和的情形。

② $\int k f(x)\mathrm{d}x = k \int f(x)\mathrm{d}x$ (k 是常数，$k \neq 0$)。

现在利用不定积分的性质和基本积分公式，可以求一些函数的不定积分。

【例9】计算下列不定积分：

① $\int \left(\dfrac{1}{2\sqrt{x}} - 3\cos x + \dfrac{1}{x^2} \right)\mathrm{d}x$ ；

② $\int (2x-1)^2 \mathrm{d}x$ ；

③ $\int 2^x \left(5^x - \dfrac{2^{-x}}{x} \right)\mathrm{d}x$ ；

④ $\int \dfrac{1}{x^2(1+x^2)}\mathrm{d}x$ 。

解： ① $\int \left(\dfrac{1}{2\sqrt{x}} - 3\cos x + \dfrac{1}{x^2} \right)\mathrm{d}x = \dfrac{1}{2}\int x^{-\frac{1}{2}}\mathrm{d}x - 3\int \cos x \mathrm{d}x + \int x^{-2}\mathrm{d}x$

$= \dfrac{1}{2}\dfrac{1}{1+\left(-\dfrac{1}{2}\right)}x^{-\frac{1}{2}+1} - 3\sin x + \dfrac{1}{-2+1}x^{-2+1} + C = \sqrt{x} - 3\sin x - \dfrac{1}{x} + C$ ；

② $\int (2x-1)^2 \mathrm{d}x = \int (4x^2 - 4x + 1)\mathrm{d}x = 4\int x^2\mathrm{d}x - 4\int x \mathrm{d}x + \int \mathrm{d}x = \dfrac{4}{3}x^3 - 2x^2 + x + C$ ；

③ $\int 2^x \left(5^x - \dfrac{2^{-x}}{x} \right)\mathrm{d}x = \int \left(2^x \cdot 5^x - \dfrac{1}{x} \right)\mathrm{d}x = \int 10^x \mathrm{d}x - \int \dfrac{1}{x}\mathrm{d}x = \dfrac{10^x}{\ln 10} - \ln|x| + C$ ；

④ $\int \dfrac{1}{x^2(1+x^2)}\mathrm{d}x = \int \left(\dfrac{1}{x^2} - \dfrac{1}{1+x^2} \right)\mathrm{d}x = \int \dfrac{1}{x^2}\mathrm{d}x - \int \dfrac{1}{1+x^2}\mathrm{d}x = -\dfrac{1}{x} - \arctan x + C$ 。

注意： 检验积分结果是否正确，只要对结果求导，看它的导数是否等于被积函数，相等时结果是正确的，否则结果是错误的。

3.2.4　滑冰场的结冰问题

【例10】(滑冰场的结冰问题) 美丽的冰城常年积雪，滑冰场完全靠自然结冰，结冰的速度由 $\dfrac{\mathrm{d}y}{\mathrm{d}t} = kt^{\frac{2}{3}}$ ($k>0$ 为常数) 确定，其中，y 是从结冰起到时刻 t 时冰的厚度，求结冰厚度 y 关于时间 t 的函数。

解： 由题意可得，结冰厚度 y 关于时间 t 的函数为

$$y = \int kt^{\frac{2}{3}}\mathrm{d}t = \dfrac{3}{5}kt^{\frac{5}{3}} + C 。$$

其中，常数 C 由结冰的时间确定。

如果 $t = 0$ 时开始结冰，此时冰的厚度为 0 ，即有 $y(0)=0$ ，代入上式得 C=0，此时结冰厚度关于时间的函数即变为

$$y = \dfrac{3}{5}kt^{\frac{5}{3}} 。$$

3.3　积　分　法

3.3.1　不定积分的基本积分公式

由不定积分的定义，从导数公式可得到相应的积分公式。为了计算方便，下面列出基本

积分公式：

① $\int k\mathrm{d}x = kx + \mathrm{C}$ ；

② $\int x^{\mu}\mathrm{d}x = \dfrac{x^{\mu+1}}{\mu+1} + \mathrm{C}$ $(\mu \neq -1)$ ；

③ $\int \dfrac{1}{x}\mathrm{d}x = \ln|x| + \mathrm{C}$ ；

④ $\int a^{x}\mathrm{d}x = \dfrac{a^{x}}{\ln a} + \mathrm{C}$ ；

⑤ $\int \mathrm{e}^{x}\mathrm{d}x = \mathrm{e}^{x} + \mathrm{C}$ ；

⑥ $\int \sin x\mathrm{d}x = -\cos x + \mathrm{C}$ ；

⑦ $\int \cos x\mathrm{d}x = \sin x + \mathrm{C}$ ；

⑧ $\int \sec^{2} x\mathrm{d}x = \tan x + \mathrm{C}$ ；

⑨ $\int \csc^{2} x\mathrm{d}x = -\cot x + \mathrm{C}$ ；

⑩ $\int \sec x \tan x\mathrm{d}x = \sec x + \mathrm{C}$ ；

⑪ $\int \csc x \cot x\mathrm{d}x = -\csc x + \mathrm{C}$ ；

⑫ $\int \dfrac{1}{1+x^{2}}\mathrm{d}x = \arctan x + \mathrm{C}$ ；

⑬ $\int \dfrac{1}{\sqrt{1-x^{2}}}\mathrm{d}x = \arcsin x + \mathrm{C}$ 。

这些基本积分公式是求不定积分时常用的公式，读者应熟练地掌握。

3.3.2 直接积分法

1. 不定积分的直接积分法

所谓直接积分法，就是利用不定积分的基本积分公式和性质，来求一些简单函数的不定积分。

【例 11】计算下列不定积分。

① $\int x^{2}\sqrt{x}\mathrm{d}x$ ；

② $\int \dfrac{(1-x)^{2}}{x^{2}}\mathrm{d}x$ ；

③ $\int \sqrt{x\sqrt{x}}\mathrm{d}x$ ；

④ $\int 3^{x}\mathrm{e}^{x}\mathrm{d}x$ 。

解：① $\int x^{2}\sqrt{x}\mathrm{d}x = \int x^{\frac{5}{2}}\mathrm{d}x = \dfrac{2}{7}x^{\frac{7}{2}} + \mathrm{C}$ ；

② $\int \dfrac{(1-x)^{2}}{x^{2}}\mathrm{d}x = \int \dfrac{1-2x+x^{2}}{x^{2}}\mathrm{d}x = \int \left(\dfrac{1}{x^{2}} - \dfrac{2}{x} + 1\right)\mathrm{d}x = \int x^{-2}\mathrm{d}x - 2\int \dfrac{1}{x}\mathrm{d}x + \int \mathrm{d}x$

$= \dfrac{1}{1+(-2)}x^{-2+1} - 2\ln|x| + x + \mathrm{C} = -\dfrac{1}{x} - 2\ln|x| + x + \mathrm{C}$ ；

③ $\int \sqrt{x\sqrt{x}}\mathrm{d}x = \int x^{\frac{3}{4}}\mathrm{d}x = \dfrac{1}{1+\frac{3}{4}}x^{\frac{3}{4}+1} + \mathrm{C} = \dfrac{4}{7}x^{\frac{7}{4}} + \mathrm{C}$ ；

④ $\int 3^{x}\mathrm{e}^{x}\mathrm{d}x = \int (3\mathrm{e})^{x}\mathrm{d}x = \dfrac{(3\mathrm{e})^{x}}{\ln(3\mathrm{e})} + \mathrm{C} = \dfrac{3^{x}\mathrm{e}^{x}}{1+\ln 3} + \mathrm{C}$ 。

【例 12】计算下列不定积分。

① $\int \tan^{2} x\mathrm{d}x$ ；

② $\int \dfrac{1}{\sin^{2} x \cos^{2} x}\mathrm{d}x$ ；

③ $\int \dfrac{\cos 2x}{\sin^{2} x}\mathrm{d}x$ ；

④ $\int \cos^{2}\dfrac{x}{2}\mathrm{d}x$ 。

解：① $\int \tan^{2} x\mathrm{d}x = \int (\sec^{2} x - 1)\mathrm{d}x = \int \sec^{2} x\mathrm{d}x - \int \mathrm{d}x = \tan x - x + \mathrm{C}$ ；

② $\int \dfrac{1}{\sin^2 x \cos^2 x}\,\mathrm{d}x = \int \dfrac{\sin^2 x + \cos^2 x}{\sin^2 x \cos^2 x}\,\mathrm{d}x = \int \left(\dfrac{1}{\cos^2 x} + \dfrac{1}{\sin^2 x}\right)\mathrm{d}x = \int (\sec^2 x + \csc^2 x)\,\mathrm{d}x$

$= \tan x - \cot x + C$；

③ $\int \dfrac{\cos 2x}{\sin^2 x}\,\mathrm{d}x = \int \dfrac{1 - 2\sin^2 x}{\sin^2 x}\,\mathrm{d}x = \int (\csc^2 x - 2)\,\mathrm{d}x = -\cot x - 2x + C$；

④ $\int \cos^2 \dfrac{x}{2}\,\mathrm{d}x = \int \dfrac{1 + \cos x}{2}\,\mathrm{d}x = \int \dfrac{1}{2}\,\mathrm{d}x + \dfrac{1}{2}\int \cos x\,\mathrm{d}x = \dfrac{x}{2} + \dfrac{\sin x}{2} + C$。

从以上几个例题可以看出，对于比较简单的不定积分，有的须先将被积函数变形，再利用基本积分公式积分。

2．定积分的直接积分法

定积分的直接积分法就是利用定积分的性质以及牛顿——莱布尼兹公式求定积分的方法，它只适用于比较简单的定积分的计算。

【例 13】 计算下列定积分。

① $\int_0^2 (x^3 - 2x + 1)\,\mathrm{d}x$；　　　　　② $\int_1^2 \left(x + \dfrac{1}{x}\right)^2 \mathrm{d}x$；

③ $\int_0^1 2^x \mathrm{e}^x \mathrm{d}x$；　　　　　④ $\int_0^{\frac{\pi}{4}} \tan^2 \theta \mathrm{d}\theta$。

解： ① $\int_0^2 (x^3 - 2x + 1)\mathrm{d}x = \int_0^2 x^3 \mathrm{d}x - 2\int_0^2 x\mathrm{d}x + \int_0^2 \mathrm{d}x$

$= \dfrac{1}{4}x^4 \Big|_0^2 - x^2 \Big|_0^2 + x\Big|_0^2 = \dfrac{1}{4}(2^4 - 0^4) - (2^2 - 0^2) + (2 - 0) = 2$；

② $\int_1^2 \left(x + \dfrac{1}{x}\right)^2 \mathrm{d}x = \int_1^2 \left(x^2 + 2 + \dfrac{1}{x^2}\right)\mathrm{d}x = \int_1^2 x^2 \mathrm{d}x + \int_1^2 2\mathrm{d}x + \int_1^2 \dfrac{1}{x^2}\,\mathrm{d}x$

$= \dfrac{1}{3}x^3 \Big|_1^2 + 2x\Big|_1^2 - \dfrac{1}{x}\Big|_1^2 = \dfrac{1}{3}(2^3 - 1) + 2(2 - 1) - \left(\dfrac{1}{2} - 1\right) = \dfrac{29}{6}$；

③ $\int_0^1 2^x \mathrm{e}^x \mathrm{d}x = \int_0^1 (2\mathrm{e})^x \mathrm{d}x = \dfrac{(2\mathrm{e})^x}{\ln(2\mathrm{e})}\Big|_0^1 = \dfrac{2\mathrm{e} - 1}{\ln(2\mathrm{e})}$；

④ $\int_0^{\frac{\pi}{4}} \tan^2 \theta \mathrm{d}\theta = \int_0^{\frac{\pi}{4}} (\sec^2 \theta - 1)\mathrm{d}\theta = (\tan \theta - \theta)\Big|_0^{\frac{\pi}{4}} = 1 - \dfrac{\pi}{4}$。

【例 14】 计算下列定积分。

① 设 $f(x) = \begin{cases} x - 1, & x \leqslant 0 \\ x + 1, & x > 0 \end{cases}$，求 $\int_{-1}^2 f(x)\mathrm{d}x$；

② $\int_0^2 |1 - x|\,\mathrm{d}x$。

解： ① 被积函数是分段函数，利用定积分对积分区间具有可加性，得

$$\int_{-1}^2 f(x)\mathrm{d}x = \int_{-1}^0 f(x)\mathrm{d}x + \int_0^2 f(x)\mathrm{d}x$$

$$= \int_{-1}^0 (x - 1)\mathrm{d}x + \int_0^2 (x + 1)\mathrm{d}x = \left[\dfrac{1}{2}x^2 - x\right]_{-1}^0 + \left[\dfrac{1}{2}x^2 + x\right]_0^2 = \dfrac{5}{2}$$；

② 被积函数带有绝对值，绝对值函数是分段函数，因此不能直接用公式，利用定积分对积分区间的可加性，得

$$\int_0^2 |1-x|\,\mathrm{d}x = \int_0^1 (1-x)\,\mathrm{d}x + \int_1^2 (x-1)\,\mathrm{d}x = \left[x - \frac{x^2}{2}\right]_0^1 + \left[\frac{x^2}{2} - x\right]_1^2 = 1 。$$

3.3.3 凑微分法

1. 不定积分的凑微分法

前面已经学习了直接积分法，但是仅利用基本积分公式和不定积分的性质计算所有的不定积分是不可能的。例如，计算不定积分 $\int \mathrm{e}^{-x}\mathrm{d}x$，这个积分看上去很简单，与基本积分公式 $\int \mathrm{e}^x \mathrm{d}x$ 相似，但不能用直接积分法。区别在于 $\int \mathrm{e}^{-x}\mathrm{d}x$ 中的被积函数 $y = \mathrm{e}^{-x}$ 是由 $y = \mathrm{e}^u$，$u = -x$ 复合而成的。如何求出这类复合函数的积分呢？利用复合函数的求导法则可推导出计算不定积分的一种常用方法——凑微分法，定理如下：

【定理 4】设 $F(u)$ 是 $f(u)$ 的一个原函数且 $u = \varphi(x)$ 可导，则

$$\int f[\varphi(x)]\varphi'(x)\mathrm{d}x = F[\varphi(x)] + C 。$$

凑微分法的名称来源于把被积函数分为复合函数 $f[\varphi(x)]$ 与中间变量的导数 $\varphi'(x)$ 两部分，再把 $\varphi'(x)\mathrm{d}x$ 凑成 $\mathrm{d}\varphi(x)$。

此法关键：被积函数具有 $\int f[\varphi(x)] \cdot \varphi'(x)\mathrm{d}x$ 形式，设法将其凑成 $\int f[\varphi(x)] \cdot \mathrm{d}\varphi(x)$ 的形式。故称此法为"凑微分法"。

凑微分法常做如下描述：

$$\int f[\varphi(x)] \cdot \varphi'(x)\mathrm{d}x = \int f[\varphi(x)]\mathrm{d}[\varphi(x)]$$

$$\stackrel{\diamondsuit \varphi(x)=u}{=} \int f(u)\mathrm{d}u \stackrel{\text{用公式}}{=} F(u) + C$$

$$\stackrel{\text{回代}u=\varphi(x)}{=} F[\varphi(x)] + C$$

【例 15】计算下列不定积分。

① $\int x\sin x^2 \mathrm{d}x$；   ② $\int \sqrt{x-1}\,\mathrm{d}x$；

解：① $\int x\sin x^2 \mathrm{d}x = \dfrac{1}{2}\int \sin x^2 \cdot \left(x^2\right)' \mathrm{d}x = \dfrac{1}{2}\int \sin x^2 \mathrm{d}(x^2)$

$$\stackrel{\diamondsuit x^2=u}{=} \frac{1}{2}\int \sin u \, \mathrm{d}(u) = \frac{1}{2}(-\cos u) + C \stackrel{\text{回代}u=x^2}{=} -\frac{1}{2}\cos x^2 + C ;$$

② $\int \sqrt{x-1}\,\mathrm{d}x = \int (x-1)^{\frac{1}{2}} \cdot (x-1)' \mathrm{d}x = \int (x-1)^{\frac{1}{2}} \mathrm{d}(x-1)$

$$\stackrel{\diamondsuit x-1=u}{=} \int u^{\frac{1}{2}} \mathrm{d}(u) \stackrel{\text{用公式}}{=} \frac{u^{\frac{1}{2}+1}}{\frac{1}{2}+1} + C = \frac{2}{3}u^{\frac{3}{2}} + C$$

$$\stackrel{\text{回代}u=x-1}{=} \frac{2}{3}(x-1)^{\frac{3}{2}} + C 。$$

当运算熟练之后，可以不写出中间变量，直接计算。

【例 16】计算下列不定积分。

① $\int \dfrac{1}{3x-1}\mathrm{d}x$；   ② $\int x\mathrm{e}^{x^2}\mathrm{d}x$；

③ $\int \dfrac{1}{x}\ln x\mathrm{d}x$ ；   ④ $\int 2\cos 2x\mathrm{d}x$ 。

解：① $\int \dfrac{1}{3x-1}\mathrm{d}x = \int \dfrac{1}{3x-1}\cdot\dfrac{1}{3}\mathrm{d}(3x-1) = \dfrac{1}{3}\int\dfrac{1}{u}\mathrm{d}u = \dfrac{1}{3}\ln|u|+C = \dfrac{1}{3}\ln|3x-1|+C$ ；

② $\int x\mathrm{e}^{x^2}\mathrm{d}x = \int \mathrm{e}^{x^2}\cdot\dfrac{1}{2}\mathrm{d}(x^2) = \dfrac{1}{2}\int \mathrm{e}^{u}\mathrm{d}u = \dfrac{1}{2}\mathrm{e}^{u}+C = \dfrac{1}{2}\mathrm{e}^{x^2}+C$ ；

③ $\int \dfrac{1}{x}\ln x\mathrm{d}x = \int \ln x\mathrm{d}(\ln x) = \dfrac{1}{2}\ln^2 x + C$ ；

④ $\int 2\cos 2x\mathrm{d}x = \int \cos 2x\mathrm{d}(2x) = \sin 2x + C$ 。

【例 17】计算下列不定积分。

① $\int \dfrac{1}{\sqrt{x}}\sin\sqrt{x}\mathrm{d}x$ ；   ② $\int \dfrac{1}{x^2}\cos\dfrac{1}{x}\mathrm{d}x$ ；

③ $\int \dfrac{\cos x}{\sqrt{\sin x}}\mathrm{d}x$ ；   ④ $\int \dfrac{\mathrm{e}^x}{1+\mathrm{e}^x}\mathrm{d}x$ 。

解：① $\int \dfrac{1}{\sqrt{x}}\sin\sqrt{x}\mathrm{d}x = 2\int \sin\sqrt{x}\mathrm{d}\left(\sqrt{x}\right) = -2\cos\sqrt{x}+C$ ；

② $\int \dfrac{1}{x^2}\cos\dfrac{1}{x}\mathrm{d}x = -\int \cos\dfrac{1}{x}\mathrm{d}\left(\dfrac{1}{x}\right) = -\sin\dfrac{1}{x}+C$ ；

③ $\int \dfrac{\cos x}{\sqrt{\sin x}}\mathrm{d}x = \int \dfrac{1}{\sqrt{\sin x}}\mathrm{d}\left(\sin x\right) = 2\sqrt{\sin x}+C$ ；

④ $\int \dfrac{\mathrm{e}^x}{1+\mathrm{e}^x}\mathrm{d}x = \int \dfrac{1}{1+\mathrm{e}^x}\mathrm{d}(\mathrm{e}^x+1) = \ln(\mathrm{e}^x+1)+C$ 。

【例 18】计算下列不定积分。

① $\int \tan x\mathrm{d}x$ ；   ② $\int \sin^3 x\mathrm{d}x$ ；

③ $\int \cos^2 x\mathrm{d}x$ ；   ④ $\int \sec^4 x\mathrm{d}x$ 。

解：① $\int \tan x\mathrm{d}x = \int \dfrac{\sin x}{\cos x}\mathrm{d}x = -\int \dfrac{1}{\cos x}\mathrm{d}(\cos x) = -\ln|\cos x|+C$ ；

② $\int \sin^3 x\mathrm{d}x = \int \sin^2 x\sin x\mathrm{d}x = -\int\left(1-\cos^2 x\right)\mathrm{d}\left(\cos x\right)$

$\qquad = -\int\mathrm{d}\left(\cos x\right) + \int \cos^2 x\mathrm{d}\left(\cos x\right) = -\cos x + \dfrac{1}{3}\cos^3 x + C$ ；

③ $\int \cos^2 x\mathrm{d}x = \int \dfrac{1+\cos 2x}{2}\mathrm{d}x = \dfrac{1}{2}\int\mathrm{d}x + \dfrac{1}{4}\int \cos 2x\mathrm{d}\left(2x\right) = \dfrac{x}{2} + \dfrac{\sin 2x}{4} + C$ ；

④ $\int \sec^4 x\mathrm{d}x = \int(1+\tan^2 x)\sec^2 x\mathrm{d}x = \int(1+\tan^2 x)\mathrm{d}(\tan x) = \tan x + \dfrac{1}{3}\tan^3 x + C$ 。

【例 19】计算下列不定积分。

① $\int \dfrac{1}{a^2+x^2}\mathrm{d}x$ ；   ② $\int \dfrac{1}{\sqrt{4-x^2}}\mathrm{d}x$ ；   ③ $\int \dfrac{1}{x(1+x)}\mathrm{d}x$ 。

解：① $\int \dfrac{1}{a^2+x^2}\mathrm{d}x = \int \dfrac{1}{a^2}\cdot\dfrac{1}{1+\left(\dfrac{x}{a}\right)^2}\mathrm{d}x = \dfrac{1}{a}\int \dfrac{1}{1+\left(\dfrac{x}{a}\right)^2}\mathrm{d}\left(\dfrac{x}{a}\right) = \dfrac{1}{a}\arctan\dfrac{x}{a}+C$ ；

② $\int \dfrac{1}{\sqrt{4-x^2}}\mathrm{d}x = \int \dfrac{1}{2}\cdot\dfrac{1}{\sqrt{1-\left(\dfrac{x}{2}\right)^2}}\mathrm{d}x = \int \dfrac{1}{\sqrt{1-\left(\dfrac{x}{2}\right)^2}}\mathrm{d}\left(\dfrac{x}{2}\right) = \arcsin\dfrac{x}{2}+C$;

③ $\int \dfrac{1}{x(1+x)}\mathrm{d}x = \int\left(\dfrac{1}{x}-\dfrac{1}{1+x}\right)\mathrm{d}x = \int\dfrac{1}{x}\mathrm{d}x - \int\dfrac{1}{1+x}\mathrm{d}(x+1) = \ln|x|-\ln|x+1|+C$ 。

凑微分法在积分学中经常使用，这种方法的特点是"凑微分"，要掌握这种方法，需要熟记一些函数的微分公式，为了做题方便，下面列出一些常用的凑微分公式：

① $\mathrm{d}x = \dfrac{1}{a}\mathrm{d}(ax+b)$ （ a ， b 为常数且 $a\neq 0$ ）； ② $x\mathrm{d}x = \dfrac{1}{2}\mathrm{d}(x^2)$ ；

③ $\dfrac{1}{\sqrt{x}}\mathrm{d}x = 2\mathrm{d}(\sqrt{x})$ ； ④ $\dfrac{1}{x^2}\mathrm{d}x = -\mathrm{d}\left(\dfrac{1}{x}\right)$ ；

⑤ $\dfrac{1}{x}\mathrm{d}x = \mathrm{d}(\ln x)$ ； ⑥ $\mathrm{e}^x\mathrm{d}x = \mathrm{d}(\mathrm{e}^x)$ ；

⑦ $\sin x\mathrm{d}x = -\mathrm{d}(\cos x)$ ； ⑧ $\cos x\mathrm{d}x = \mathrm{d}(\sin x)$ ；

⑨ $\sec^2 x\mathrm{d}x = \mathrm{d}(\tan x)$ ； ⑩ $\csc^2 x\mathrm{d}x = -\mathrm{d}(\cot x)$ ；

⑪ $\dfrac{1}{\sqrt{1-x^2}}\mathrm{d}x = \mathrm{d}(\arcsin x)$ ； ⑫ $\dfrac{1}{1+x^2}\mathrm{d}x = \mathrm{d}(\arctan x)$ 。

2．定积分的凑微分法

通过牛顿——莱布尼兹公式，我们知道求定积分可以转换为求原函数的增量，而我们又知道通过凑微分可以求出一些函数的原函数，因此可以用凑微分法来求解一些定积分。我们先来看一个例子。

【例 20】 $\displaystyle\int_0^2 x\mathrm{e}^{x^2}\mathrm{d}x$ 。

解：首先求被积函数的原函数，即用凑微分法求 $\int x\mathrm{e}^{x^2}\mathrm{d}x$ 。

$$\int x\mathrm{e}^{x^2}\mathrm{d}x = \dfrac{1}{2}\int \mathrm{e}^{x^2}\mathrm{d}(x^2) \overset{x^2=u}{=} \dfrac{1}{2}\int \mathrm{e}^u\mathrm{d}u = \dfrac{1}{2}\mathrm{e}^u+C = \dfrac{1}{2}\mathrm{e}^{x^2}+C ,$$

因此， $\displaystyle\int_0^2 x\mathrm{e}^{x^2}\mathrm{d}x = \dfrac{1}{2}\mathrm{e}^{x^2}\Big|_0^2 = \dfrac{1}{2}(\mathrm{e}^4-\mathrm{e}^0) = \dfrac{1}{2}(\mathrm{e}^4-1)$ 。

很显然，这种方法比较麻烦，如果能在计算定积分的时候直接换元则更简单一些，即令 $u=x^2$ ，则 $x=0$ 时， $u=0$ ； $x=2$ 时， $u=4$ ，所以，

$$\int_0^2 (x\mathrm{e}^{x^2})\mathrm{d}x \overset{x^2=u}{=} \dfrac{1}{2}\int_0^4 \mathrm{e}^u\mathrm{d}u = \dfrac{1}{2}\mathrm{e}^u\Big|_0^4 = \dfrac{1}{2}(\mathrm{e}^4-1) 。$$

由本例可以看出，定积分的凑微分与不定积分的凑微分相比，主要区别在于当变换积分变量时，积分变量的上下限也要随之改变；而求不定积分时最后还要把积分变量换回去，但求定积分时则不需要。

因此有定积分凑微分公式：

$$\int_a^b f[\varphi(x)]\varphi'(x)\mathrm{d}x = F[\varphi(x)]\Big|_a^b = F[\varphi(b)]-F[\varphi(a)] 。$$

通常将这一过程分为："凑微分 → 换元换限 → 积分"三个步骤。

【例 21】计算下列定积分。

① $\int_0^{\frac{\pi}{2}} \cos^3 x \sin x \, dx$;

② $\int_1^e \dfrac{\ln x}{x} \, dx$;

③ $\int_{-1}^0 e^{-2x} \, dx$;

④ $\int_0^1 \dfrac{x}{\sqrt{1+x^2}} \, dx$ 。

解： ① 因为 $\sin x \, dx = -d(\cos x)$ ，令 $u = \cos x$ ，则 $x = 0$ 时， $u = 1$ ； $x = \dfrac{\pi}{2}$ 时， $u = 0$ 。

$$\int_0^{\frac{\pi}{2}} \cos^3 x \sin x \, dx = -\int_0^{\frac{\pi}{2}} \cos^3 x \, d(\cos x) = -\int_1^0 u^3 \, du = \int_0^1 u^3 \, du = \frac{1}{4} u^4 \Big|_0^1 = \frac{1}{4} 。$$

② 因为 $\dfrac{1}{x} dx = d(\ln x)$ ，令 $u = \ln x$ ，则 $x = 1$ 时， $u = 0$ ； $x = e$ 时， $u = 1$ 。

$$\int_1^e \frac{\ln x}{x} \, dx = \int_0^1 \ln x \, d(\ln x) = \int_0^1 u \, du = \frac{1}{2} u^2 \Big|_0^1 = \frac{1}{2} 。$$

当运算熟练之后，可以不设出中间变量，直接计算。

③ $\int_{-1}^0 e^{-2x} \, dx = -\dfrac{1}{2} \int_{-1}^0 e^{-2x} \, d(-2x) = -\dfrac{1}{2} e^{-2x} \Big|_{-1}^0 = \dfrac{1}{2} (e^2 - 1)$ 。

④ $\int_0^1 \dfrac{x}{\sqrt{1+x^2}} \, dx = \dfrac{1}{2} \int_0^1 (1+x^2)^{-\frac{1}{2}} \, d(1+x^2) = \dfrac{1}{2} \cdot \dfrac{1}{-\frac{1}{2}+1} (1+x^2)^{\frac{1}{2}} \Big|_0^1 = \sqrt{2} - 1$ 。

3.3.4 能源消耗问题

【例 22】（能源消耗问题）近年来，世界范围内每年的石油消耗率呈指数增长，且增长指数大约为 0.07 ，1987 年初，消耗率大约为每年 161 亿桶。设 $R(t)$ 表示从 1987 年起第 t 年的石油消耗率，则 $R(t) = 161 e^{0.07t}$ （亿桶），试用此式估计从 1987 年到 2007 年间石油消耗的总量。

解： 设 $T(t)$ 表示从 1987 年起（ $t = 0$ ）直到第 t 年的石油消耗总量，要求从 1987 年到 2007 年间石油消耗的总量，即求 $T(20)$ 。

由条件可知， $T'(t) = R(t)$ ，所以从 $t = 0$ 到 $t = 20$ 期间石油消耗的总量为

$$\int_0^{20} 161 e^{0.07t} \, dt = \frac{161}{0.07} e^{0.07t} \Big|_0^{20} = 2\,300 (e^{0.07 \times 20} - 1) \approx 7\,027 \text{（亿桶）}。$$

3.4 广 义 积 分

3.4.1 无穷区间上的广义积分

前面讨论定积分 $\int_a^b f(x) \, dx$ ，我们都假定积分区间 $[a, b]$ 是有限区间，且被积函数 $f(x)$ 在积分区间上连续或只存在有限个第一类间断点。但在许多实际问题中，我们常常会遇到积分区间为无穷区间的积分，这就是我们下面要介绍的广义积分。

【例 23】求由 x 轴、 y 轴以及曲线 $y = e^{-x}$ 所围成的，延伸到无穷远处的图形的面积 A ，如图 3-8 所示。

要求出此面积，我们可以分两步来完成：

① 先求出 x 轴、 y 轴，曲线 $y = e^{-x}$ 和 $x = b$ （ $b > 0$ ）所围成的曲边梯形的面积 A_b ，如

图 3-9 所示。由定积分的几何意义有

$$A_b = \int_0^b e^{-x} dx ;$$

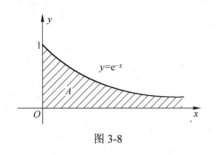

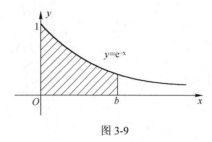

图 3-8   图 3-9

② 求 $\lim\limits_{b \to +\infty} A_b$，如果该极限存在，则极限值便是我们所求的面积 A ，即

$$A = \lim_{b \to +\infty} A_b = \lim_{b \to +\infty} \int_0^b e^{-x} dx 。$$

以上过程其实就是对函数 $y = e^{-x}$ 在 $[0, +\infty]$ 求了一种积分，我们称这种积分为广义积分。

【定义 4】设函数 $f(x)$ 在区间 $[a, +\infty)$ 上连续，任取 $b > a$，若极限 $\lim\limits_{b \to +\infty} \int_a^b f(x) dx$ 存在，则称该极限值为函数 $f(x)$ 在 $[a, +\infty)$ 上的广义积分，记作 $\int_a^{+\infty} f(x) dx$，即

$$\int_a^{+\infty} f(x) dx = \lim_{b \to +\infty} \int_a^b f(x) dx ,$$

此时也称广义积分 $\int_a^{+\infty} f(x) dx$ 收敛，否则称广义积分 $\int_a^{+\infty} f(x) dx$ 发散。

类似地，我们还可定义 $f(x)$ 在区间 $(-\infty, b]$ 和 $(-\infty, +\infty)$ 上的广义积分，分别表示为：

$f(x)$ 在区间 $(-\infty, b]$ 上的广义积分为

$$\int_{-\infty}^b f(x) dx = \lim_{a \to -\infty} \int_a^b f(x) dx , \quad (a < b),$$

当该式的极限 $\lim\limits_{a \to -\infty} \int_a^b f(x) dx$ 存在时，称广义积分 $\int_{-\infty}^b f(x) dx$ 收敛，否则称为发散；

$f(x)$ 在区间 $(-\infty, +\infty)$ 上的广义积分为

$$\int_{-\infty}^{+\infty} f(x) dx = \int_{-\infty}^c f(x) dx + \int_c^{+\infty} f(x) dx$$

$$= \lim_{a \to -\infty} \int_a^c f(x) dx + \lim_{b \to +\infty} \int_c^b f(x) dx ,$$

其中 c 是介于 a 与 b 之间的任意常数，当该式的两个极限 $\lim\limits_{a \to -\infty} \int_a^c f(x) dx$ 和 $\lim\limits_{b \to +\infty} \int_c^b f(x) dx$ 都存在时，广义积分 $\int_{-\infty}^{+\infty} f(x) dx$ 才被称为是收敛的，否则称为发散。

【例 24】讨论广义积分 $\int_2^{+\infty} e^{-x} dx$ 的敛散性。

解：由于 $\int_2^{+\infty} e^{-x} dx = \lim\limits_{b \to +\infty} \int_2^b e^{-x} dx = \lim\limits_{b \to +\infty} \left[-\int_2^b e^{-x} d(-x) \right] = \lim\limits_{b \to +\infty} \left[-e^{-x} \right]_2^b$

$$= \lim_{b \to +\infty} \left(-e^{-b} + e^{-2} \right) = e^{-2} ,$$

所以广义积分 $\int_2^{+\infty} e^{-x} dx$ 是收敛的。

注意：计算广义积分时，为了书写上的方便，可以省去极限符号，将其形式改为类似牛顿——莱布尼兹公式的格式，例如，上式可以写为

$$\int_2^{+\infty} e^{-x}dx = -\int_2^{+\infty} e^{-x}d(-x) = -e^{-x}\Big|_2^{+\infty} = 0 + e^{-2} = e^{-2}。$$

设 $F(x)$ 为 $f(x)$ 的一个原函数，若记 $F(+\infty) = \lim_{x \to +\infty} F(x)$，$F(-\infty) = \lim_{x \to -\infty} F(x)$，则

$$\int_a^{+\infty} f(x)dx = F(+\infty) - F(a)；$$

$$\int_{-\infty}^b f(x)dx = F(b) - F(-\infty)。$$

【例 25】讨论 $\int_{-\infty}^{-1} \dfrac{1}{x^2}dx$ 的敛散性。

解：因为 $\int_{-\infty}^{-1} \dfrac{1}{x^2}dx = -\dfrac{1}{x}\Big|_{-\infty}^{-1} = 1 - 0 = 1$，

所以广义积分 $\int_{-\infty}^{-1} \dfrac{1}{x^2}dx$ 收敛。

【例 26】讨论广义积分 $\int_{-\infty}^{+\infty} \cos x dx$ 的敛散性。

解：$\int_{-\infty}^{+\infty} \cos x dx = \int_{-\infty}^0 \cos x dx + \int_0^{+\infty} \cos x dx$，

由于 $\int_{-\infty}^0 \cos x dx = \sin x\Big|_{-\infty}^0 = \sin 0 - \sin(-\infty) = -\sin(-\infty)$ 不存在，所以 $\int_{-\infty}^0 \cos x dx$ 发散，从而广义积分 $\int_{-\infty}^{+\infty} \cos x dx$ 发散。

3.4.2 终身供应润滑油问题

【例 27】某制造公司在生产了一批超音速运输机之后停产了，但该公司承诺将为客户供应一种适用于该机型的特殊润滑油，一年后该批飞机的用油率（单位：升/年）由下式给出：$r(t) = 300t^{-\frac{3}{2}}$，其中 t 表示飞机服役的年数（$t \geq 1$），该公司要一次性生产该批飞机所需的润滑油并在需要时分发出去，请问需要生产此润滑油多少升？

解：因为 $r(t)$ 是该批飞机一年后的用油率，所以在第一年到第 x 年间任意一个时间段 $[t, t+\Delta t]$ 中，该批飞机所需的润滑油的数量等于 $r(t)dt$，因此从第一年到第 x 年间所需的润滑油的数量等于 $\int_1^x r(t)dt$，那么 $\int_1^{+\infty} r(t)dt$ 就等于该批飞机终身所需的润滑油的数量，

$$\int_1^{+\infty} r(t)dt = \lim_{r \to +\infty} \int_1^x 300t^{-\frac{3}{2}}dt$$

$$= \lim_{r \to +\infty} 300 \times (-2)t^{-\frac{1}{2}}\Big|_x^1 = \lim_{r \to +\infty} -600\left(x^{-\frac{1}{2}} - 1\right) = 600（\text{L}），$$

即 600 L 润滑油将保证终身供应。

3.5 定积分的应用

3.5.1 平面图形的面积

下面我们用微元法来讨论定积分在求平面图形面积上的应用。

由上一节知道，若 $f(x) \geq 0$，则曲线 $y = f(x)$ 与直线 $x = a$，$x = b$ 及 x 轴所围成的平面

图形的面积 A 的微元（如图 3-10 所示）为
$$\mathrm{d}A = f(x)\mathrm{d}x ，$$
由此可得到平面图形的面积为
$$A = \int_a^b \mathrm{d}A = \int_a^b f(x)\mathrm{d}x 。$$

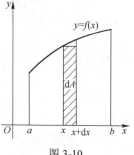

图 3-10

若平面图形是由连续曲线 $y = f(x)$ ， $y = g(x)$ 和直线 $x = a$ ，
$x = b(a < b)$ 围成，在区间 $[a, b]$ 上有 $f(x) \geqslant g(x)$ ，如图 3-11
所示，并称这样的图形是 X 型图形。

同理，若平面图形是由连续曲线 $x = \varphi(y)$ ， $x = \psi(y)$ 和直线
$y = c$ ， $y = d(c < d)$ 围成。且在区间 $[c, d]$ 上有 $\varphi(y) \geqslant \psi(y)$ ，如图 3-12 所示，并称这样的
图形是 Y 型图形。

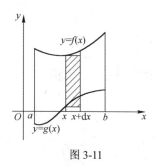

图 3-11

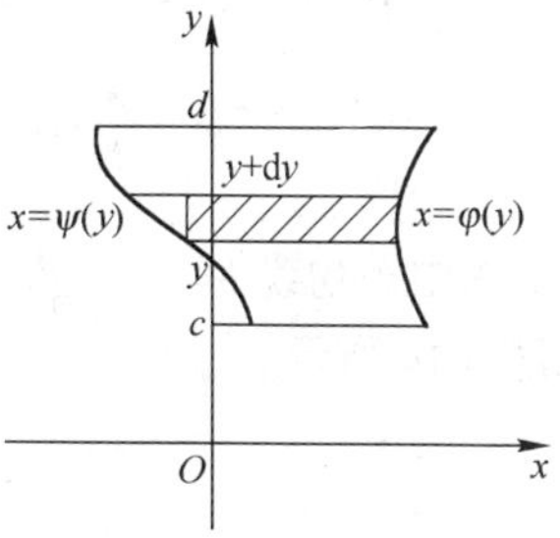

图 3-12

注意： 构成图形的两条直线，有时也可能蜕化为点。如何求平面图形的面积 A ，我们仍
可采用微元法求解该问题。

1. 用微元法分析 X 型图形的面积

如图 3-11 所示，取横坐标 x 为积分变量， $x \in [a, b]$ ，在区间 $[a, b]$ 上任取一微段
$[x, x+\mathrm{d}x]$ ，该微段上的图形的面积 $\mathrm{d}A$ 可以用高为 $f(x) - g(x)$ 、底为 $\mathrm{d}x$ 的矩形的面积近似
代替，类似前面的问题，我们可以找到 A 的面积微元
$$\mathrm{d}A = [f(x) - g(x)]\mathrm{d}x ，$$
从而所求面积为
$$A = \int_a^b [f(x) - g(x)]\mathrm{d}x 。 \tag{1}$$

2. 用微元法分析 Y 型图形的面积

如图 3-12 所示，取横坐标 y 为积分变量， $y \in [c, d]$ ，在区间 $[c, d]$ 上任取一微段
$[y, y+\mathrm{d}y]$ ，该微段上的图形的面积 $\mathrm{d}A$ 可以用高为 $\varphi(y) - \psi(y)$ ，底为 $\mathrm{d}y$ 的矩形的面积近似
代替，同理我们可以找到 A 的面积微元
$$\mathrm{d}A = [\varphi(y) - \psi(y)]\mathrm{d}y ，$$
从而所求面积为
$$A = \int_c^d [\varphi(y) - \psi(y)]\mathrm{d}y 。 \tag{2}$$

对于非 X 型、非 Y 型平面图形，我们可以进行适当分割，划分成若干个 X 型图形和 Y 型
图形，然后利用前面介绍的方法去求面积。

【例28】求由抛物线 $y = x^2$ 和 $x = y^2$ 所围成图形的面积 A。

解：如图 3-13 所示。

由题意知两条曲线的交点满足方程组 $\begin{cases} y = x^2 \\ x = y^2 \end{cases}$，

解得交点为 $(0,\ 0)$ 和 $(1,\ 1)$，因此所求面积可看成是曲线 $y = x^2$，$x = y^2$，$x = 0$ 和 $x = 1$ 所围成图形的面积。

将该平面图形视为 X 型图形，确定积分变量为 x，积分区间为 $[0,\ 1]$，在 $[0,\ 1]$ 上任取一小区间 $[x,\ x + \mathrm{d}x]$，则可得到 A 的面积微元

$$\mathrm{d}A = \left(\sqrt{x} - x^2 \right)\mathrm{d}x，$$

应用公式（1），所求平面图形的面积为

$$A = \int_0^1 (\sqrt{x} - x^2)\mathrm{d}x = \left(\frac{2}{3}x^{\frac{3}{2}} - \frac{1}{3}x^3 \right)\Bigg|_0^1 = \frac{1}{3}。$$

【例29】求由抛物线 $y = x^2 - 2x$ 与直线 $y = x$ 所围成的平面图形的面积 A。

解：如图 3-14 所示。

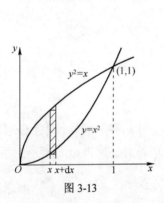

图 3-13

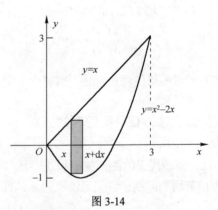

图 3-14

由题意知两条曲线的交点满足方程组 $\begin{cases} y = x^2 - 2x \\ y = x \end{cases}$，解得交点为 $(0,\ 0)$ 和 $(3,\ 3)$，因此所求面积可看成是曲线 $y = x^2 - 2x$，$y = x$，$x = 0$ 和 $x = 3$ 所围图形的面积。

将该平面图形视为 X 型图形，确定积分变量为 x，积分区间为 $[0,\ 3]$，在 $[0,\ 3]$ 上任取一小区间 $[x,\ x + \mathrm{d}x]$，则可得到 A 的面积微元

$$\mathrm{d}A = [x - (x^2 - 2x)]\mathrm{d}x，$$

应用公式(1)，所求平面图形的面积为

$$A = \int_0^3 [x - (x^2 - 2x)]\mathrm{d}x = \int_0^3 (3x - x^2)\mathrm{d}x = \left[\frac{3}{2}x^2 - \frac{1}{3}x^3 \right]_0^3 = \frac{9}{2}。$$

【例30】求由抛物线 $y^2 = 2x$ 与直线 $y = x - 4$ 所围成的平面图形的面积 A。

解：如图 3-15 所示。

由题意知两条曲线的交点满足方程组 $\begin{cases} y^2 = 2x \\ y = x - 4 \end{cases}$，解得交点为 $(2, -2)$ 和 $(8, 4)$，因此所求面积可看成是曲线 $y^2 = 2x$，$y = x - 4$，$y = -2$ 和 $y = 4$ 所围图形的面积。

将该平面图形视为 Y 型图形，确定积分变量为 y，积分区间为 $[-2, 4]$，在 $[-2, 4]$ 上任取一小区间 $[y, y + dy]$，则可得到 A 的面积微元

$$dA = \left[(y + 4) - \frac{y^2}{2} \right] dy$$

应用公式（2），所求平面图形的面积为

$$A = \int_{-2}^{4} dA = \int_{-2}^{4} \left[(y + 4) - \frac{y^2}{2} \right] dy = \left[\frac{1}{2} y^2 + 4y - \frac{1}{6} y^3 \right]_{-2}^{4} = 18。$$

【例 31】求由曲线 $y = \sin x$，$y = \cos x$ 和直线 $x = 2\pi$ 及 y 轴所围成图形的面积 A。

解：如图 3-16 所示。

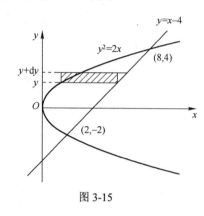

图 3-15

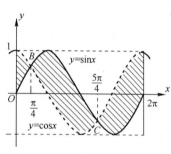

图 3-16

在 $x = 0$ 与 $x = 2\pi$ 之间，两条曲线有两个交点：

$$B\left(\frac{\pi}{4}, \frac{\sqrt{2}}{2} \right)，\quad c\left(\frac{5\pi}{4}, -\frac{\sqrt{2}}{2} \right)。$$

由图 3-16 可知，整个图形可以划分为 $\left[0, \frac{\pi}{4} \right]$，$\left[\frac{\pi}{4}, \frac{5\pi}{4} \right]$，$\left[\frac{5\pi}{4}, 2\pi \right]$ 三段，在每一段上都是 X 型图形。

应用公式（1），所求平面图形的面积为

$$A = \int_{0}^{\frac{\pi}{4}} (\cos x - \sin x) dx + \int_{\frac{\pi}{4}}^{\frac{5\pi}{4}} (\sin x - \cos x) dx + \int_{\frac{5\pi}{4}}^{2\pi} (\cos x - \sin x) dx = 4\sqrt{2}。$$

3.5.2　旋转体的体积

旋转体是由平面内的一个图形绕平面内的一条定直线旋转一周而生成的立体。这条定直线叫做旋转体的轴。工厂中车床加工出来的工件很多都是旋转体。例如，圆柱体、圆锥体等都是旋转体。

这里讨论用定积分的方法来求旋转体的体积。

设一旋转体是由连续曲线 $y = f(x) \geqslant 0$，直线 $x = a$，$x = b(a < b)$ 及 x 轴所围成的平面图

形绕 x 轴旋转一周而成，如图 3-17 所示。现计算它的体积 V。

取 x 为积分变量，积分区间为 $[a, b]$，把区间 $[a, b]$ 分成无限多个小区间（如图 3-17 所示），从而把由 $y = f(x)$，$x = a$，$x = b$ 和 x 轴所围成的曲边梯形分成若干个小窄条的曲边梯形，任取一小区间 $[x, x+dx]$，则该小区间所对应的小窄曲边梯形绕 x 轴旋转一周而成的旋转体的体积为所求体积的体积微元 dV，该体积微元值近似于以 $f(x)$ 为底半径，以 dx 为高的扁圆柱体的体积，即

$$dV = \pi[f(x)]^2 \, dx，$$

于是可得所求旋转体的体积为

$$V_x = \int_a^b dV = \pi \int_a^b [f(x)]^2 \, dx。$$

同理，由连续曲线 $x = \varphi(y)$ 和直线 $y = c$，$y = d$ 及 y 轴围成的曲边梯形绕 y 轴旋转而成的旋转体（如图 3-18 所示）的体积为

$$V_y = \pi \int_c^d [\varphi(y)]^2 \, dy。$$

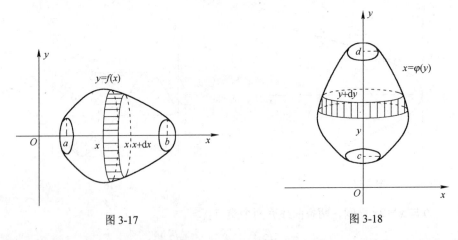

图 3-17　　　　　　　　　　　　　图 3-18

【例 32】连接坐标原点 O 及点 $P(h, r)$ 的直线，直线 $x = h$ 及 x 轴围成一个直角三角形，如图 3-19 所示。将它绕 x 轴旋转一周构成一个底半径为 r，高为 h 的圆锥体。试计算此圆锥体的体积。

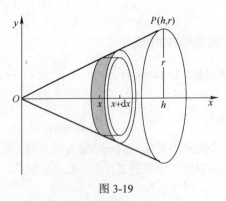

图 3-19

解：过原点 O 及点 $P(h, r)$ 的直线方程为 $y = \dfrac{r}{h}x$，

以 x 为积分变量，它的变化区间为 $[0, h]$。圆锥体中相应于 $[0, h]$ 上任一小区间 $[x, x+\mathrm{d}x]$ 的薄片的体积近似于底半径为 $\dfrac{r}{h}x$，高为 $\mathrm{d}x$ 的扁圆柱体的体积，即体积微元

$$\mathrm{d}V = \pi\left[\frac{r}{h}x\right]^2 \mathrm{d}x ,$$

故所求圆锥体的体积为

$$V = \int_0^h \mathrm{d}V = \pi\int_0^h \left[\frac{r}{h}x\right]^2 \mathrm{d}x = \frac{\pi r^2}{3h^2}x^3\Big|_0^h = \frac{1}{3}\pi r^2 h 。$$

【例 33】椭圆 $\dfrac{x^2}{a^2} + \dfrac{y^2}{b^2} = 1$ 分别绕 x 轴和 y 轴旋转而成的旋转体的体积。

解：① 绕 x 轴旋转：所求旋转体的体积为上半个椭圆绕 x 轴旋转而成，如图 3-20 所示。根据图形的对称性，有

$$V_x = 2\pi\int_0^a y^2 \mathrm{d}x = 2\pi b^2\int_0^a\left(1 - \frac{x^2}{a^2}\right)\mathrm{d}x = 2\pi b^2\left[x - \frac{x^3}{3a^2}\right]_0^a = \frac{4}{3}\pi ab^2 。$$

② 绕 y 轴旋转：所求旋转体的体积为右半个椭圆绕 y 轴旋转而成，如图 3-21 所示。根据图形的对称性，有

$$V_y = 2\pi\int_0^b x^2 \mathrm{d}y = 2\pi a^2\int_0^b\left(1 - \frac{y^2}{b^2}\right)\mathrm{d}y = 2\pi a^2\left[y - \frac{y^3}{3b^2}\right]_0^b = \frac{4}{3}\pi a^2 b 。$$

从上例可以看出，当 $a = b$ 时，旋转体就成为半径为 a 的球体，它的体积为 $\dfrac{4}{3}\pi a^3$。

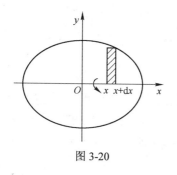

图 3-20

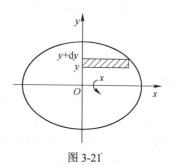

图 3-21

3.5.3　其他应用

1. 投资问题

设某个项目在 t（年）时的收入为 $f(t)$（万元），年利率为 r，即贴现率是 $f(t)\mathrm{e}^{-rt}$，则应用定积分计算，该项目在时间区间 $[a, b]$ 上总贴现值的增量为 $\displaystyle\int_a^b f(t)\mathrm{e}^{-rt}n\mathrm{d}t$。

设某工程总投资在竣工时的贴现值为 A（万元），竣工后的年收入预计为 a（万元），年利率为 r，银行利息连续计算。在进行动态经济分析时，把竣工后收入的总贴现值达到 A，即使关系式

$$\int_0^T a\mathrm{e}^{-rt}\mathrm{d}t = A$$

成立的时间 T（年）称为该项工程的投资回收期。

【例 34】某工程总投资在竣工时的贴现值为 1 000 万元，竣工后的年收入预计为 200 万元，年利息率为 0.08，求该工程的投资回收期。

解：这里 $A=1\,000$，$a=200$，$r=0.08$，则该工程竣工后 T 年内收入的总贴现值为

$$\int_0^T 200e^{-0.08t}dt = \frac{200}{-0.08}e^{-0.08t}\Big|_0^T = 2500(1-e^{-0.08T}),$$

令 $2\,500(1-e^{-0.08T})=1\,000$，即得该工程回收期为

$$T = -\frac{1}{0.08}\ln(1-\frac{1\,000}{2\,500}) = -\frac{1}{0.08}\ln 0.6 = 6.39 \quad（年）。$$

2．利息问题

设某经济函数的变化率为 $f(t)$，则称

$$\frac{\int_{t_1}^{t_2} f(t)dt}{t_2-t_1}$$

为该经济函数在时间间隔 $[t_2, t_1]$ 内的平均变化率。

【例 35】某银行的利息连续计算，利息率是时间 t（单位：年）的函数：

$$r(t) = 0.08 + 0.015\sqrt{t},$$

求它在开始两年，即时间间隔 $[0, 2]$ 内的平均利息率。

解：由于

$$\int_0^2 r(t)dt = \int_0^2(0.08+0.015\sqrt{t})dt = 0.16 + 0.01t\sqrt{t}\Big|_0^2 = 0.16 + 0.02\sqrt{2},$$

所以开始 2 年的平均利息率为：

$$r = \frac{\int_0^2 r(t)dt}{2-0} = 0.08 + 0.01\sqrt{2} \approx 0.094。$$

3．做功问题

从物理学知道，如果物体在做直线运动的过程中受到常力 F 作用，并且力 F 的方向与物体运动的方向一致，那么，当物体移动了距离 S 时，力 F 对物体所做的功是 $W=FS$。

如果物体在运动过程中所受到的力是变化的，那么就遇到变力对物体做功的问题，下面举例说明如何计算变力所做的功。

【例 36】把一个带电量为 $+q$ 的点电荷放在 r 轴的原点 O 处，它产生一个电场，并对周围的电荷产生作用力，由物理学知道，如果有一个单位正电荷放在这个电场中距离原点 O 为 r 的地方，那么电场对它的作用力的大小为 $F = k\dfrac{q}{r^2}$（k 是常数），（如图 3-22 所示）当这个单位正电荷在电场中从 $r=a$ 处沿 r 轴移动到 $r=b(a<b)$ 处时，计算电场力 F 对它所做的功。

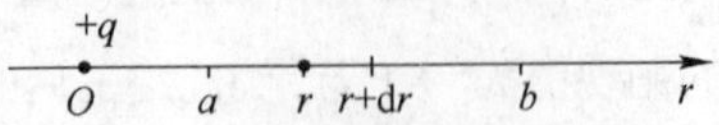

图 3-22

解：在上述移动过程中，电场对这个单位正电荷的作用力是不断变化的，取 r 为积分变量，它的变化区间为 $[a, b]$，在 $[a, b]$ 上任取一小区间 $[r, r+dr]$，当单位正电荷从 r 移动到

$r + dr$ 时，电场力对它所做的功近似于 $\dfrac{kq}{r^2}dr$ ，

功元素即

$$dW = \frac{kq}{r^2}dr ，$$

于是，所求的功为：

$$W = \int_a^b \frac{kq}{r^2}dr = kq\left[-\frac{1}{r}\right]\Big|_a^b = kq\left(\frac{1}{a} - \frac{1}{b}\right)。$$

3.6　微分方程

3.6.1　认识微分方程

先看两个实例。

【例 37】(积分曲线) 一曲线通过点（1，2），且在该曲线上任一点 $M(x,\ y)$ 处切线的斜率为 2，求该曲线方程。

解：设所求曲线的方程为 $y = y(x)$ ，根据题意和导数的几何意义，该曲线应满足下面关系：

$$\frac{dy}{dx} = 2x \tag{1}$$

已知条件

$$y\big|_{x=1} = 2 。$$

将（1）式两边积分得：

$$y = \int 2x dx = x^2 + C ， \tag{2}$$

其中，C 为任意常数。

将条件 $y\big|_{x=1} = 2$ 代入（2）式得，C=1。故所求的曲线方程为：

$$y = x^2 + 1 。$$

【例 38】(刹车制动) 列车在平直线路上以 20m/s 的速度行驶，当制动时列车获得加速度为 -0.4m/s^2 ，问开始制动后多少秒列车才能停住，以及列车在这段时间里行驶了多少米？

解：设列车开始制动后 t s 行驶了 s m，根据题意，反映制动阶段列车运动规律的函数 $s = s(t)$ 应满足的关系：

$$\frac{d^2 s}{dt^2} = -0.4 ， \tag{3}$$

另外，函数 $s = s(t)$ 还应该满足下列条件：$s(0) = 0$ ，$v(0) = s'(0) = 20$ 。

将（3）式两边积分一次得：

$$v(t) = \frac{ds}{dt} = -0.4t + C_1 ， \tag{4}$$

将（4）式两边再积分一次得：

$$s(t) = -0.2t^2 + C_1 t + C_2 ， \tag{5}$$

其中 C_1 , C_2 为任意常数。

将条件 $v(0) = 20$ 代入（4）式得， $C_1 = 20$ ；将条件 $s(0) = 0$ 代入（5）式得， $C_2 = 0$ 。

由此可得：

$$v(t) = -0.4t + 20 ;$$

$$s(t) = -0.2t^2 + 20t 。$$

令 $v(t) = 0$ ，得到列车从开始制动到完全停住所需要的时间为：

$$t = \frac{20}{0.4} = 50 \,(\text{s}),$$

把 $t = 50$ 代入 $s(t)$ ，可得到列车在制动阶段行驶的路程为：

$$s(50) = -0.2 \times 50^2 + 20 \times 50 = 500 \,(\text{m}) 。$$

上面两例中的（1）和（3）式，都是含有未知函数及其导数的关系式，称它们为微分方程。

3.6.2　微分方程的基本概念

1．微分方程的阶

【定义 5】含有未知函数导数（或微分）的方程称为微分方程，微分方程中未知函数的导数（或微分）的最高阶数称为微分方程的阶。

【例 37】中的方程 $\dfrac{\mathrm{d}y}{\mathrm{d}x} = 2x$ 是一阶微分方程；

【例 38】中的方程 $\dfrac{\mathrm{d}^2 s}{\mathrm{d}t^2} = -0.4$ 是二阶微分方程。

当微分方程中的未知函数为一元函数时，称此微分方程为**常微分方程**；当未知函数为多元函数时，微分方程中含有未知函数的偏导数，此微分方程称为**偏微分方程**。本节只讨论常微分方程（以下简称微分方程）。

2．微分方程的解

【定义 6】如果一个函数代入微分方程后，能使微分方程成为恒等式，则这个函数称为该微分方程的解。

【例 37】中的函数 $y = x^2 + C$ 与 $y = x^2 + 1$ 都是微分方程 $\dfrac{\mathrm{d}y}{\mathrm{d}x} = 2x$ 的解；

【例 38】中的函数 $s(t) = -0.2t^2 + C_1 t + C_2$ 与 $s(t) = -0.2t^2 + 20t$ 都是微分方程 $\dfrac{\mathrm{d}^2 s}{\mathrm{d}t^2} = -0.4$ 的解。

3．微分方程的通解

【定义 7】如果微分方程的解中所含任意常数的个数等于微分方程的阶数，则称此解为微分方程的通解。

【例 37】中的方程 $\dfrac{\mathrm{d}y}{\mathrm{d}x} = 2x$ 是一阶微分方程，它的通解 $y = x^2 + C$ 中含有一个任意常数；

而方程 $\dfrac{\mathrm{d}^2 s}{\mathrm{d}t^2} = -0.4$ 是二阶微分方程，它的通解 $s(t) = -0.2t^2 + C_1 t + C_2$ 中恰好含有两个独立的任意常数。

4．微分方程的初始条件

一阶微分方程的初始条件是指：

$$y(x_0) = y_0 \quad 或 \quad y|_{x=x_0} = y_0$$

二阶微分方程的初始条件是指：

$$y(x_0) = y_0, \quad y'(x_0) = y'_0 \quad 或 \quad y|_{x=x_0} = y_0, \quad y'|_{x=x_0} = y'_0 。$$

5．微分方程的特解

【定义 8】满足初始条件的解称为微分方程的特解。

【例 37】中的函数 $y = x^2 + 1$ 就是微分方程 $\dfrac{dy}{dx} = 2x$ 满足初始条件 $y(1) = 2$ 的特解；

【例 38】中的函数 $s(t) = -0.2t^2 + 20t$ 就是微分方程 $\dfrac{d^2 s}{dt^2} = -0.4$ 满足初始条件 $s(0) = 0$，$s'(0) = 20$ 的特解。

【例 39】验证函数 $y = C_1 e^x + C_2 e^{-x}$ 是二阶微分方程 $y'' - y = 0$ 的通解（C_1，C_2 为任意常数），并求满足初始条件 $y(0) = 1$，$y'(0) = 1$ 的特解。

解：由 $y = C_1 e^x + C_2 e^{-x}$ 得

$$y' = C_1 e^x - C_2 e^{-x}, \quad y'' = C_1 e^x + C_2 e^{-x},$$

将 y'' 及 y 代入方程 $y'' - y = 0$，得

$$左端 = (C_1 e^x + C_2 e^{-x}) - (C_1 e^x + C_2 e^{-x}) = 0 = 右端,$$

所以函数 $y = C_1 e^x + C_2 e^{-x}$ 是微分方程的解；又因为解中含有两个独立的任意常数，而微分方程为 2 阶，故 $y = C_1 e^x + C_2 e^{-x}$ 是微分方程的通解。

将初始条件 $y(0) = 1$，$y'(0) = 1$ 代入 y 与 y'，即有

$$\begin{cases} 1 = C_1 + C_2 \\ 1 = C_1 - C_2 \end{cases},$$

解得 $C_1 = 1$，$C_2 = 0$，所以特解为 $y = e^x$。

一个微分方程的每一个解都是一个一元函数 $y = y(x)$，在平面直角坐标系中把这个函数的图像作出来，得到一条平面曲线，称为该微分方程的一条积分曲线。已经知道，一个微分方程的解有无穷多个，它对应于平面上无穷多条积分曲线，称这无穷多条积分曲线为该微分方程的积分曲线族。如果我们求出某个微分方程的通解，那么，只要让其中的任意常数取确定的数值，就可以画出一条积分曲线。让任意常数取所有可能的值，就得到这个微分方程的积分曲线族。

3.6.3　一阶微分方程

一阶微分方程的一般形式是

$$F(x, y, y') = 0 \quad 或 \quad y' = f(x, y) 。$$

下面介绍两种一阶微分方程，分别是可分离变量的微分方程和一阶线性微分方程。

1．可分离变量的微分方程

【定义 9】若微分方程具有形式

$$\frac{dy}{dx} = f(x) \cdot g(y) ,$$

则称该方程为可分离变量的微分方程。

其特点是：一端是只含有 y 的函数和 $\mathrm{d}y$ ，另一端是只含有 x 的函数和 $\mathrm{d}x$ 。

解：

分离变量后化为
$$\frac{\mathrm{d}y}{g(y)} = f(x)\mathrm{d}x \text{，}$$

两边积分
$$\int\frac{\mathrm{d}y}{g(y)} = \int f(x)\mathrm{d}x \text{，}$$

即可求出通解。

【例 40】 求微分方程 $\dfrac{\mathrm{d}y}{\mathrm{d}x} = -2xy$ 的通解。

解： 方程是可分离变量的方程。

分离变量，得
$$\frac{\mathrm{d}y}{y} = -2x\mathrm{d}x \text{，}$$

两边积分
$$\int\frac{\mathrm{d}y}{y} = \int -2x\mathrm{d}x \text{，}$$

解得
$$\ln|y| = -x^2 + C_1 \text{，}$$

于是
$$y = \pm e^{-x^2+C_1} = \pm e^{C_1}e^{-x^2} \text{。}$$

记 $C = \pm e^{C_1}$ ，则原方程的通解为 $y = Ce^{-x^2}$ 。

【例 41】 求微分方程 $\dfrac{\mathrm{d}y}{\mathrm{d}x} = y^2\sin x$ 满足初始条件 $y\big|_{x=0} = -1$ 的特解。

解： 方程是可分离变量的方程。

分离变量，得
$$\frac{1}{y^2}\mathrm{d}y = \sin x\mathrm{d}x \text{，}$$

两边积分，
$$\int\frac{1}{y^2}\mathrm{d}y = \int\sin x\mathrm{d}x \text{，}$$

得通解
$$-\frac{1}{y} = -\cos x + C \text{，}$$

即
$$y = \frac{1}{\cos x - C} \text{。}$$

由初始条件 $y\big|_{x=0} = -1$ 可得 $C=2$ ，从而所求的特解为
$$y = \frac{1}{\cos x - 2} \text{。}$$

【例 42】 已知某放射性材料在任何时刻 t 的衰变速度与该时刻的质量成正比，若最初有 50g 的材料，2h 后减少了 10%，求在任何时刻 t ，该放射性材料质量的表达式。

解： 设时刻 t 材料的质量为 $M(t)$ ，由于材料的衰变速度就是 $M(t)$ 对时间 t 的导数 $\dfrac{\mathrm{d}M}{\mathrm{d}t}$ ，

由题意得：
$$\frac{\mathrm{d}M}{\mathrm{d}t} = -kM \text{，} \quad [\text{其中，} k(k>0) \text{是比例系数}]$$

这是一个可分离变量的微分方程。

分离变量后积分，得：
$$M = Ce^{-kt} \text{。}$$

当 $t=0$ 时，$M=50$，代入上式得 $C=50$，因此

$$M=50\mathrm{e}^{-kt}。$$

由题意知当 $t=2$，$M=45$，把它们代入上式得 $45=50\mathrm{e}^{-2k}$，即

$$k=-\frac{1}{2}\ln\frac{45}{50}=0.053。$$

所以该放射性材料在任何时刻 t 的质量为：$M=50\mathrm{e}^{-0.053t}$。

2．一阶线性微分方程

【定义 10】形如

$$y'+P(x)y=Q(x)\text{ 或 }\frac{\mathrm{d}y}{\mathrm{d}x}+p(x)y=Q(x)$$

的微分方程称为**一阶线性微分方程**，这里的"线性"是指未知函数 y 和它的导数 y' 最高次幂都是一次的。

若 $Q(x)\equiv0$，上式变为 $\frac{\mathrm{d}y}{\mathrm{d}x}+p(x)y=0$，则称为**一阶齐次线性微分方程**。否则称为**一阶非齐次线性微分方程**。

一阶齐次线性微分方程 $\frac{\mathrm{d}y}{\mathrm{d}x}+p(x)y=0$ 是可分离变量的微分方程，

分离变量，得

$$\frac{\mathrm{d}y}{y}=-P(x)\mathrm{d}x，$$

两边积分，得

$$\ln|y|=-\int P(x)\mathrm{d}x+C_1，$$

所以一阶齐次线性微分方程的通解为

$$y=C\mathrm{e}^{-\int P(x)\mathrm{d}x}\qquad(\text{其中，}C=\pm\mathrm{e}^{C_1}\text{ 是任意常数})。$$

如何求对应的非齐次方程的通解呢？

【例 43】将 $y'+P(x)y=Q(x)$ 改写为 $\frac{\mathrm{d}y}{y}=\left[\frac{Q(x)}{y}-P(x)\right]\mathrm{d}x$，两边积分，得

$$\ln|y|=\int\frac{Q(x)}{y}\mathrm{d}x-\int P(x)\mathrm{d}x，$$

因此

$$y=\mathrm{e}^{\int\frac{Q(x)}{y}\mathrm{d}x}\cdot\mathrm{e}^{-\int P(x)\mathrm{d}x}，$$

因为 $\mathrm{e}^{\int\frac{Q(x)}{y}\mathrm{d}x}$ 是 x 的函数，令 $u(x)=\mathrm{e}^{\int\frac{Q(x)}{y}\mathrm{d}x}$，它也是待定的函数，这时上式变为

$$y=u(x)\mathrm{e}^{-\int P(x)\mathrm{d}x}。$$

虽然我们没有求出一阶非齐次线性方程的解，但已经知道解的形式是它相应的一阶齐次线性方程的解 $\mathrm{e}^{-\int P(x)\mathrm{d}x}$ 乘上一个待定函数 $u(x)$。

解：将一阶齐次线性方程的通解 $y=C\mathrm{e}^{-\int P(x)\mathrm{d}x}$ 中的任意常数 C，换为待定函数 $u(x)$，便

得到一阶非齐次线性方程的解的形式。所以，我们只要设法定出函数 $u(x)$ 即可。这种把齐次方程的通解中的常数变换为待定函数的方法叫做常数变易法。

下面来定这个函数 $u(x)$。将 $y = u(x)e^{-\int P(x)dx}$ 两边求导，得

$$y' = u'(x)e^{-\int P(x)dx} + u(x)e^{-\int P(x)dx}[-P(x)] ,$$

把 y，y' 代入非齐次方程，整理化简，得

$$u'(x) = Q(x)e^{\int P(x)dx} ,$$

两边积分，得

$$u(x) = \int Q(x)\,e^{\int P(x)dx}\,dx + C ,$$

所以，一阶非齐次线性方程的通解为

$$y = \left[\int Q(x)e^{\int P(x)dx}dx + C \right]e^{-\int P(x)dx} ,$$

或

$$y = Ce^{-\int P(x)dx} + e^{-\int P(x)dx}\int Q(x)e^{\int P(x)dx}dx 。$$

上式右端第一项是对应的一阶齐次线性微分方程的通解，第二项是一阶非齐次线性微分方程的一个特解。由此可知，一阶非齐次线性微分方程的通解等于对应齐次微分方程的通解与非齐次微分方程的一个特解之和。

上面我们用常数变易法导出了一阶非齐次线性方程的通解公式，但这个公式形式难记，计算也比较复杂，所以求解时通常不代公式，而直接采用推导这个公式的方法即常数变易法求解，下面举例说明。

【例 44】求方程 $\dfrac{dy}{dx} - \dfrac{2y}{x+1} = (x+1)^{\frac{5}{2}}$ 的通解。

解：① 先解对应的齐次微分方程 $\dfrac{dy}{dx} - \dfrac{2y}{x+1} = 0$ 的通解，

分离变量，得 $\qquad\qquad\qquad \dfrac{dy}{y} = \dfrac{2dx}{x+1}$ ，

两边积分，得 $\qquad\qquad\qquad \ln y = 2\ln(x+1) + \ln C$ ，

即通解为 $\qquad\qquad\qquad\qquad y = C(x+1)^2 。$

② 用常数变易法求非齐次方程的通解

把 C 换成 $C(x)$，令 $y = C(x)(x+1)^2$，则

$$y' = C'(x)(x+1)^2 + 2C(x)(x+1) 。$$

将 y 与 y' 代入原方程，得 $\qquad C'(x) = (x+1)^{\frac{1}{2}}$ ，

两边积分，得 $\qquad\qquad C(x) = \dfrac{2}{3}(x+1)^{\frac{3}{2}} + C$ ，

故原非齐次方程的通解为

$$y = (x+1)^2 \left[\dfrac{2}{3}(x+1)^{\frac{3}{2}} + C\right] 。$$

注意：在上例中，将 y 与 y' 代入原方程化简时，式子中的第二、第三项必然消去。这也可以作为前面的计算过程是否正确的一种检查方法，若这里第二、第三项不能消去，那必定是其相应的齐次方程的通解求错了。

【例 45】求解方程 $x\dfrac{\mathrm{d}y}{\mathrm{d}x} - y = x$，$y\big|_{x=1} = 1$。

解：先将方程化成标准形式

$$\frac{\mathrm{d}y}{\mathrm{d}x} - \frac{y}{x} = 1 \text{。}$$

① 先求对应的齐次微分方程 $\dfrac{\mathrm{d}y}{\mathrm{d}x} - \dfrac{y}{x} = 0$ 的通解，

$$y = \mathrm{C}\mathrm{e}^{-\int\left(-\frac{1}{x}\right)\mathrm{d}x} = \mathrm{C}\mathrm{e}^{\ln x} = \mathrm{C}x \text{。}$$

② 用常数变易法求非齐次微分方程的通解，

设原方程的解为 $y = u(x)x$，将 y 与 y' 代入原方程，得

$$u'(x)x + u(x) - \frac{1}{x}u(x)x = 1 \text{，}$$

整理化简，得　　　　　　　　$u'(x) = \dfrac{1}{x}$，

积分，得　　　　　　　　　　$u(x) = \ln x + \mathrm{C}$，

所以，非齐次方程的通解为

$$y = (\ln x + \mathrm{C})x \text{。}$$

③ 将初始条件 $y\big|_{x=1} = 1$ 代入通解，得 C=1，所以满足初始条件的特解为

$$y = (\ln x + 1)x \text{。}$$

3.6.4　微分方程的应用

1．衰变问题

【例 46】已知某放射性材料在任何时刻 t 的衰变速度与该时刻的质量成正比，若最初有 50g 的材料，2h 后减少了 10%，求在任何时刻 t，该放射性材料质量的表达式。

解：这是一个衰变问题。

设时刻 t 材料的质量为 $M(t)$，由于材料的衰变速度就是 $M(t)$ 对时间 t 的导数 $\dfrac{\mathrm{d}M}{\mathrm{d}t}$，由题意可得：

$$\frac{\mathrm{d}M}{\mathrm{d}t} = -kM \text{ [其中，} k\left(k > 0\right) \text{是比例系数]，}$$

这是一个可分离变量的微分方程。

分离变量后积分可得

$$M = \mathrm{C}\mathrm{e}^{-kt} \text{。}$$

当 $t = 0$ 时，$M = 50$，代入上式可得：C=50，则有：

$$M = 50\mathrm{e}^{-kt} \text{。}$$

由题意可知，当 $t = 2$ 时，$M = 50 - 50 \times 10\% = 45$，代入上式可得：$45 = 50\mathrm{e}^{-2k}$，即

$$k = -\frac{1}{2}\ln\frac{45}{50} = 0.053 。$$

所以该放射性材料在任何时刻 t 的质量为：

$$M = 50e^{-0.053t} 。$$

2. 动力学问题

【例 47】在空气中自由落下初始质量为 m_0 的雨点均匀地蒸发着，设每秒蒸发 m，空气阻力和雨点速度成正比，如果开始雨点速度为零，试求雨点运动速度和时间的关系。

解：这是一个动力学问题。

设时刻 t 雨点运动速度为 $v(t)$，这时雨点的质量为 $(m_0 - mt)$，由牛顿第二定律知：

$$(m_0 - mt)\frac{dv}{dt} = (m_0 - mt)g - kv ，\quad v(0) = 0 。$$

这是一个一阶线性方程，其通解为：

$$v = e^{-\int \frac{k}{m_0 - mt}dt}(C + \int ge^{\int \frac{k}{m_0 - mt}dt} dt)$$

$$= -\frac{g}{m-k}(m_0 - mt) + C(m_0 - mt)^{\frac{k}{m}} 。$$

由 $v(0) = 0$，得 $C = \frac{g}{m-k}m_0^{\frac{m-k}{m}}$，

故雨点运动速度和时间的关系为：

$$v = \frac{g}{m-k}(m_0 - mt) + \frac{g}{m-k}m_0^{\frac{m-k}{m}}(m_0 - mt)^{\frac{k}{m}} 。$$

3. 控制体重问题

【例 48】一般身材肥胖的人都想减轻体重，作为举重运动员需要的是控制体重在一定的范围；而对于饲养场来说为了获得最大利润，需要在限定的时间内使其所饲养的牲畜增肥到一定重量出售。如何能有效地控制体重以达到人们不同的需求？

解：这是一个关于热量平衡的问题。

设每天的饮食可产生的热量为 A，用于正常的新陈代谢所消耗的热量为 B，运动消耗的热量为 $C \times$ 体重，假设理想状态下增重、减重的热量主要由脂肪提供，每千克脂肪转化的热量为 D，记 $W(t)$ 为体重，考虑 t 到 $t + \Delta t$ 时间间隔内，体重增加所需要的热量等于这段时间饮食所摄入的热量减去正常新陈代谢所消耗的热量以及运动所消耗的热量，于是有下述热量平衡方程：

$$\left[W(t+\Delta t) - W(t)\right]D = \left[A - B - CW(t)\right]\Delta t ，$$

变形后取极限得：

$$\lim_{\Delta t \to 0}\frac{\left[W(t+\Delta t) - W(t)\right]}{\Delta t} = \frac{A-B}{D} - \frac{C}{D}W(t) ，$$

即

$$\frac{dW(t)}{dt} = a - bW(t) 。$$

该方程为可分离变量的微分方程，其中常数 $a = \dfrac{A-B}{D}$（a 与饮食、正常新陈代谢有关），$b = \dfrac{C}{D}$（b 与运动量有关），将上述方程分离变量后可得：

$$\frac{\mathrm{d}W(t)}{a - bW(t)} = \mathrm{d}t，$$

两边积分：

$$\int \frac{\mathrm{d}W(t)}{a - bW(t)} = \int \mathrm{d}t，$$

解得：

$$-\frac{1}{b}\ln\left[a - bW(t)\right] = t + C_1，$$

即

$$W(t) = \frac{a}{b} - \frac{C}{b}\mathrm{e}^{-bt}。\quad \left(C = \pm\mathrm{e}^{-bC_1}\right)$$

设 W_0 为初始体重，即 $W(0) = W_0$，代入上式得：

$$C = a - bW_0，$$

即

$$W(t) = \frac{a}{b} + \left(W_0 - \frac{a}{b}\right)\mathrm{e}^{-bt}。$$

分析上述式子可知：

① 理论上说，增重、减肥都是有可能的。因为当 $t \to +\infty$ 时，$W(t) \to \dfrac{a}{b}$。这时可通过调节 a 与 b 达到你所期望的那个值（即控制你所期望的体重）。随着现代科技的进步，人的新陈代谢是可以依靠医生、营养师等的建议和自身的控制加以调节的。

② 同时要注意，所吃的食物如果仅够维持生命所需要的那部分正常新陈代谢的热量是不行的，因为 $A = B$ 使得 $a = 0$，$\lim\limits_{t \to +\infty} W(t) = 0$，意味着会导致死亡。

③ 只吃不活动也不行，因为这时 $b = 0$，$W(t) = W_0 + at$，所以 $\lim\limits_{t \to +\infty} W(t) = +\infty$，意味着肥胖症的发生，很危险，严重时也会危及生命（当然客观上体重不会无限制地增大）。

④ 举重运动员要控制体重的数学问题是明确的：已知 W_0，要达到 W_1，其期限为 t，求 a，b 的最佳组合，使 $W_1 = \dfrac{a}{b} + \left(W_0 - \dfrac{a}{b}\right)\mathrm{e}^{-bt}$ 成立即可。但解决这个问题当然还需要依靠医生、教练员和运动员的共同配合才能完成。

试试看：用Mathematica数学软件计算积分与求解方程

一、用Mathematica计算积分的基本语句（见表 3-1）

表 3-1

命令格式	功能说明
Integrate[f(x)，x]	计算不定积分 $\int f(x)\,dx$ 。注意积分结果没给出积分常数 C，写答案时一定要加上
Integrate[f(x)，{x，a，b}]	计算定积分 $\int_a^b f(x)\,dx$
NIntegrate[f(x)，{x，a，b}]	使用数值积分法，计算定积分 $\int_a^b f(x)\,dx$ 的近似值

【例 49】计算下列不定积分： $\int (ax^2+bx+c)\,dx$ 。

解：输入：Integrate[a*x^2+b*x+c，x]

输出： $cx+\dfrac{bx^2}{2}+\dfrac{ax^3}{3}+C$ （后加上常数 C）。

【例 50】计算下列不定积分。

（1） $\int x(\tan x)^2\,dx$ ；　　　　　　　　（2） $\int \dfrac{1}{1+\sin x+\cos x}\,dx$ 。

解：（1）输入：Integrate[x*(Tan[x])^2，x]

输出： $-\dfrac{x^2}{2}+\text{Log}[\text{Cos}[x]]+x\text{Tan}[x]+C$ 。（后加上常数 C）

（1）输入：Integrate[1/(1+Sin[x]+Cos[x])，x]

输出： $-\text{Log}[\cos[\dfrac{x}{2}]]+\text{Log}[\text{Cos}[\dfrac{x}{2}]]+\text{Sin}[\dfrac{x}{2}]+C$ 。（后加上常数 C）

【例 51】计算下列定积分。

（1） $\int_1^{\sqrt{3}} \dfrac{1}{x^2\sqrt{1+x^2}}\,dx$ ；　　　　　　　（2） $\int_0^{\pi} e^{2x}\cos x\,dx$ 。

解：（1）输入：Integrate[1/(x^2*Sqrt[1+x^2])，{x，1，Sqrt[3]}]

输出： $\sqrt{2}-\dfrac{2}{\sqrt{3}}$ 。

（2）输入：Integrate[E^(2x)*Cos[x]，{x，0，Pi}]

输出： $-\dfrac{2}{5}\left(1+e^{2\pi}\right)$ 。

【例 52】计算定积分 $\int_{\frac{1}{2}}^{2}\left(1+x-\dfrac{1}{x}\right)e^{x+\frac{1}{x}}\,dx$ 。

解：输入：Integrate[(1+x-1/x)*Exp[x+1/x]，{x，1/2，2}]

输出： $\dfrac{3e^{\frac{5}{2}}}{2}$ 。

【例 53】已知变上限函数 $f(x) = \int_0^x \sqrt{1-t^2}\,\mathrm{d}t$ ，求 $f'(x)$ 。

解：输入：Simplify[D[Integrate[Sqrt[1-t^2], {t, 0, x}], x]]

输出：Sqrt[1-x²]。

【例 54】使用数值积分法，计算下列积分的近似值。

（1）$\int_1^2 \dfrac{\sin x}{x}\mathrm{d}x$ ；　　　　　　　　（2）$\int_{-\infty}^0 x^3 \mathrm{e}^x \mathrm{d}x$ 。

解：（1）输入：NIntegrate[Sin[x]/x, {x, 1, 2}]

输出：0.65933

（2）输入：NIntegrate[x^3*Exp[x], {x, -Infinity, 0}]

输出：–6。

练一练

利用命令 Integrate 和 NIntegrate 计算下列各积分。

1. $\int \dfrac{\arcsin x}{\sqrt{1-x^2}}\mathrm{d}x$ ；　　　　　　　　2. $\int \ln(x+1)\mathrm{d}x$ ；

3. $\int_0^2 |x^2-1|\mathrm{d}x$ ；　　　　　　　　4. $\int_3^5 \dfrac{1}{x\sqrt{1-\ln^2 x}}\mathrm{d}x$ ；

5. $\int_{-\infty}^{+\infty} \dfrac{1}{x^2+2x+2}\mathrm{d}x$ ；　　　　　　6. $\int_0^2 \dfrac{\mathrm{e}^x}{x}\mathrm{d}x$ ；

7. $\int_0^1 \sin\sin x\,\mathrm{d}x$ ；　　　　　　　　8. $\int_\mathrm{e}^3 \ln(\ln x)\mathrm{d}x$ 。

9. 已知正态分布函数 $\varphi(x) = \dfrac{1}{\sqrt{2\pi}} \int_0^x \mathrm{e}^{-\frac{t^2}{2}}\mathrm{d}t$ ，计算 $\varphi(x)$ 在 $x = 0.5$ ， 0.6 ， 0.9 ， 1 ， 2 ， 3 ，10 ， 30 处的函数值。

二、用 Mathematica 求解微分方程的基本语句（见表 3-2）

表 3-2

命令格式	功能说明
DSolve[方程，y，x]	求微分方程的通解
DSolve[方程与初试条件列表，y，x]	求微分方程的满足初始条件的特解

【例 55】求微分方程 $\dfrac{\mathrm{d}y}{\mathrm{d}x}\cos^2 x + y = \tan x$ 的通解。

解：输入：DSolve [D[y[x]，x]*(Cos[x])^2+y[x]==Tan[x]，y，x]

输出：y→Function x-1+a⁻ᵗᵃⁿˣ C1+Tan X

【例 56】求微分方程 $\dfrac{\mathrm{d}y}{\mathrm{d}x} + 2xy = x\mathrm{e}^{-x^2}$ 的通解。

解：输入：DSolve [D[y[x]，x]+2x*y[x]==x*E^(-x^2)，y，x]

输出：$\left\{ \left\{ y \rightarrow \mathrm{Function}\left[x, \dfrac{x^2}{2\mathrm{E}^{x^2}} + \dfrac{C[1]}{\mathrm{E}^{x^2}} \right] \right\} \right\}$

【例57】求微分方程 $x^2 dy + (2xy - x + 1)dx = 0$ 满足初始条件 $y|_{x=1} = 0$ 的特解。

解：原方程化为：$\dfrac{dy}{dx} + \dfrac{2}{x}y = \dfrac{x-1}{x^2}$。

输入：DSolve[{(x^2-1)y'[x]+2x*y[x]-cos[x]==0,y[0"=1]},y,x]

输出：$\left\{\left\{y \to \text{Function}[x, \dfrac{1}{1-x^2} + \dfrac{\sin[x]}{-1+x^2}]\right\}\right\}$

练一练

1. 求下列微分方程的通解。

（1）$(x^2 - 1)\dfrac{dy}{dx} + 2xy - \sin x = 0$；   （2）$y' + \dfrac{y}{x} = y^2 \ln x$。

2. 求下列微分方程的特解，并画出解函数的图形。

（1）$y' + y \cot x = 5e^{\cos x}$，$y\left(\dfrac{\pi}{2}\right) = -4$；

（2）$(1 + x^2)y'' = 2xy'$，$y|_{x=0} = 1$，$y'|_{x=0} = 1$。

习题 3

1. 利用定积分的几何意义，说明下列等式。

（1）$\displaystyle\int_{-1}^{1}\sqrt{1-x^2}\,dx = 2\int_{0}^{1}\sqrt{1-x^2}\,dx = \dfrac{\pi}{2}$；   （2）$\displaystyle\int_{-3}^{3}x^3\,dx = 0$。

2. 若 $\displaystyle\int_{0}^{1}x^3\,dx = \dfrac{1}{4}$，$\displaystyle\int_{0}^{1}x^2\,dx = \dfrac{1}{3}$，$\displaystyle\int_{0}^{1}x\,dx = \dfrac{1}{2}$，求：

（1）$\displaystyle\int_{0}^{1}\left(3x^2 + \dfrac{1}{3}\right)dx$；   （2）$\displaystyle\int_{0}^{1}(4x^3 + 2x + 1)dx$。

3. 求下列函数的导数。

（1）$f(x) = \displaystyle\int_{0}^{x}\sqrt{t^2 + 2}\,dt$；   （2）$g(x) = \displaystyle\int_{x}^{1}\sin(t^2)\,dt$。

4. 设 $f(x)$ 的一个原函数是 $x \ln x - 2$，求 $f(x)$。

5. 设 $f(x) = k \tan 2x$ 的一个原函数是 $\dfrac{2}{3}\ln \cos 2x$，求 k。

6. 给定下列不定积分，求 $f(x)$。

（1）$\displaystyle\int f(x)\,dx = 3e^{\frac{x}{3}} + C$；   （2）$\displaystyle\int f(x)\,dx = \sin\dfrac{x}{2} + x + 1 + C$。

7. 设 $f(x)$ 的一个原函数是 $\cos x$，求 $\displaystyle\int f'(x)\,dx$。

8. 设 $\displaystyle\int f(x)\,dx = x^2 + C$，求 $\displaystyle\int xf(x)\,dx$。

9. 用直接积分法计算下列不定积分。

（1）$\displaystyle\int \dfrac{3 - \sqrt{x} + x\sin x}{x}\,dx$；   （2）$\displaystyle\int (x-1)(x-2)\,dx$；

（3）$\displaystyle\int \dfrac{x^2 - 9}{x + 3}\,dx$；   （4）$\displaystyle\int \left(10^x + x^{10}\right)dx$；

（5） $\int 2^x e^x dx$ ；

（6） $\int \dfrac{\cos 2x}{\cos x - \sin x} dx$ ；

（7） $\int \cot^2 x dx$ ；

（8） $\int \dfrac{1}{\cos^2 x \sin^2 x} dx$ ；

（9） $\int \dfrac{e^{2x}-1}{e^x-1} dx$ ；

（10） $\int \dfrac{x^2}{x^2+1} dx$ ；

（11） $\int \sec x(\sec x - \tan x) dx$ ；

（12） $\int e^x\left(1 - \dfrac{e^{-x}}{x^2}\right) dx$ ；

（13） $\int \dfrac{1+2x^2}{x^2(1+x^2)} dx$ ；

（14） $\int (3^x + x^3 + \sqrt[3]{x}) dx$ 。

10. 用直接积分法计算下列定积分。

（1） $\int_0^a (3x^2 - x + 1) dx$ ；

（2） $\int_1^2 \dfrac{x^3 - x\sqrt{x} + 1}{x^2} dx$ ；

（3） $\int_1^2 \left(x^2 + \dfrac{1}{x^4}\right) dx$ ；

（4） $\int_0^4 \dfrac{x-9}{\sqrt{x}+3} dx$ ；

（5） $\int_0^1 \left(10^x + x^{10}\right) dx$ ；

（6） $\int_0^1 (3-x)(2-x^2) dx$ ；

（7） $\int_0^4 x^2 \sqrt{x} dx$ ；

（8） $\int_0^{\frac{\pi}{4}} \dfrac{\cos 2x}{\cos x + \sin x} dx$ ；

（9） $\int_0^1 2^x \cdot 3^x dx$ ；

（10） $\int_0^\pi \sin^2 \dfrac{x}{2} dx$ ；

（11） $\int_1^2 e^x\left(e^x - \dfrac{e^{-x}}{\sqrt{x}}\right) dx$ ；

（12） $\int_0^1 \dfrac{x^2}{x^2+1} dx$ 。

11. 计算下列定积分。

（1） $\int_0^\pi |\cos x| dx$ ；

（2） $\int_{-1}^1 \sqrt{x^2} dx$ ；

（3）设 $f(x) = \begin{cases} e^x, & x \leqslant 1 \\ x^2, & x > 1 \end{cases}$，计算 $\int_0^2 f(x) dx$ 。

12. 用凑微分法计算下列不定积分。

（1） $\int \dfrac{x}{1+x} dx$ ；

（2） $\int e^{-x} dx$ ；

（3） $\int \dfrac{1}{\sqrt{1+2x}} dx$ ；

（4） $\int x e^{x^2} dx$ ；

（5） $\int \cos^2 x dx$ ；

（6） $\int (x+2)^{95} dx$ ；

（7） $\int e^x \sin(e^x) dx$ ；

（8） $\int \cos\left(\dfrac{x}{3} - 2\right) dx$ ；

（9） $\int \dfrac{x}{1+x^2} dx$ ；

（10） $\int \dfrac{\ln x}{x} dx$ ；

（11） $\int \dfrac{1}{x^2} \sec^2 \dfrac{1}{x} dx$ ；

（12） $\int \dfrac{\cos \sqrt{x}}{\sqrt{x}} dx$ ；

（13） $\int \cot x dx$ ；

（14） $\int 10^{-3x+2} dx$ ；

（15）$\displaystyle\int\frac{e^{2x}-1}{e^x}dx$；

（16）$\displaystyle\int\sqrt{3+4x}dx$；

（17）$\displaystyle\int\cot x\csc^2 xdx$；

（18）$\displaystyle\int\frac{1}{x(x-1)}dx$；

（19）$\displaystyle\int\frac{1}{x^2-1}dx$；

（20）$\displaystyle\int\frac{\cos x}{1+\sin x}dx$。

13. 用凑微分法计算下列定积分。

（1）$\displaystyle\int_0^2\sqrt{1+4x}dx$；

（2）$\displaystyle\int_{\frac{\pi}{3}}^{\pi}\sin\left(x+\frac{\pi}{3}\right)dx$；

（3）$\displaystyle\int_0^{e-1}\frac{x}{1+x}dx$；

（4）$\displaystyle\int_0^1 xe^{-x^2}dx$；

（5）$\displaystyle\int_0^{\frac{\pi}{2}}\frac{\cos x}{1+\sin x}dx$；

（6）$\displaystyle\int_0^1 e^x\cos(e^x)dx$；

（7）$\displaystyle\int_{-1}^0 e^{-3x+2}dx$；

（8）$\displaystyle\int_0^1\frac{e^{2x}-1}{e^x}dx$；

（9）$\displaystyle\int_{-1}^0 e^{\cos x}\sin xdx$；

（10）$\displaystyle\int_0^{\frac{\pi}{3}}\tan^2 x\sec^2 xdx$；

（11）$\displaystyle\int_2^4\frac{1}{x(x+1)}dx$；

（12）$\displaystyle\int_{-1}^0\frac{1}{x^2-4}dx$；

（13）$\displaystyle\int_{-2}^2\frac{x}{1+x^2}dx$；

（14）$\displaystyle\int_1^{e^2}\frac{\ln x}{x}dx$；

（15）$\displaystyle\int_1^4\frac{\csc^2\sqrt{x}}{\sqrt{x}}dx$；

（16）$\displaystyle\int_1^2\frac{1}{x^2}\sin\left(\frac{1}{x}\right)dx$。

14. 判别下列广义积分的敛散性。若收敛，则计算广义积分的值。

（1）$\displaystyle\int_1^{+\infty}\frac{dx}{\sqrt{x}}$；

（2）$\displaystyle\int_0^{+\infty}e^{-x}dx$；

（3）$\displaystyle\int_{-\infty}^{+\infty}\frac{1}{1+x^2}dx$；

（4）$\displaystyle\int_0^{+\infty}\sin xdx$。

15. 选择恰当的积分变量求图 3-23 中阴影部分的面积。

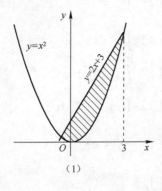 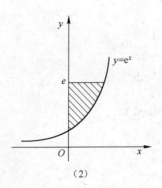

图 3-23

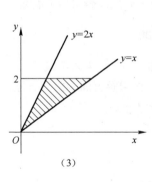

（3）

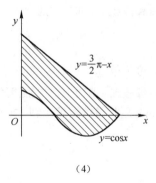

（4）

图 3-23（续）

16. 求由曲线 $y = e^x$，$y = e^{-x}$ 及 $x = 1$ 所围成图形的面积。

17. 求曲线 $y = x^3$ 与直线 $y = 4x$ 所围图形的面积。

18. 计算抛物线 $y = x^2$，直线 $x = 2$ 与 x 轴所围图形绕 x 轴旋转而成的旋转体的体积。

19. 计算 $y = \sin x$ 在 $[0, \pi]$ 上的图形绕 x 轴旋转而成的旋转体的体积。

20. 已知一曲线通过点 $(1, 0)$，且曲线上任意点 $M(x, y)$ 处切线的斜率为 x^2，求该曲线方程。

21. 指出下列微分方程的阶数。

（1）$y'' + 2y' = x$；

（2）$y' + (y')^2 + y = 0$；

（3）$y''' + 2(y'')^2 = x^2$；

（4）$\dfrac{\mathrm{d}^2 \rho}{\mathrm{d}\theta^2} + \dfrac{\mathrm{d}\rho}{\mathrm{d}\theta} - 2\rho = \theta$。

22. 求下列微分方程的通解。

（1）$y' = e^{2x-y}$；

（2）$y' = \dfrac{x^2 + 3}{y}$；

（3）$y' = \dfrac{x}{y\sqrt{1-x^2}}$；

（4）$y' + y = e^{-x}$；

（5）$y' - 2xy = xe^{x^2}$；

（6）$y' - \dfrac{2y}{x+1} = (x+1)^{\frac{3}{2}}$；

（7）$y' + y\cos x = e^{-\sin x}$；

（8）$x\dfrac{\mathrm{d}y}{\mathrm{d}x} = y(\ln y - \ln x)$；

（9）$y' + y\cot x = 5e^{\cos x}$；

（10）$\dfrac{\mathrm{d}y}{\mathrm{d}x} + \dfrac{1}{x}y = x^2$。

23. 求下列微分方程满足所给初始条件的特解。

（1）$\dfrac{\mathrm{d}y}{\mathrm{d}x} = \dfrac{\cos x}{\cos y}$，$y\big|_{x=0} = \dfrac{\pi}{2}$；

（2）$y' = e^{x+2y}$，$y\big|_{x=0} = 0$；

（3）$y' - 2y = e^{2x}$，$y\big|_{x=0} = 2$；

（4）$y' + y\cos x = e^{-\sin x}$，$y\big|_{x=0} = 1$；

（5）$\dfrac{\mathrm{d}y}{\mathrm{d}x} + yx^2 = 0$，$y\big|_{x=0} = 1$；

（6）$y' = (1-y)\cos x$，$y\big|_{x=\frac{\pi}{6}} = 0$。

24. 细菌的增长率与细菌总数成正比，如果培养的细菌总数在 24h 内由 100 增长为 400，那么前 12h 后细菌总数是多少？

25. 一块甘薯被放于 200 ℃ 的炉子内，其温度上升的规律可用下面微分方程表示：

$$\frac{\mathrm{d}y}{\mathrm{d}x} = -k(y - 200),$$

其中，y 表示温度（单位：℃），x 表示时间（单位：min），k 为常数。

（1）如果甘薯被放到炉子内时的温度为 20℃，试求解上面的微分方程；

（2）若 30 min 后甘薯的温度达到 120℃，试求这一条件下的 k 值。

第4章 无穷级数

无穷级数是微积分的一个重要组成部分，并且它是表示函数和研究函数性质的一种有效工具。这里先讨论常数项级数的一些基本内容，然后讨论函数项级数，着重讨论幂级数和傅里叶级数的有关知识。在学习过程中要注意有限项相加与无穷项相加的异同。

4.1 常数项级数

4.1.1 分割问题——认识常数项级数

人们认识事物在数量方面的特性，往往有一个由近似到精确的过程。例如，考虑边长为 1 的正方形的面积。先将正方形割下一半，则割下部分的面积是 $\frac{1}{2}$（如图 4-1 所示，第 1 次阴影部分）；再将正方形剩余的一半中割下一半，则第 2 次割下部分的面积是 $\left(\frac{1}{2}\right)^2 = \frac{1}{4}$，两次割下的面积和为 $\frac{1}{2} + \frac{1}{2^2}$（如图 4-1 所示，第 2 次阴影部分）；如此继续进行下去（图 4-1 表明了这一过程），所割下的面积和为

$$\frac{1}{2} + \frac{1}{2^2} + \frac{1}{2^3} + \frac{1}{2^4} + \cdots$$

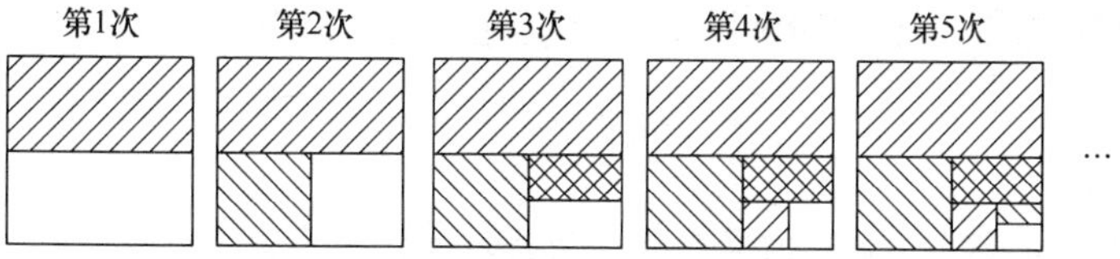

图 4-1

从图 4-1 中可看出，所加的项愈来愈多时，割下的面积和就愈来愈逼近于 1。我们形式地把每次所割下的面积无穷无尽地"加"起来

$$\frac{1}{2} + \frac{1}{2^2} + \frac{1}{2^3} + \frac{1}{2^4} + \cdots$$

得到的这种形式的和式就称为无穷级数，简称级数。这个"1"就称为无穷级数的和。不过这个"和"不是用算术方法"加"出来的，而是经过了一个极限过程。

4.1.2 常数项级数的概念与基本性质

【定义 1】设 u_1，u_2，$\cdots$，u_n，$\cdots$ 是一个给定的数列，则由这数列构成的表达式

$$u_1 + u_2 + \cdots + u_n + \cdots$$

称为（常数项）无穷级数，简称级数。记作 $\sum\limits_{n=1}^{\infty} u_n$ ，即

$$\sum_{n=1}^{\infty} u_n = u_1 + u_2 + \cdots + u_n + \cdots 。$$

当 n 取不同的自然数时，可由 u_n 得到相应的项，故称 u_n 为级数的一般项或通项。

上述级数的定义只是一个形式上的定义，怎样理解级数中无穷多个数量相加呢？根据前面的分割问题，我们可以从有限项的和出发，观察它们的变化趋势，由此来理解无穷多个数量相加的定义。

【定义 2】称级数 $\sum\limits_{n=1}^{\infty} u_n$ 的前 n 项和

$$u_1 + u_2 + \cdots + u_n$$

为级数 $\sum\limits_{n=1}^{\infty} u_n$ 的部分和，记为 s_n ，即

$$s_n = u_1 + u_2 + \cdots + u_n = \sum_{i=1}^{n} u_i 。$$

当 n 依次取 1，2，3，… 时，前 n 项和构成一个新的数列：

$$s_1 = u_1 ，$$
$$s_2 = u_1 + u_2 ，$$
$$s_3 = u_1 + u_2 + u_3 ，$$
$$\cdots$$
$$s_n = u_1 + u_2 + \cdots + u_n ，\cdots ，$$

这一数列 s_1，s_2，$\cdots$ 称为级数的部分和数列，记为 $\{ s_n \}$ 。

【定义 3】若级数 $\sum\limits_{n=1}^{\infty} u_n$ 的部分和数列 $\{ s_n \}$ 存在极限 s ，即

$$\lim_{n \to \infty} s_n = s ，$$

则称级数 $\sum\limits_{n=1}^{\infty} u_n$ **收敛**，并称 s 为级数 $\sum\limits_{n=1}^{\infty} u_n$ 的和，记作

$$s = u_1 + u_2 + \cdots + u_n + \cdots ；$$

若部分和数列 $\{ s_n \}$ 没有极限，则称级数 $\sum\limits_{n=1}^{\infty} u_n$ **发散**，发散级数没有和。

根据定义，级数 $\sum\limits_{n=1}^{\infty} u_n$ 是否收敛，取决于部分和数列 $\{ s_n \}$ 是否有极限。因此，级数与数列有密切的联系。

【例 1】讨论公比为 q 的等比级数(几何级数)

$$\sum_{n=1}^{\infty} aq^{n-1} = a + aq + aq^2 + \cdots + aq^{n-1} + \cdots \quad (a \neq 0)，$$

的收敛性。

解：级数的前 n 项和为

$$s_n = a + aq + aq^2 + \cdots + aq^{n-1} = \frac{a(1-q^n)}{1-q} \qquad (\, q \neq 1 \,),$$

当 $|q| < 1$ 时，由 $\lim\limits_{n \to \infty} q^n = 0$，知

$$\lim_{n \to \infty} s_n = \lim_{n \to \infty} \frac{a(1-q^n)}{1-q} = \frac{a}{1-q},$$

因此，当 $|q| < 1$ 时，等比级数收敛，且和为 $\dfrac{a}{1-q}$。

当 $|q| > 1$ 时，由于 $\lim\limits_{n \to \infty} q^n = \infty$，所以 $\lim\limits_{n \to \infty} s_n = \infty$，级数发散。

当 $q = 1$ 时，$s_n = na$，$\lim\limits_{n \to \infty} s_n = \infty$，级数发散。

当 $q = -1$ 时，$s_n = a - a + a - a + \cdots + (-1)^{n-1} a = \begin{cases} 0, & n \text{ 为偶数} \\ a, & n \text{ 为奇数} \end{cases}$，所以 $\lim\limits_{n \to \infty} s_n$ 不存在，级数发散。

综合上述结果可得：当 $|q| < 1$ 时，等比级数 $\sum\limits_{n=1}^{\infty} aq^{n-1}$ 收敛，且其和为 $\dfrac{a}{1-q}$；当 $|q| \geqslant 1$ 时，等比级数 $\sum\limits_{n=1}^{\infty} aq^{n-1}$ 发散。

【例 2】讨论级数 $\sum\limits_{n=1}^{\infty} \dfrac{1}{n(n+1)}$ 的收敛性。

解：由 $\dfrac{1}{n(n+1)} = \dfrac{1}{n} - \dfrac{1}{n+1}$，得级数的部分和

$$s_n = \sum_{i=1}^{n} \frac{1}{i(i+1)} = \sum_{i=1}^{n} \left(\frac{1}{i} - \frac{1}{i+1} \right)$$

$$= 1 - \frac{1}{2} + \frac{1}{2} - \frac{1}{3} + \cdots + \frac{1}{n} - \frac{1}{n+1} = 1 - \frac{1}{n+1},$$

因为 $\lim\limits_{n \to \infty} s_n = \lim\limits_{n \to \infty} \left(1 - \dfrac{1}{n+1} \right) = 1$，

所以级数 $\sum\limits_{n=1}^{\infty} \dfrac{1}{n(n+1)}$ 收敛，且其和为 1。

【例 3】判断调和级数 $\sum\limits_{n=1}^{\infty} \dfrac{1}{n}$ 的收敛性。

解：可以证明：当 $x > 0$ 时，不等式 $\ln(1+x) < x$ 成立。即

$$\frac{1}{n} > \ln\left(1 + \frac{1}{n} \right),$$

所以调和级数的部分和

$$s_n = 1 + \frac{1}{2} + \cdots + \frac{1}{n}$$

$$> \ln(1+1) + \ln\left(1 + \frac{1}{2} \right) + \ln\left(1 + \frac{1}{3} \right) + \cdots + \ln\left(1 + \frac{1}{n} \right)$$

$$= \ln\left(\frac{2}{1} \times \frac{3}{2} \times \frac{4}{3} \times \cdots \times \frac{n+1}{n} \right) = \ln(1+n),$$

因此有
$$\lim_{n \to \infty} s_n = +\infty,$$

故调和级数 $\sum_{n=1}^{\infty} \frac{1}{n}$ 发散。

最后介绍收敛级数的余项。

【定义4】设级数 $\sum_{n=1}^{\infty} u_n$ 收敛于 s，即 $\sum_{n=1}^{\infty} u_n = s$，部分和 $s_n = \sum_{i=1}^{n} u_i$，则称 $r_n = s - s_n$ 为收敛级数的 $\sum_{n=1}^{\infty} u_n$ 的余项。

这个余项的绝对值 $|r_n|$ 表明用部分和 s_n 代替级数的和 s 时所产生的误差。实际上余项 r_n 就是级数 $\sum_{n=1}^{\infty} u_n$ 去掉前 n 项后所剩级数的和

$$r_n = u_{n+1} + u_{n+2} + \cdots,$$

而且

$$\lim_{n \to \infty} r_n = \lim(s - s_n) = s - s = 0 \text{。}$$

利用级数收敛的定义判断一个级数的收敛性就是求其部分和 s_n，看 s_n 的极限是否存在，在一般情况下，求级数的前 n 项和 s_n 的通式很难，只有极少数级数可以做到，需要寻找判别级数收敛性的简单易行的办法。为此我们先研究级数的性质。

【性质1】如果常数 $k \neq 0$，则级数 $\sum_{n=1}^{\infty} u_n$ 与 $\sum_{n=1}^{\infty} k u_n$ 有相同的收敛性。

【性质2】若级数 $\sum_{n=1}^{\infty} u_n$ 与 $\sum_{n=1}^{\infty} v_n$ 均收敛，则级数 $\sum_{n=1}^{\infty} (u_n \pm v_n)$ 也收敛，且

$$\sum_{n=1}^{\infty} (u_n \pm v_n) = \sum_{n=1}^{\infty} u_n \pm \sum_{n=1}^{\infty} v_n \text{。}$$

这里需指出，若 $\sum_{n=1}^{\infty} u_n$ 收敛，$\sum_{n=1}^{\infty} v_n$ 发散，则 $\sum_{n=1}^{\infty} (u_n \pm v_n)$ 发散。但若 $\sum_{n=1}^{\infty} u_n$ 与 $\sum_{n=1}^{\infty} v_n$ 都发散，则 $\sum_{n=1}^{\infty} (u_n \pm v_n)$ 有可能发散也有可能收敛。

【性质3】增加、减少或改变级数的有限项，不改变级数的收敛性。

【性质4】（级数收敛的必要条件）如果级数 $\sum_{n=1}^{\infty} u_n$ 收敛，则 $\lim_{n \to \infty} u_n = 0$。

证明：设级数 $\sum_{n=1}^{\infty} u_n$ 的部分和为 s_n，且 $\lim_{n \to \infty} s_n = s$，$\lim_{n \to \infty} s_{n-1} = s$。又

$$u_n = s_n - s_{n-1},$$

所以，有

$$\lim_{n \to \infty} u_n = \lim_{n \to \infty} (s_n - s_{n-1}) = 0 \text{。}$$

注意：若 $\lim_{n \to \infty} u_n = 0$，级数不一定是收敛的。例如，调和级数 $\sum_{n=1}^{\infty} \frac{1}{n}$，其通项为 $u_n = \frac{1}{n}$。

需要注意到其逆否命题：如果一般项的极限 $\lim_{n \to \infty} u_n$ 不等于零，则级数 $\sum_{n=1}^{\infty} u_n$ 一定发散，可以用来确定某些级数是发散的。

【例 4】判断下列级数的收敛性。

① $\displaystyle\sum_{n=1}^{\infty}\left(\dfrac{1}{2^n}-\dfrac{1}{n(n+1)}\right)$；　　　　② $\displaystyle\sum_{n=1}^{\infty}\sqrt{\dfrac{n+1}{n}}$。

解：① 因为级数 $\displaystyle\sum_{n=0}^{\infty}\dfrac{1}{2^n}$ 是公比为 $\dfrac{1}{2}$ 等比级数，公比的绝对值小于 1，所以级数 $\displaystyle\sum_{n=0}^{\infty}\dfrac{1}{2^n}$ 收敛，由【例 2】知级数 $\displaystyle\sum_{n=1}^{\infty}\dfrac{1}{n(n+1)}$ 收敛，根据【性质 2】，所以级数 $\displaystyle\sum_{n=1}^{\infty}\left(\dfrac{1}{2^n}-\dfrac{1}{n(n+1)}\right)$ 一定收敛；

② 由于 $\displaystyle\lim_{n\to\infty}u_n=\lim_{n\to\infty}\sqrt{\dfrac{n+1}{n}}=1\neq 0$，所以级数 $\displaystyle\sum_{n=1}^{\infty}\sqrt{\dfrac{n+1}{n}}$ 发散。

4.1.3　常数项级数在实际问题中的应用举例

上述的等比数和调和级数都是常用的级数，在实际问题中有许多应用。

【例 5】（药物治疗）假定某病人每天需服用 100mg 的药物，同时每天人体又将 20% 的药物排出体外。现分 3 种情况试验：

① 连续服用药物 30 天；

② 连续服用药物 90 天；

③ 一直连续服用药物。

试估计留存在病人体内的长期药物水平。

解：因为是连续几天服用药物，所以留存体内的药物水平是前一天药物量的 80% 加上当天服用的 100mg 药物量。于是

① 连续服用药物 30 天：

$$s_{30}=100+100\times 0.8+100\times 0.8^2+\cdots+100\times 0.8^{29}$$

$$=100\times\dfrac{1-(0.8)^{30}}{1-0.8}=499.38\ (\text{mg})；$$

② 连续服用药物 90 天：

$$s_{90}=100+100\times 0.8+100\times 0.8^2+\cdots+100\times 0.8^{89}$$

$$=100\times\dfrac{1-(0.8)^{90}}{1-0.8}=499.99\ (\text{mg})；$$

③ 一直连续服用药物：

此时 $n\to+\infty$，问题归结为求等比数之和，即

$$s=100+100\times 0.8+100\times 0.8^2+\cdots+100\times 0.8^n+\cdots$$

$$=\dfrac{100}{1-0.8}=500\ (\text{mg})。$$

【例 6】（篮球的反弹高度）设篮球架上的篮筐到地面的距离为 3.05m，一学生投篮未进（篮球碰到篮筐），篮球落到地面后反弹到原来高度的 40% 处，落地后又反弹，后一次反弹的高度总是前一次高度的 40%。这样一直反弹下去，试求反弹的高度之和。

解：由条件可知，第一次反弹的高度为 $3.05\times 0.4\,\text{m}$，第二次反弹的高度为 $3.05\times 0.4^2\,\text{m}$，第三次反弹的高度为 $3.05\times 0.4^3\,\text{m}$，$\cdots$，第 n 次反弹的高度为 $3.05\times 0.4^n\,\text{m}$，$\cdots$，所以篮球的反弹高度之和为

$$h = 3.05 \times 0.4 + 3.05 \times 0.4^2 + \cdots + 3.05 \times 0.4^n + \cdots$$

显然，上式是一个等比级数，由等比级数的求和公式可求得篮球的反弹高度之和为

$$h = \frac{3.05 \times 0.4}{1 - 0.4} \approx 2.033 \text{（m）}。$$

4.2 常数项级数收敛的判别法

4.2.1 正项级数及其判别方法

【定义 5】若级数 $\sum\limits_{n=1}^{\infty} u_n$ 的每一项都是非负数，即 $u_n \geqslant 0$（$n = 1, 2, \cdots$），则称此级数为正项级数。

正项级数有一个很明显的特点：设级数 $\sum\limits_{n=1}^{\infty} u_n$ 是一个正项级数（$u_n \geqslant 0$），它的部分和为 s_n，显然，部分和数列 $\{s_n\}$ 是一个单调增加数列，即

$$s_1 \leqslant s_2 \leqslant \cdots \leqslant s_n \leqslant \cdots。$$

可证明（略），单调增加有上界数列必有极限。因此，对正项级数来说，只要其部分和数列 $\{s_n\}$ 有上界，则极限 $\lim\limits_{n \to \infty} s_n$ 一定存在，级数一定收敛；反之也成立。由此有

【定理 1】正项级数 $\sum\limits_{n=1}^{\infty} u_n$ 收敛的充分必要条件是：它的部分和数列 $\{s_n\}$ 有上界。

根据定理 1，可以建立判定正项级数收敛性常用的比较判别法。

【定理 2】（比较判别法）设有两个正项级数 $\sum\limits_{n=1}^{\infty} u_n$ 和 $\sum\limits_{n=1}^{\infty} v_n$，且从某一项开始恒有 $u_n \leqslant c v_n$（$c > 0$ 的常数），则

① 若级数 $\sum\limits_{n=1}^{\infty} v_n$ 收敛，则 $\sum\limits_{n=1}^{\infty} u_n$ 也收敛；

② 若级数 $\sum\limits_{n=1}^{\infty} u_n$ 发散，则 $\sum\limits_{n=1}^{\infty} v_n$ 也发散。（证明略）

如果我们把通项大的级数，即 $\sum\limits_{n=1}^{\infty} v_n$ 称为"大"；通项小的级数，即 $\sum\limits_{n=1}^{\infty} u_n$ 称为"小"。那么比较判别法用通俗的话讲就是：

① 由"大"的收敛，可推出"小"的也收敛；

② 由"小"的发散，推出"大"的也发散。

【例 7】试讨论 p-级数 $\sum\limits_{n=1}^{\infty} \frac{1}{n^p}$（$p > 0$ 为常数）的收敛性。

解：当 $p = 1$ 时，p-级数成为调和级数 $\sum\limits_{n=1}^{\infty} \frac{1}{n}$，所以级数发散。

当 $p < 1$ 时，由 $n^p \leqslant n$，可得

$$\frac{1}{n^p} \geqslant \frac{1}{n},$$

而调和级数 $\sum\limits_{n=1}^{\infty}\dfrac{1}{n}$ 发散，所以由比较判别法知，级数 $\sum\limits_{n=1}^{\infty}\dfrac{1}{n^p}$ 发散。

当 $p>1$ 时，

$$\sum_{n=1}^{\infty}\frac{1}{n^p}=1+\left(\frac{1}{2^p}+\frac{1}{3^p}\right)+\left(\frac{1}{4^p}+\frac{1}{5^p}+\frac{1}{6^p}+\frac{1}{7^p}\right)+\left(\frac{1}{8^p}+\cdots+\frac{1}{15^p}\right)+\cdots$$

$$<1+\left(\frac{1}{2^p}+\frac{1}{2^p}\right)+\left(\frac{1}{4^p}+\frac{1}{4^p}+\frac{1}{4^p}+\frac{1}{4^p}\right)+\left(\frac{1}{8^p}+\cdots+\frac{1}{8^p}\right)+\cdots$$

$$=1+\frac{1}{2^{p-1}}+\frac{1}{4^{p-1}}+\frac{1}{8^{p-1}}+\cdots。$$

后一个级数是等比级数，公比 $q=\dfrac{1}{2^{p-1}}<1$，所以收敛，因此级数 $\sum\limits_{n=1}^{\infty}\dfrac{1}{n^p}$ 收敛。

综合上述结果可得：当 $p>1$ 时，$p-$ 级数收敛；当 $p\leqslant1$ 时，$p-$ 级数发散。

【例 8】判断下列级数与级数的收敛性。

① $\sum\limits_{n=1}^{\infty}\dfrac{1}{n^2+1}$；   ② $\sum\limits_{n=1}^{\infty}\dfrac{1}{\sqrt{3n^2+n}}$；   ③ $\sum\limits_{n=0}^{\infty}\dfrac{\cos^2 n}{2^n+1}$。

解：① 因为 $\dfrac{1}{n^2+1}<\dfrac{1}{n^2}$，而 $\sum\limits_{n=1}^{\infty}\dfrac{1}{n^2}$ 收敛，所以由比较判别法知 $\sum\limits_{n=1}^{\infty}\dfrac{1}{n^2+1}$ 收敛。

② 因为 $\dfrac{1}{\sqrt{3n^2+n}}>\dfrac{1}{\sqrt{3n^2+n^2}}=\dfrac{1}{2n}$，而 $\sum\limits_{n=1}^{\infty}\dfrac{1}{2n}=\dfrac{1}{2}\sum\limits_{n=1}^{\infty}\dfrac{1}{n}$ 发散，由比较判别法知 $\sum\limits_{n=1}^{\infty}\dfrac{1}{\sqrt{3n^2+n}}$ 发散。

③ 因为 $\dfrac{\cos^2 n}{2^n+1}\leqslant\dfrac{1}{2^n+1}<\dfrac{1}{2^n}$，而 $\sum\limits_{n=0}^{\infty}\dfrac{1}{2^n}$ 收敛，所以由比较判别法知 $\sum\limits_{n=0}^{\infty}\dfrac{\cos^2 n}{2^n+1}$ 收敛。

注意：在使用比较判别法判定一个级数的收敛性时，经常将这个级数与一些常用的级数作比较，例如，等比级数 $\sum\limits_{n=1}^{\infty}aq^{n-1}$，调和级数 $\sum\limits_{n=1}^{\infty}\dfrac{1}{n}$ 以及 $p-$ 级数 $\sum\limits_{n=1}^{\infty}\dfrac{1}{n^p}$ 等。

下面给出在应用上比较方便的比值判别方法。

【定理 3】（比值判别法）设正项级数 $\sum\limits_{n=1}^{\infty}u_n$，满足

$$\lim_{n\to\infty}\frac{u_{n+1}}{u_n}=\rho，\quad(0\leqslant\rho<+\infty)，$$

① 当 $\rho<1$ 时，级数 $\sum\limits_{n=1}^{\infty}u_n$ 收敛；

② 当 $\rho>1$ 时，级数 $\sum\limits_{n=1}^{\infty}u_n$ 发散；

③ 当 $\rho=1$ 时，级数 $\sum\limits_{n=1}^{\infty}u_n$ 可能收敛，也可能发散。（证明略）

注意：当 $\rho=1$ 时，级数 $\sum\limits_{n=1}^{\infty}u_n$ 可能收敛，也可能发散。

例如，级数 $\sum\limits_{n=1}^{\infty}\dfrac{1}{n(n+1)}$，满足

$$\lim_{n\to\infty}\frac{u_{n+1}}{u_n}=\lim_{n\to\infty}\frac{1}{(n+1)(n+2)}\cdot n(n+1)=\lim_{n\to\infty}\frac{n}{n+2}=1,$$

由【例 2】知此级数是收敛的。

再如，调和级数 $\sum\limits_{n=1}^{\infty}\frac{1}{n}$，也满足

$$\lim_{n\to\infty}\frac{u_{n+1}}{u_n}=\lim_{n\to\infty}\frac{1}{(n+1)}\cdot n=1$$

但它是发散的。可见当 $\rho=1$ 时，不能用比值判别法。

【例 9】判断级数 $\sum\limits_{n=1}^{\infty}\frac{n^2}{2^n}$ 的收敛性。

解：这里 $u_n=\frac{n^2}{2^n}$，由于

$$\lim_{n\to\infty}\frac{u_{n+1}}{u_n}=\lim_{n\to\infty}\frac{(n+1)^2}{2^{n+1}}\cdot\frac{2^n}{n^2}=\lim_{n\to\infty}\frac{(n+1)^2}{2n^2}=\frac{1}{2}<1,$$

所以由比值判别法知，级数 $\sum\limits_{n=1}^{\infty}\frac{n^2}{2^n}$ 收敛。

【例 10】判断级数 $\sum\limits_{n=1}^{\infty}\frac{n^n}{n!}$ 的收敛性。

解：这里 $u_n=\frac{n^n}{n!}$，由于

$$\lim_{n\to\infty}\frac{u_{n+1}}{u_n}=\lim_{n\to\infty}\frac{(n+1)^{n+1}}{(n+1)!}\cdot\frac{n!}{n^n}=\lim_{n\to\infty}\left(\frac{n+1}{n}\right)^n=\lim_{n\to\infty}\left(1+\frac{1}{n}\right)^n=e>1,$$

所以由比值判别法知，级数 $\sum\limits_{n=1}^{\infty}\frac{n^n}{n!}$ 发散。

4.2.2 交错级数及其判别法

【定义 6】形式为

$$\sum_{n=1}^{\infty}(-1)^{n-1}u_n=u_1-u_2+u_3-\cdots+(-1)^{n-1}u_n+\cdots\quad(u_n>0，n=1，2，3，\cdots),$$

的级数称为**交错级数**。

关于交错级数收敛性的判定，有下面的定理：

【定理 4】（莱布尼兹判别法）对于交错级数 $\sum\limits_{n=1}^{\infty}(-1)^{n-1}u_n$（$u_n>0$），若满足

① $u_n\geqslant u_{n+1}$（$n=1，2，\cdots$）；

② $\lim\limits_{n\to\infty}u_n=0$。

则交错级数收敛，且其和 $s\leqslant u_1$。（证明略）

【例 11】判断级数 $\sum\limits_{n=1}^{\infty}(-1)^{n-1}\frac{1}{n}$ 的收敛性。

解：这是一个交错级数，因为

$$u_n = \frac{1}{n}, \quad u_{n+1} = \frac{1}{n+1},$$

显然有

$$u_n > u_{n+1},$$

且

$$\lim_{n \to \infty} u_n = \lim_{n \to \infty} \frac{1}{n} = 0,$$

所以由莱布尼兹判别法知交错级数 $\sum\limits_{n=1}^{\infty} (-1)^{n-1} \dfrac{1}{n}$ 收敛，且其和 $S = 1$。

4.2.3 一般数项级数及其收敛性

【定义7】级数各项为任意实数（正数、负数、零）的级数称为一般数项级数。

对于一般数项级数，如何判断其收敛性？为了解决这个问题，往往设法将其转化为正项级数来研究，也就是先讨论把级数 $\sum\limits_{n=1}^{\infty} u_n$ 的各项取绝对值所得到级数

$$\sum_{n=1}^{\infty} |u_n| = |u_1| + |u_2| + \cdots + |u_n| + \cdots,$$

再进一步讨论这两个级数的收敛性之间的关系。

【定理5】若级数 $\sum\limits_{n=1}^{\infty} |u_n|$ 收敛，则级数 $\sum\limits_{n=1}^{\infty} u_n$ 也收敛。（证明略）

值得注意的是，若级数 $\sum\limits_{n=1}^{\infty} u_n$ 发散，则不能说 $\sum\limits_{n=1}^{\infty} u_n$ 一定发散。例如，级数 $\sum\limits_{n=1}^{\infty} \dfrac{(-1)^{n-1}}{n}$ 的各项绝对值所组成的级数 $\sum\limits_{n=1}^{\infty} \left| \dfrac{(-1)^{n-1}}{n} \right| = \sum\limits_{n=1}^{\infty} \dfrac{1}{n}$ 是发散的，但级数 $\sum\limits_{n=1}^{\infty} \dfrac{(-1)^{n-1}}{n}$ 是收敛的。

【定义 8】对于任意项级数 $\sum\limits_{n=1}^{\infty} u_n$，若级数 $\sum\limits_{n=1}^{\infty} |u_n|$ 收敛，则称级数 $\sum\limits_{n=1}^{\infty} u_n$ 绝对收敛；若级数 $\sum\limits_{n=1}^{\infty} |u_n|$ 发散，而级数 $\sum\limits_{n=1}^{\infty} u_n$ 收敛，则称级数 $\sum\limits_{n=1}^{\infty} u_n$ 为条件收敛。

例如，级数 $\sum\limits_{n=1}^{\infty} \dfrac{(-1)^{n-1}}{n}$ 为条件收敛，级数 $\sum\limits_{n=1}^{\infty} \dfrac{(-1)^n}{n^2}$ 为绝对收敛。

【定理6】若任意项级数 $\sum\limits_{n=1}^{\infty} u_n$ 满足

$$\lim_{n \to \infty} \left| \frac{u_{n+1}}{u_n} \right| = \rho, \quad (0 \leqslant \rho < +\infty)$$

则当 $\rho < 1$ 时，级数 $\sum\limits_{n=1}^{\infty} u_n$ 绝对收敛；当 $\rho > 1$ 时，级数 $\sum\limits_{n=1}^{\infty} u_n$ 发散；当 $\rho = 1$ 时，级数 $\sum\limits_{n=1}^{\infty} u_n$ 可能收敛，也可能发散。（证明略）

【例12】判断级数 $\sum\limits_{n=1}^{\infty} \dfrac{(-1)^n n^3}{2^n}$ 的收敛性。

解：由于

$$\lim_{n\to\infty}\left|\frac{u_{n+1}}{u_n}\right|=\lim_{n\to\infty}\frac{(n+1)^3}{2^{n+1}}\cdot\frac{2^n}{n^3}=\lim_{n\to\infty}\frac{1}{2}\left(\frac{n+1}{n}\right)^3=\frac{1}{2}<1，$$

所以，任意项级数 $\sum_{n=1}^{\infty}\frac{(-1)^n n^3}{2^n}$ 绝对收敛。

【例 13】判断级数 $\sum_{n=0}^{\infty}\frac{x^n}{n!}$ 的收敛性（规定 $0!=1$）。

解：由于

$$\lim_{n\to\infty}\left|\frac{u_{n+1}}{u_n}\right|=\lim_{n\to\infty}\left|\frac{x^{n+1}}{(n+1)!}\cdot\frac{n!}{x^n}\right|=\lim_{n\to\infty}\frac{|x|}{n+1}=0，$$

所以，此级数对一切 $x\in(-\infty,\ +\infty)$ 绝对收敛。

【例 14】判断级数 $\sum_{n=1}^{\infty}\frac{x^n}{n}$ 的收敛性。

解：由于

$$\lim_{n\to\infty}\left|\frac{u_{n+1}}{u_n}\right|=\lim_{n\to\infty}\left|\frac{x^{n+1}}{n+1}\cdot\frac{n}{x^n}\right|=\lim_{n\to\infty}\frac{n}{n+1}|x|=|x|，$$

所以，当 $|x|<1$ 时，级数 $\sum_{n=1}^{\infty}\frac{x^n}{n}$ 绝对收敛；

当 $|x|>1$ 时，级数 $\sum_{n=1}^{\infty}\frac{x^n}{n}$ 发散；

当 $x=1$ 时，级数变为调和级数 $\sum_{n=1}^{\infty}\frac{1}{n}$，发散；

当 $x=-1$ 时，级数变为交错级数 $\sum_{n=1}^{\infty}(-1)^n\frac{1}{n}$，收敛。

4.3　幂级数与傅里叶级数

4.3.1　幂级数及其运算性质

幂级数是一类特殊形式的级数，其定义如下。

【定义 9】级数

$$\sum_{n=0}^{\infty}a_n(x-x_0)^n=a_0+a_1(x-x_0)+a_2(x-x_0)^2+\cdots+a_n(x-x_0)^n+\cdots$$

称为 $(x-x_0)$ 的幂级数，其中 a_0，a_1，a_2，$\cdots$，a_n，$\cdots$ 称为幂级数的系数。

当 $x_0=0$ 时，幂级数变为

$$\sum_{n=0}^{\infty}a_n x^n=a_0+a_1 x+a_2 x^2+\cdots+a_n x^n+\cdots$$

称为 x 的幂级数，它的每一项都是 x 的幂函数。

下面重点讨论 x 的幂级数 $\sum_{n=0}^{\infty}a_n x^n$。

前面已接触过 x 的幂级数的例子，如【例 13】的 $\sum_{n=0}^{\infty}\dfrac{x^n}{n!}$ 和例 14 的 $\sum_{n=1}^{\infty}\dfrac{x^n}{n}$。可以看到，这些幂级数对一些 x 的取值是收敛的，称这些 x 的集合为幂级数的**收敛域**，而对另一些 x 的取值是发散的。因此，对于幂级数 $\sum_{n=0}^{\infty}a_n x^n$ 来说，首先要讨论幂级数的收敛域。

【定理 7】幂级数 $\sum_{n=0}^{\infty}a_n x^n$ 的收敛性必为下列三种情形之一：

① 仅在 $x=0$ 处收敛；

② 在 $(-\infty,\ +\infty)$ 内处处绝对收敛；

③ 存在一正数 R，当 $|x|<R$ 时处处绝对收敛，$|x|>R$ 时发散，$|x|=R$ 时可能收敛，也可能发散。称数 R 为幂级数 $\sum_{n=0}^{\infty}a_n x^n$ 的**收敛半径**，称 $(-R,\ R)$ 为**收敛区间**。

规定：若幂级数只有一个收敛点 $x=0$，则收敛半径 $R=0$；若幂级数在 $(-\infty,\ +\infty)$ 内收敛，则收敛半径 $R=+\infty$。

利用绝对值的比值判别法可以确定幂级数的收敛半径和收敛域。

【例 15】求幂级数 $\sum_{n=1}^{\infty}n!x^n$ 的收敛半径和收敛域。

解：由于

$$\lim_{n\to\infty}\left|\frac{u_{n+1}(x)}{u_n(x)}\right|=\lim_{n\to\infty}\left|\frac{(n+1)!x^{n+1}}{n!x^n}\right|=\lim_{n\to\infty}(n+1)|x|=\begin{cases}0<1,&x=0\\+\infty>1,&x\neq0\end{cases},$$

所以，幂级数的收敛半径 $R=0$，仅在 $x=0$ 处收敛。

【例 16】求幂级数 $\sum_{n=1}^{\infty}\dfrac{x^n}{n!}$ 的收敛半径和收敛域。

解：由于

$$\lim_{n\to\infty}\left|\frac{u_{n+1}(x)}{u_n(x)}\right|=\lim_{n\to\infty}\left|\frac{x^{n+1}}{(n+1)!}\cdot\frac{n!}{x^n}\right|=\lim_{n\to\infty}\frac{1}{(n+1)}|x|=0<1,$$

所以，收敛半径 $R=+\infty$，幂级数收敛域为 $(-\infty,\ +\infty)$。

【例 17】求幂级数 $\sum_{n=1}^{\infty}(-1)^n\dfrac{x^n}{n}$ 的收敛半径和收敛域。

解：由于

$$\lim_{n\to\infty}\left|\frac{u_{n+1}(x)}{u_n(x)}\right|=\lim_{n\to\infty}\left|\frac{x^{n+1}}{n+1}\cdot\frac{n}{x^n}\right|=\lim_{n\to\infty}\frac{n}{n+1}|x|=|x|,$$

当 $|x|<1$ 时，幂级数 $\sum_{n=1}^{\infty}(-1)^n\dfrac{x^n}{n}$ 收敛；当 $|x|>1$ 时，$\sum_{n=1}^{\infty}(-1)^n\dfrac{x^n}{n}$ 发散，故收敛半径 $R=1$。

当 $x=1$ 时，代入原级数，得交错级数 $\sum_{n=1}^{\infty}\dfrac{(-1)^n}{n}$，该交错级数收敛；

当 $x=-1$ 时，代入原级数，得调和级数 $\sum_{n=1}^{\infty}\dfrac{1}{n}$，该级数发散。

所以，幂级数 $\sum\limits_{n=1}^{\infty}(-1)^n\dfrac{x^n}{n}$ 的收敛域为 $(-1,\ 1]$。

【例 18】求幂级数 $\sum\limits_{n=1}^{\infty}\dfrac{(x-2)^n}{3^{n-1}}$ 的收敛域。

解：由于

$$\lim_{n\to\infty}\left|\frac{u_{n+1}(x)}{u_n(x)}\right|=\lim_{n\to\infty}\left|\frac{(x-2)^{n+1}}{3^n}\cdot\frac{3^{n-1}}{(x-2)^n}\right|=\frac{|x-2|}{3},$$

当 $\dfrac{|x-2|}{3}<1$，即 $-3<x-2<3$，从而 $-1<x<5$ 时，幂级数 $\sum\limits_{n=1}^{\infty}\dfrac{(x-2)^n}{3^{n-1}}$ 收敛。

当 $x=5$ 时，代入原级数，得级数 $\sum\limits_{n=1}^{\infty}3$，该级数发散；

当 $x=-1$ 时，代入原级数，得级数 $\sum\limits_{n=1}^{\infty}3(-1)^n$，该级数发散。

所以，幂级数 $\sum\limits_{n=1}^{\infty}\dfrac{(x-1)^n}{2^{n-1}n}$ 的收敛域为 $(-1,\ 5)$。

幂级数 $\sum\limits_{n=0}^{\infty}a_nx^n$ 在其收敛域内任意一点 x 处，都有一个确定的和 s，称这个 $s=s(x)$ 为幂级数的和函数。记为

$$\sum_{n=0}^{\infty}a_nx^n=s(x)。$$

又称 $s(x)$ 可以展成幂级数 $\sum\limits_{n=0}^{\infty}a_nx^n$。

例如，等比级数

$$1+x+x^2+\cdots+x^n+\cdots,$$

当 $|x|<1$ 时是收敛的，且收敛于和函数 $\dfrac{1}{1-x}$，因此，

$$1+x+x^2+\cdots+x^n+\cdots=\frac{1}{1-x}\qquad|x|<1。$$

关于幂级数的和函数有下列重要性质：

【性质 5】设幂级数 $\sum\limits_{n=0}^{\infty}a_nx^n$ 的收敛半径为 $R_1>0$，幂级数 $\sum\limits_{n=0}^{\infty}b_nx^n$ 的收敛半径为 $R_2>0$，记 $R=\min(R_1,\ R_2)$，则在公共的收敛区间 $(-R,\ R)$ 内，有

$$\sum_{n=0}^{\infty}a_nx^n\pm\sum_{n=0}^{\infty}b_nx^n=\sum_{n=0}^{\infty}(a_n\pm b_n)x^n。$$

【性质 6】幂级数 $\sum\limits_{n=0}^{\infty}a_nx^n$ 的和函数 $s(x)$ 在收敛域内连续。

【性质 7】设幂级数 $\sum\limits_{n=0}^{\infty}a_nx^n$ 的收敛半径为 R，则幂级数的和函数 $s(x)$ 在 $(-R,\ R)$ 内可以逐项求导，即

$$s'(x) = (\sum_{n=0}^{\infty} a_n x^n)' = \sum_{n=0}^{\infty} (a_n x^n)' = \sum_{n=1}^{\infty} n a_n x^{n-1} \, \text{。}$$

【性质 8】设幂级数 $\sum\limits_{n=0}^{\infty} a_n x^n$ 的收敛半径为 R，则幂级数的和函数 $s(x)$ 在 $(-R, R)$ 内可以逐项积分，即

$$\int_0^x s(x)dx = \int_0^x \sum_{n=0}^{\infty} a_n x^n dx = \sum_{n=0}^{\infty} \int_0^x a_n x^n \mathrm{d}x = \sum_{n=0}^{\infty} \frac{a_n}{n+1} x^{n+1} \, \text{。}$$

注意：逐项求导和逐项积分后所得到的幂级数和原级数有相同的收敛半径 R，可由这些幂级数的性质来求幂级数的和函数。

【例 19】求幂级数 $\sum\limits_{n=0}^{\infty} (-1)^n \dfrac{x^n}{2^n}$ 在 $(-2,2)$ 内的和函数。

解：这是一个首项为 1，公比为 $-\dfrac{x}{2}$ 的等比级数，

所以，和函数

$$s(x) = \sum_{n=0}^{\infty} (-1)^n \frac{x^n}{2^n} = \frac{1}{1-\left(-\dfrac{x}{2}\right)} = \frac{2}{2+x} \qquad x \in (-2, \ 2) \, \text{。}$$

【例 20】求幂级数 $\sum\limits_{n=1}^{\infty} \dfrac{(-1)^{n-1}}{n} x^n$ 在 $(-1,1)$ 内的和函数。

解：设和函数 $s(x) = \sum\limits_{n=1}^{\infty} \dfrac{(-1)^{n-1}}{n} x^n$，

两边先求导，得

$$s'(x) = \sum_{n=1}^{\infty} \left[\frac{(-1)^{n-1}}{n} x^n \right]' = \sum_{n=1}^{\infty} (-1)^{n-1} x^{n-1}$$

$$= \frac{1}{1+x} \qquad x \in (-1, \ 1) \, \text{，}$$

积分，得

$$\int_0^x s'(x)\mathrm{d}x = s(x) - s(0) = \int_0^x \frac{1}{1+x}\mathrm{d}x = \ln(1+x) \, \text{，}$$

由 s(0)=0，可得

$$s(x) = \ln(1+x) \qquad x \in (-1,1) \, \text{。}$$

【例 21】求幂级数 $\sum\limits_{n=0}^{\infty} (n+1)x^n$ 在 $(-1,1)$ 内的和函数。

解：设 $s(x) = \sum\limits_{n=0}^{\infty} (n+1)x^n = 1 + 2x + 3x^2 + \cdots + (n+1)x^n + \cdots$，

两边先积分，得

$$\int_0^x s(x)\mathrm{d}x = \sum_{n=1}^{\infty} \int_0^x (n+1)x^n \mathrm{d}x = \sum_{n=0}^{\infty} x^{n+1}$$

$$= \frac{x}{1-x} \qquad x \in (-1, \ 1) \, \text{，}$$

求导，得

$$s(x) = (\int_0^x s(x)\mathrm{d}x)' = \left(\frac{x}{1-x}\right)' = \frac{1}{(1-x)^2} \qquad x \in (-1,\ 1) \text{。}$$

4.3.2 函数展开成幂级数

把已知函数 $f(x)$ 在某点处展开成 x 的幂级数 $\sum_{n=0}^{\infty} a_n x^n$，一般有两种展开方法：直接展开法和间接展开法。

1. 直接展开法

直接展开法的基本步骤是：

（1）计算函数 $f(x)$ 及其 n 阶导数在 $x_0 = 0$ 处的值；

（2）写出 $f(x)$ 在 $x_0 = 0$ 处的幂级数：

$$f(0) + f'(0)x + \frac{f''(0)}{2!}x^2 + \cdots + \frac{f^{(n)}(0)}{n!}x^n + \cdots;$$

（3）求出这个 x 的幂级数的收敛半径 R，并考察级数在区间端点处的收敛性，给出收敛域；

（4）考察当 $x \in (-R,\ R)$ 时，余项 $r_n(x) = f(x) - \sum_{i=0}^{n} \frac{f^{(i)}(0)}{i!}x^i = \frac{f^{(n+1)}(\xi)}{(n+1)!}x^{n+1}$ 的极限是否为 0，如果为 0，则

$$f(x) = f(0) + f'(0)x + \frac{f''(0)}{2!}x^2 + \cdots + \frac{f^{(n)}(0)}{n!}x^n + \cdots \text{。}$$

【例 22】将函数 $f(x) = \mathrm{e}^x$ 展开成 x 的幂级数。

解：因为 $f^{(n)}(x) = \mathrm{e}^x$，且 $f^{(n)}(0) = 1$（$n = 0,\ 1,\ 2,\ \cdots$），所以 $f(x) = \mathrm{e}^x$ 在 $x_0 = 0$ 处的幂级数为

$$1 + x + \frac{x^2}{2!} + \cdots + \frac{x^n}{n!} + \cdots,$$

由于

$$\lim_{n \to \infty} \left| \frac{u_{n+1}(x)}{u_n(x)} \right| = \lim_{n \to \infty} \left| \frac{x^{n+1}}{(n+1)!} \cdot \frac{n!}{x^n} \right| = \lim_{n \to \infty} \frac{1}{n+1} |x| = 0,$$

所以此级数的收敛域为 $(-\infty,\ +\infty)$。

当 $x \in (-\infty,\ +\infty)$ 时，余项

$$r_n(x) = \frac{\mathrm{e}^\xi}{(n+1)!}x^{n+1},$$

其中，ξ 在 0 与 x 之间，从而 e^ξ 为一有限数，故

$$\lim_{n \to \infty} r_n(x) = \lim_{n \to \infty} \frac{\mathrm{e}^\xi}{(n+1)!}x^{n+1} = 0,$$

所以 $f(x) = \mathrm{e}^x$ 的 x 幂级数展开式为

$$\mathrm{e}^x = 1 + x + \frac{x^2}{2!} + \cdots + \frac{x^n}{n!} + \cdots = \sum_{n=0}^{\infty} \frac{x^n}{n!} \qquad x \in (-\infty,\ +\infty) \text{。}$$

以下是几个常用函数的幂级数展开式：

① $\dfrac{1}{1-x} = 1 + x + x^2 + \cdots + x^n + \cdots = \sum_{n=0}^{\infty} x^n \qquad x \in (-1, 1)$；

② $e^x = 1 + x + \dfrac{x^2}{2!} + \cdots + \dfrac{x^n}{n!} + \cdots = \sum_{n=0}^{\infty} \dfrac{x^n}{n!} \qquad x \in (-\infty, +\infty)$；

③ $\sin x = x - \dfrac{x^3}{3!} + \cdots + (-1)^n \dfrac{x^{2n+1}}{(2n+1)!} + \cdots = \sum_{n=0}^{\infty} (-1)^n \dfrac{x^{2n+1}}{(2n+1)!} \qquad x \in (-\infty, +\infty)$；

④ $\cos x = 1 - \dfrac{x^2}{2!} + \dfrac{x^4}{4!} - \cdots + (-1)^n \dfrac{x^{2n}}{(2n)!} + \cdots = \sum_{n=0}^{\infty} (-1)^n \dfrac{x^{2n}}{(2n)!} \qquad x \in (-\infty, +\infty)$；

⑤ $\ln(1+x) = x - \dfrac{x^2}{2} + \dfrac{x^3}{3} - \cdots + (-1)^{n-1} \dfrac{x^n}{n} + \cdots = \sum_{n=0}^{\infty} (-1)^n \dfrac{x^{n+1}}{n+1} \qquad x \in (-1, 1]$。

2．间接展开法

所谓间接展开法就是利用已知函数在 $x_0 = 0$ 处的幂级数展开式，通过加、减、乘、除、变量代换、逐项积分、逐项微分等方法，将给定的函数展开成幂级数。

【例 23】将函数 $f(x) = e^{-2x}$ 展开成 x 的幂级数。

解：已知 $e^t = 1 + t + \dfrac{t^2}{2!} + \cdots + \dfrac{t^n}{n!} + \cdots, \qquad t \in (-\infty, +\infty)$，

令 $t = -2x$，则可得

$$e^{-2x} = 1 - 2x + \dfrac{2^2}{2!} x^2 - \dfrac{2^3}{3!} x^3 + \cdots + \dfrac{(-1)^n 2^n}{n!} x^n + \cdots \qquad x \in (-\infty, +\infty)。$$

【例 24】将函数 $f(x) = \cos x$ 展开成 x 的幂级数。

解：因为 $\sin x = x - \dfrac{1}{3!} x^3 + \dfrac{1}{5!} x^5 - \cdots + (-1)^n \dfrac{x^{2n+1}}{(2n+1)!} + \cdots \qquad x \in (-\infty, +\infty)$，

两端对 x 求导，可得

$$\cos x = 1 - \dfrac{1}{2!} x^2 + \dfrac{1}{4!} x^4 - \cdots + (-1)^n \dfrac{1}{(2n)!} x^{2n} + \cdots \qquad x \in (-\infty, +\infty)。$$

【例 25】将函数 $f(x) = \ln(1+x)$ 展开成 x 的幂级数。

解：因为 $\dfrac{1}{1+x} = 1 - x + x^2 - x^3 + \cdots + (-1)^n x^n + \cdots \quad x \in (-1, 1)$，

两边积分，得

$$\int_0^x \dfrac{1}{1+x} \mathrm{d}x = x - \dfrac{1}{2} x^2 + \dfrac{1}{3} x^3 - \dfrac{1}{4} x^4 + \cdots + (-1)^n \dfrac{1}{n+1} x^{n+1} + \cdots,$$

即

$$\ln(1+x) = x - \dfrac{x^2}{2} + \dfrac{x^3}{3} - \cdots + (-1)^{n-1} \dfrac{x^n}{n} + \cdots = \sum_{n=0}^{\infty} (-1)^n \dfrac{x^{n+1}}{n+1},$$

当 $x = -1$ 时，原级数变为 $\sum_{n=0}^{\infty} \dfrac{-1}{n+1}$，发散；

当 $x = 1$ 时，原级数变为 $\sum_{n=0}^{\infty} \dfrac{(-1)^n}{n+1}$，收敛。

所以

$$\ln(1+x) = \sum_{n=0}^{\infty} (-1)^n \frac{x^{n+1}}{n+1} \qquad x \in (-1, \ 1]。$$

4.3.3 傅里叶级数

在物理学及电工等学科中经常会用到函数项级数 $\dfrac{a_0}{2} + \sum_{n=1}^{\infty} (a_n \cos nx + b_n \sin nx)$，这种由三角函数组成的函数项级数，即所谓三角级数，我们将着重研究如何把函数展开成三角级数。

1. 三角级数，三角函数系的正交性

一个非正弦型的函数 $f(t)$，为何可以展开成三角级数呢？原因之一是三角函数系具有正交性。由 1，$\cos x$，$\sin x$，$\cos 2x$，$\sin 2x$，$\cdots$，$\cos nx$，$\sin nx$，$\cdots$ 组成的函数序列叫三角函数系，三角函数系的正交性是指：如果从三角函数系中任取两个不同的函数相乘，在区间 $[-\pi, \ \pi]$ 上做定积分，其值都为 0。这实际上只需证明以下 5 个等式成立：

$$\int_{-\pi}^{\pi} \cos nx \, dx = 0 \ ; \qquad \int_{-\pi}^{\pi} \sin nx \, dx = 0 \ ;$$

$$\int_{-\pi}^{\pi} \cos mx \cos nx \, dx = 0 \qquad (m = 1,2,3,\cdots; \ n = 1,2,3,\cdots; m \neq n) \ ;$$

$$\int_{-\pi}^{\pi} \sin mx \sin nx \, dx = 0 \qquad (m = 1,2,3,\cdots; \ n = 1,2,3,\cdots; m \neq n) \ ;$$

$$\int_{-\pi}^{\pi} \sin mx \cos nx \, dx = 0 \qquad (m = 1,2,3,\cdots; \ n = 1,2,3,\cdots) \ ;$$

以上等式，都可以很容易通过定积分来验证。

2. 函数展开成傅里叶级数

与幂级数的讨论相类似，我们这里也要研究三个问题：

（1）函数 $f(x)$ 满足什么条件时才能展开成三角函数

$$f(x) = \frac{a_0}{2} + \sum_{n=1}^{\infty} (a_n \cos nx + b_n \sin nx) \tag{1}$$

（2）若 $f(x)$ 能展开成（1）式，那么系数 a_0，a_n，b_n 怎样求？

（3）展开后级数在哪些点上收敛于 $f(x)$。

为了求得系数 a_0，a_n，b_n，我们先假定（1）式成立，且对它从 $-\pi$ 到 π 逐项积分，于是有

$$\int_{-\pi}^{\pi} f(x) \, dx = \int_{-\pi}^{\pi} \frac{a_0}{2} \, dx + \sum_{n=1}^{\infty} \left[\int_{-\pi}^{\pi} a_n \cos nx \, dx + \int_{-\pi}^{\pi} b_n \sin nx \, dx \right],$$

由三角函数系的正交性可知，等式右端除第一项外，其余各项均为 0，

即有：
$$\int_{-\pi}^{\pi} f(x) \, dx = \int_{-\pi}^{\pi} \frac{a_0}{2} \, dx = \pi a_0,$$

所以
$$a_0 = \frac{1}{\pi} \int_{-\pi}^{\pi} f(x) \, dx,$$

为了求出系数 a_n，我们用 $\cos kx$ 乘（1）式，再逐项积分：

$$\int_{-\pi}^{\pi} f(x) \cos kx \, dx = \int_{-\pi}^{\pi} \frac{a_0}{2} \cos kx \, dx + \sum_{n=1}^{\infty} \left[\int_{-\pi}^{\pi} a_n \cos kx \cos nx \, dx + \int_{-\pi}^{\pi} b_n \cos kx \sin nx \, dx \right],$$

由三角函数系的正交性可知，等式右端各项中，只有当 $k = n$ 时，

$$\int_{-\pi}^{\pi} a_n \cos kx \cos nx \mathrm{d}x = \int_{-\pi}^{\pi} a_n \cos^2 nx \mathrm{d}x = a_n \int_{-\pi}^{\pi} \frac{1+\cos nx}{2} \mathrm{d}x = a_n \pi$$

而其余各项均为 0。

因此
$$a_n = \frac{1}{\pi} \int_{-\pi}^{\pi} f(x) \cos nx \mathrm{d}x \qquad (n=1,\ 2,\ 3,\ \cdots)$$

用类似方法，可得到：

$$b_n = \frac{1}{\pi} \int_{-\pi}^{\pi} f(x) \sin nx \mathrm{d}x \qquad (n=1,\ 2,\ 3,\ \cdots)$$

由于当 $n=0$ 时，a_n 的表达式正好给出 a_0，因此，已得结果可归纳成：

$$\left.\begin{aligned} a_n &= \frac{1}{\pi} \int_{-\pi}^{\pi} f(x) \cos nx \mathrm{d}x \qquad (n=0,\ 1,\ 2,\ 3,\ \cdots) \\[2mm] b_n &= \frac{1}{\pi} \int_{-\pi}^{\pi} f(x) \sin nx \mathrm{d}x \qquad (n=1,\ 2,\ 3,\ \cdots) \end{aligned}\right\} \qquad (2)$$

a_n，b_n 称为傅里叶系数，由傅里叶系数组成的（1）式称为傅里叶级数。

关于函数展开成傅里叶级数的条件及收敛性问题，我们不加证明地给出如下定理：

【定理 8】**收敛定理（狄利克雷充分条件）** 设 $f(x)$ 是周期为 2π 的周期函数，如果它满足：

① 在一个周期内连续或只有有限个第一类间断点；

② 在一个周期内至多只有有限个极值点。

则 $f(x)$ 的傅里叶级数收敛，且

当 x 是 $f(x)$ 的连续点时，级数收敛于 $f(x)$；

当 x 是 $f(x)$ 的间断点时，级数收敛于 $\frac{1}{2}\left[f\left(x^-\right)+f\left(x^+\right)\right]$。

收敛定理说明，以 2π 为周期的函数 $f(x)$，只要是在一个周期内连续或只有有限个第一类间断点，并且不作无限次振动，函数的傅里叶级数在连续点处就收敛于该点的函数值，在间断点处收敛于该点左右极限的算术平均值。可见，函数展开成傅里叶级数的条件比展开成幂级数的条件要低得多。一般的初等函数与分段函数都能满足，这就保证了傅里叶级数广泛的应用性。

【例 26】设 $f(x)$ 是周期为 2π 的周期函数，它在 $[-\pi,\ \pi)$ 上的表达式为：

$$f(x) = \begin{cases} -1, & -\pi \leqslant x < 0 \\ 1, & 0 \leqslant x < \pi \end{cases},\ \text{将} f(x) \text{展开成傅里叶级数。}$$

解：函数的图形如图 4-2 所示：

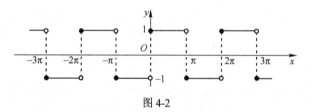

图 4-2

此函数满足收敛定理的条件，它在点 $x = k\pi(k=0,\ \pm1,\ \pm2,\ \cdots)$ 处不连续，在其他点处均连续，所以由收敛定理知道 $f(x)$ 的傅里叶级数收敛，并且当 $x=k\pi$ 时，级数收敛于 $\dfrac{-1+1}{2}=\dfrac{1+(-1)}{2}=0$，当 $x\neq k\pi$ 时，级数收敛于 $f(x)$。和函数的图形如图 4-3 所示，这是一个矩形波：

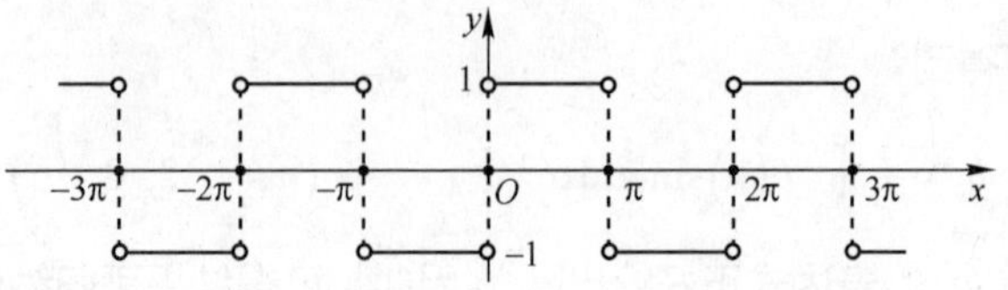

图 4-3

先求傅里叶系数如下：

$$a_n=\frac{1}{\pi}\int_{-\pi}^{\pi}f(x)\cos nx\mathrm{d}x=\frac{1}{\pi}\int_{-\pi}^{0}(-1)\cos nx\mathrm{d}x+\frac{1}{\pi}\int_{0}^{\pi}1\cdot\cos nx\mathrm{d}x$$

$$=0\quad(n=0,1,2,\cdots);$$

$$b_n=\frac{1}{\pi}\int_{-\pi}^{\pi}f(x)\sin nx\mathrm{d}x=\frac{1}{\pi}\int_{-\pi}^{0}(-1)\sin nx\mathrm{d}x+\frac{1}{\pi}\int_{0}^{\pi}1\cdot\sin nx\mathrm{d}x$$

$$=\frac{1}{\pi}\left[\frac{\cos nx}{n}\right]_{-\pi}^{0}+\frac{1}{\pi}\left[-\frac{\cos nx}{n}\right]_{0}^{\pi}=\frac{1}{n\pi}\left[1-\cos n\pi-\cos n\pi+1\right]$$

$$=\frac{2}{n\pi}\left[1-(-1)^n\right]=\begin{cases}\dfrac{4}{n\pi}, & n=1,3,5,\cdots\\ 0, & n=2,4,6,\cdots\end{cases},$$

将所求得的系数代入（1）式，得到 $f(x)$ 的傅里叶级数展开式为：

$$f(x)=\frac{4}{\pi}\left[\sin x+\frac{1}{3}\sin 3x+\cdots+\frac{1}{2n-1}\sin(2n-1)x+\cdots\right]$$

$$(-\infty<x<+\infty;\ x\neq 0,\pm\pi,\pm 2\pi,\cdots)。$$

此例所得到的展开式表明，矩形波是由一系列不同频率的正弦波叠加而成的，这些正弦波的频率依次为基波频率的奇数倍。

应该注意，如果函数 $f(x)$ 只在 $[-\pi,\pi]$ 上有定义，并且满足收敛定理的条件，那么 $f(x)$ 也可以展开成傅里叶级数。事实上，我们可以在 $[-\pi,\pi)$ 或 $(-\pi,\pi]$ 外补充函数 $f(x)$ 的定义，使它拓广成周期为 2π 的周期函数 $F(x)$。按这种方式拓广函数的定义域的过程称为**周期延拓**。再将 $F(x)$ 展开成傅里叶级数。最后限制 x 在 $(-\pi,\pi)$ 内，此时 $F(x)=f(x)$，这样便得到 $f(x)$ 的傅里叶级数展开式。由收敛定理，这级数在区间端点 $x=\pm\pi$ 处收敛于 $\dfrac{\left[f(\pi^-)+f(-\pi^+)\right]}{2}$

【例 27】设 $f(x)=\begin{cases}-\pi, & -\pi\leq x<0\\ x, & 0\leq x<\pi\end{cases}$，试将其展开成傅里叶级数。

解：因为 $f(x)$ 在 $[-\pi,\pi)$ 上满足收敛定理条件，并且拓广的周期函数除了 $x=k\pi$ 以外处处连续，如图 4-4 所示因此拓广的周期函数的傅里叶级数在 $x=2k\pi$（$k=0,\pm 1,\pm 2,\cdots$）时，收敛于 $-\dfrac{\pi}{2}$，当 $x=(2k+1)\pi$（$k=0,\pm 1,\pm 2,\cdots$）时，收敛于 0。

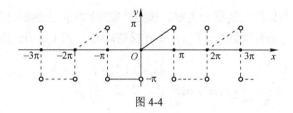

图 4-4

计算傅里叶级数：

$$a_n = \frac{1}{\pi}\int_{-\pi}^{\pi} f(x)\cos nx\,\mathrm{d}x = \frac{1}{\pi}\int_{-\pi}^{0}(-\pi)\cos nx\,\mathrm{d}x + \frac{1}{\pi}\int_{0}^{\pi} x\cdot\cos nx\,\mathrm{d}x$$

$$= -\frac{1}{n}\big[\sin nx\big]_{-\pi}^{0} + \bigg[\frac{1}{n\pi}x\sin nx\bigg]_{0}^{\pi} - \frac{1}{n\pi}\int_{0}^{\pi}\sin nx\,\mathrm{d}x$$

$$= \frac{1}{n^2\pi}\Big[(-1)^n - 1\Big] = \begin{cases} -\dfrac{2}{n^2\pi}, & n = 1,3,5,\cdots \\ 0, & n = 2,4,6,\cdots \end{cases};$$

$$a_0 = \frac{1}{\pi}\int_{-\pi}^{\pi} f(x)\,\mathrm{d}x = \frac{1}{\pi}\int_{-\pi}^{0}(-\pi)\,\mathrm{d}x + \frac{1}{\pi}\int_{0}^{\pi} x\,\mathrm{d}x = -\frac{\pi}{2};$$

$$b_n = \frac{1}{\pi}\int_{-\pi}^{\pi} f(x)\sin nx\,\mathrm{d}x = \frac{1}{\pi}\int_{-\pi}^{0}(-\pi)\sin nx\,\mathrm{d}x + \frac{1}{\pi}\int_{0}^{\pi} x\cdot\sin nx\,\mathrm{d}x$$

$$= \bigg[\frac{1}{n}\cos nx\bigg]_{-\pi}^{0} - \frac{1}{n\pi}\big[x\cos nx\big]_{0}^{\pi} + \frac{1}{n\pi}\int_{0}^{\pi}\cos nx\,\mathrm{d}x$$

$$= \frac{1}{n}\Big[1 - 2(-1)^n\Big] = \begin{cases} \dfrac{3}{n}, & n = 1,3,5,\cdots \\ -\dfrac{1}{n}, & n = 2,4,6,\cdots \end{cases}。$$

所以：
$$f(x) = -\frac{\pi}{4} - \frac{2}{\pi}\bigg(\cos x + \frac{1}{3^2}\cos 3x + \frac{1}{5^2}\cos 5x + \cdots\bigg)$$

$$+ \bigg(3\sin x - \frac{1}{2}\sin 2x + \frac{3}{3}\sin 3x - \frac{1}{4}\sin 4x + \cdots\bigg)$$

$$(-\pi < x < 0,\ 0 < x < \pi)。$$

3．正弦级数和余弦级数

从以上两例可以看出，一般说来，一个函数的傅里叶级数可能既含有余弦项又含有正弦项，也可能仅含有正弦函数，即系数 $a_n = 0$（$n = 0,1,2,\cdots$），我们还可以举出只含有余弦函数，即系数 $b_n = 0$（$n = 1,2,\cdots$）的例子。

展开式中只含有正弦函数的傅里叶级数，称为正弦级数，只含有余弦函数或常数项的称为余弦级数。

实际上，对于周期为 2π 的函数 $f(x)$，它的傅里叶系数计算公式为：

$$a_n = \frac{1}{\pi}\int_{-\pi}^{\pi} f(x)\cos nx\,\mathrm{d}x \qquad (n = 0,1,2,\cdots),$$

$$b_n = \frac{1}{\pi}\int_{-\pi}^{\pi} f(x)\sin nx\,\mathrm{d}x \qquad (n = 1,2,3\cdots),$$

由于奇函数在对称区间上的积分为零，偶函数在对称区间上的积分等于半区间上积分的两倍。因此，当 $f(x)$ 为奇函数时，$f(x)\cos nx$ 是奇函数，$f(x)\sin nx$ 是偶函数，

故
$$\left. \begin{array}{ll} a_n = 0 & (n = 0,1,2,\cdots) \\ b_n = \dfrac{2}{\pi}\int_0^\pi f(x)\sin nx\,\mathrm{d}x & (n = 1,2,3,\cdots) \end{array} \right\} ; \qquad (3)$$

即知奇函数的傅里叶级数是只含有正弦项的正弦级数

$$\sum_{n=1}^\infty b_n \sin nx ; \qquad (4)$$

当 $f(x)$ 为偶函数时，$f(x)\cos nx$ 是偶函数，$f(x)\sin nx$ 是奇函数，

故
$$\left. \begin{array}{ll} a_n = \dfrac{2}{\pi}\int_0^\pi f(x)\cos nx\,\mathrm{d}x & (n = 0,1,2,\cdots) \\ b_n = 0 & (n = 1,2,3,\cdots) \end{array} \right\} ; \qquad (5)$$

即知偶函数的傅里叶级数是只含有常数项和余弦项的余弦级数

$$\frac{a_0}{2} + \sum_{n=1}^\infty a_n \cos nx 。 \qquad (6)$$

【例 28】设周期函数 $f(x)$ 在其一个周期上的表达式

$$f(x) = \begin{cases} \pi + x, & -\pi \leq x < 0 \\ \pi - x, & 0 \leq x < \pi \end{cases} ，试将其展开成傅里叶级数。$$

解：函数 $f(x)$ 的图像如图 4-5 所示，由图形的对称性可知，$f(x)$ 是偶函数，因此我们应根据（5）式计算傅里叶系数。

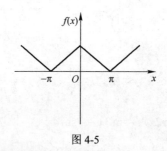

图 4-5

$$a_n = \frac{2}{\pi}\int_0^\pi f(x)\cos nx\,\mathrm{d}x = \frac{2}{\pi}\int_0^\pi (\pi - x)\cos nx\,\mathrm{d}x$$

$$= \frac{2}{\pi}\left[\frac{\pi - x}{n}\sin nx \right]_0^\pi + \frac{2}{n\pi}\int_0^\pi \sin nx\,\mathrm{d}x$$

$$= \frac{2}{n^2\pi}\left[1 - (-1)^n\right] = \begin{cases} \dfrac{4}{n^2\pi}, & n = 1,\ 3,\ 5,\ \cdots \\ 0, & n = 2,\ 4,\ 6,\ \cdots \end{cases}$$

$$a_0 = \frac{2}{\pi}\int_0^\pi f(x)\,\mathrm{d}x = \frac{2}{\pi}\int_0^\pi (\pi - x)\,\mathrm{d}x = \pi ,$$

$$b_n = 0 \qquad (n = 1,2,3,\cdots),$$

又因为 $f(x)$ 处处连续，故所求的傅里叶级数收敛于 $f(x)$，

即 $$f(x)=\frac{\pi}{2}+\frac{4}{\pi}\left(\cos x+\frac{1}{3^2}\cos 3x+\frac{1}{5^2}\cos 5x+\cdots\right)\quad(-\infty<x<+\infty)。$$

在实际应用中，有时还需把定义在区间 $[0,\pi]$ 上的函数 $f(x)$ 展开成正弦级数或余弦级数。

这类展开问题可以按如下的方法解决：设函数 $f(x)$ 定义在区间 $[0,\pi]$ 上并满足收敛定理的条件，我们在开区间 $(-\pi,0)$ 内补充函数 $f(x)$ 的定义，得到定义在 $(-\pi,\pi]$ 上的函数 $F(x)$，使它在 $(-\pi,\pi]$ 上成为奇函数（偶函数）。按这种方式拓广函数定义域的过程称为奇延拓（偶延拓）。然后将奇延拓（偶延拓）后的函数展开成傅里叶级数，这个级数必定是正弦级数（余弦级数），再限制 x 在 $(0,\pi]$ 上，此时 $F(x)\equiv f(x)$，这样便得到 $f(x)$ 的正弦（余弦）级数展开式。

【例 29】将函数 $f(x)=x+1$（$0\le x\le\pi$）分别展开成正弦级数和余弦级数。

解：先求出正弦级数，则对函数 $f(x)$ 进行奇延拓。按公式（3）有

$$b_n=\frac{2}{\pi}\int_0^\pi f(x)\sin nx\,\mathrm{d}x=\frac{2}{\pi}\int_0^\pi(x+1)\sin nx\,\mathrm{d}x$$

$$=\frac{2}{\pi}\left[-\frac{(x+1)\cos nx}{n}+\frac{\sin nx}{n^2}\right]_0^\pi$$

$$=\frac{2}{n\pi}\left[1-(n+1)\cos n\pi\right]$$

$$=\begin{cases}\dfrac{2}{\pi}\cdot\dfrac{\pi+2}{n}, & n=1,\ 3,\ 5\cdots\\[2mm]-\dfrac{2}{n}, & n=2,\ 4,\ 6\cdots\end{cases}。$$

将 b_n 代入正弦级数（4），得。

$$x+1=\frac{2}{\pi}\left[(\pi+2)\sin x-\frac{\pi}{2}\sin 2x+\frac{1}{3}(\pi+2)\sin 3x-\frac{\pi}{4}\sin 4x+\cdots\right]\quad(0<x<\pi),$$

在端点 $x=0$ 及 $x=\pi$ 处，级数的和显然为零。它不代表原来函数 $f(x)$ 的值。

再求余弦级数，为此对 $f(x)$ 进行偶延拓。按公式（5）有

$$a_n=\frac{2}{\pi}\int_0^\pi(x+1)\cos nx\,\mathrm{d}x=\frac{2}{\pi}\left[\frac{(x+1)\sin nx}{n}+\frac{\cos nx}{n^2}\right]_0^\pi$$

$$=\frac{2}{n^2\pi}(\cos n\pi-1)=\begin{cases}0, & n=2,\ 4,\ 6,\ \cdots\\[2mm]-\dfrac{4}{n^2\pi}, & n=1,\ 3,\ 5,\ \cdots\end{cases},$$

$$a_0=\frac{2}{\pi}\int_0^\pi(x+1)\,\mathrm{d}x=\frac{2}{\pi}\left[\frac{x^2}{2}+x\right]_0^\pi=\pi+2,$$

将 a_n 代入余弦级数（6），得。

$$x+1=\frac{\pi}{2}+1-\frac{4}{\pi}\left(\cos x+\frac{1}{3^2}\cos 3x+\frac{1}{5^2}\cos 5x+\cdots\right) \quad (\ 0\leqslant x\leqslant \pi\ )_{\circ}$$

试试看：用 Mathematica 数学软件求级数的和

用 Mathematica 求级数和的基本语句见表 4-1。

表 4-1

命令格式	功能说名
Sum[a_n, {n, n_1, n_2, h}]	求通项为 a_n，n 从 n_1 到 n_2，步长为 h 的和的精确值
NSum[a_n, {n, n_1, n_2, h}]	求上式的近似值
Series[f[x], {x, x0, n}]	将 $f(x)$ 在 x_0 处的展成幂级数，即 $$f(x_0)+f'(x_0)(x-x_0)+\cdots+\frac{f^{(n)}(x_0)}{n!}(x-x_0)^n+\cdots$$

【例 30】求下列常数项无穷级数的和。

（1）$\displaystyle\sum_{n=1}^{\infty}\frac{1}{2n(2n-1)}$ ；   （2）$\displaystyle\sum_{n=1}^{\infty}\frac{1}{n}$ 。

解：（1）Sum[1/(2n(2n-1)), {n, 1, Infinity}]

结果：$\dfrac{\text{Log}[4]}{2}$ 。

（2）Sum[1/n, {n, 1, Infinity}]

结果：Infinity。

【例 31】求下列幂级数的和函数。

（1）$\displaystyle\sum_{n=1}^{\infty}nx^n$ ；   （2）$\displaystyle\sum_{n=1}^{\infty}\frac{x^n}{n\cdot 2^n}$

解：（1）Sum[n*x^n, {n, 1, Infinity}]

结果：$\dfrac{x}{(x-1)^2}$ 。

（2）Sum[x^n/(n*2^n), {n, 1, Infinity}]

结果：$-\text{Log}\left[1-\dfrac{x}{2}\right]$ 。

【例 32】将下列函数在指定点按指定阶数展成幂级数。

（1）$f(x)=x\sin x$ ，$x_0=0$ ，$n=8$ ；（2）$f(x)=x^4-5x^3+x^2+4$ ，$x_0=4$ ，$n=5$ 。

解：（1）Series[x*Sin[x], {x, 0, 8}]

结果：$x^2-\dfrac{x^4}{6}+\dfrac{x^6}{120}-\dfrac{x^8}{5040}+o[x]^9$ 。

（2）Series[x^4-5x^3+x^2+4, {x, 4, 5}]

结果：$-44+24(-4+x)+37(-4+x)^2+11(-4+x)^3+(-4+x)^4+o[-4+x]^6$ 。

练一练

1. 利用 Sum 命令求下列常数项无穷级数的和。

（1）$\sum_{n=1}^{\infty}\left(\dfrac{1}{2^n}+\dfrac{1}{3^n}\right)$； （2）$\sum_{n=1}^{\infty}\dfrac{n+3}{3^n}$。

2. 利用 Sum 命令求下列幂级数的和函数。

（1）$\sum_{n=1}^{\infty}\dfrac{x^{4n}}{n}$； （2）$\sum_{n=1}^{\infty}(-1)^{2n+1}\dfrac{x^{n+1}}{n(n+1)}$。

3. 求幂级数 $\sum_{n=1}^{\infty}(-1)^{n-1}\dfrac{(x-1)^n}{n}$ 的和函数，并画出函数在区间[0，2]上的图形。

4. 求下列函数在 $x_0=0$ 和 $x_0=1$ 处的 7 阶幂级数。

（1）$y=(1+x)^{\frac{1}{3}}$； （2）$y=\arctan x$。

习题 4

1. 写出下列级数的一般项：

（1）$\dfrac{1}{2}+\dfrac{1}{4}+\dfrac{1}{6}+\cdots$； （2）$\dfrac{2}{3}-\dfrac{3}{4}+\dfrac{4}{5}-\dfrac{5}{6}+\cdots$。

2. 已知级数 $\sum_{n=0}^{\infty}\left(\dfrac{2}{3}\right)^n$，试写出 s_4 和 s_n，并求级数的和。

3. 根据级数收敛与发散的定义及性质判别下列级数的收敛性。

（1）$\sum_{n=1}^{\infty}\dfrac{n+1}{n+2}$； （2）$\sum_{n=2}^{\infty}\dfrac{1}{(n-1)(n+1)}$；

（3）$\sum_{n=1}^{\infty}\left(\dfrac{1}{2^n}+(-1)^n\dfrac{4}{3^n}\right)$； （4）$\sum_{n=1}^{\infty}\dfrac{1}{\sqrt[n]{2}}$。

4. （保护秃鹰计划）某林区为保护秃鹰不至于灭绝制定了一个计划。假定在新的保护计划下，每年有 100 只秃鹰出生，每年秃鹰的存活率为 0.85。

（1）5 年后，在年龄段 0～1，1～2，2～3，3～4，4～5 各有多少秃鹰存活?

（2）5 年后，在这种保护计划下存活下来的秃鹰总数是多少?

（3）许多年后，在这种保护计划下，将有多少秃鹰存活?

5. （乘数效应）A 国地方政府为了刺激经济发展，减免税收 100 万元。假定居民中收入的安排为：国民收入的 90%用于消费，10%用于储蓄。经济学家把这个 90%称为边际消费倾向，10%称为边际储蓄倾向。试问在这种情况下，政府由于减免税收会产生多大的消费?（这种由消费产生更多消费的经济现象称为乘数效应）。

6. 用比较判别法判定下列级数的收敛性。

（1）$\sum_{n=1}^{\infty}\dfrac{1}{(n+1)(n+2)}$； （2）$\sum_{n=1}^{\infty}\dfrac{1}{5+n\sqrt{n}}$；

（3）$\sum_{n=2}^{\infty}\dfrac{n}{\sqrt{n^3-1}}$； （4）$\sum_{n=1}^{\infty}\sin\dfrac{\pi}{2^n}$；

（5）$\sum_{n=2}^{\infty}\ln\left(1+\dfrac{1}{n^2}\right)$； （6）$\sum_{n=1}^{\infty}\left(1-\cos\dfrac{\pi}{n}\right)$。

7. 用比值判别法判定下列级数的收敛性。

（1）$\displaystyle\sum_{n=0}^{\infty}\frac{2^n}{n!}$ ；   （2）$\displaystyle\sum_{n=1}^{\infty}\frac{1\cdot3\cdot5\cdots(2n-1)}{3^n\cdot n!}$ ；

（3）$\displaystyle\sum_{n=1}^{\infty}\frac{2^n}{n^n}$ ；   （4）$\displaystyle\sum_{n=1}^{\infty}\frac{3^n}{n\cdot2^n}$ 。

8. 判断下列级数的收敛性，如果收敛，是绝对收敛还是条件收敛。

（1）$\displaystyle\sum_{n=1}^{\infty}(-1)^n\frac{1}{\sqrt{n}}$ ；   （2）$\displaystyle\sum_{n=1}^{\infty}(-1)^{n-1}\frac{1}{2n+3}$ ；

（3）$\displaystyle\sum_{n=1}^{\infty}(-1)^n\frac{n}{2n-1}$ ；   （4）$\displaystyle\sum_{n=1}^{\infty}(-1)^n\frac{3n}{4^n}$ 。

9. 求下列幂级数的收敛半径与收敛域。

（1）$\displaystyle\sum_{n=1}^{\infty}nx^n$ ；   （2）$\displaystyle\sum_{n=0}^{\infty}\frac{x^n}{2^n}$ ；

（3）$\displaystyle\sum_{n=0}^{\infty}\frac{x^n}{n!}$ ；   （4）$\displaystyle\sum_{n=0}^{\infty}\frac{(-1)^n x^{2n+1}}{n+5}$ ；

（5）$\displaystyle\sum_{n=1}^{\infty}\frac{(x-3)^n}{\sqrt{n}}$ ；   （6）$\displaystyle\sum_{n=1}^{\infty}\frac{(2x+1)^n}{n2^n}$ 。

10. 求下列幂级数在收敛域内的和函数。

（1）$\displaystyle\sum_{n=0}^{\infty}\left(\frac{x^2}{2}\right)^n$ ， $x\in(-\sqrt{2},\ \sqrt{2})$ ；   （2）$\displaystyle\sum_{n=1}^{\infty}2nx^{2n-1}$ ， $x\in(-1,\ 1)$ ；

（3）$\displaystyle\sum_{n=1}^{\infty}(-1)^n\frac{x^n}{n}$ ， $x\in(-1,\ 1]$ ；   （4）$\displaystyle\sum_{n=1}^{\infty}\frac{x^n}{n3^{n-1}}$ ， $x\in[-3,\ 3)$ 。

11. 用间接展开法将下列函数展开成 x 的幂级数。

（1）e^{-x^2} ；   （2）$\ln(3+x)$ ；

（3）$\cos 2x$ ；   （4）$\dfrac{x}{3+x}$ ；

（5）$\dfrac{1}{x^2-2x-3}$ 。

12. 设 $f(x)$ 是以 2π 为周期的周期函数，它在 $[-\pi,\ \pi)$ 上的表达式为：

$$f(x)=\begin{cases}x, & -\pi\leqslant x<0 \\ 0, & 0\leqslant x<\pi\end{cases},$$

将 $f(x)$ 展开成傅里叶级数。

13. 将函数 $f(x)=2x^2(0\leqslant x\leqslant\pi)$ 分别展开成正弦级数和余弦级数。

第5章 矩阵及其应用

矩阵是线性代数的一个重要内容，也是一个重要的运算工具。在现代科学技术和日常生活中，许多问题的描述和计算都可用到矩阵，例如，经济问题中的投入产出分析、铁路运输的调度安排、计算机科学中的网络设计、图像处理等非常广泛的领域内。因此，掌握矩阵的性质及应用不仅是学好线性代数的基础，而且也为今后学习和科学实践奠定了基础。本章主要讨论矩阵的概念与运算、矩阵的初等变换、矩阵的应用。

5.1 矩阵的概念及运算

5.1.1 田忌赛马——认识矩阵

矩阵在日常生活和科学研究中经常会遇到。请看下面的例子。

【例 1】(田忌赛马)战国时期，齐国的国王与大将田忌进行赛马。双方约定，各自出三匹马，分别为三个等级——即一等马(好的)、二等马(中等的)、三等马(差的)各一匹，已知齐王每个等级的马都比田忌同等级的马好。但田忌的一等马比齐王的二等马好，二等马比齐王的三等马好。比赛时，每次双方各自从自己的三匹马中任选一匹来比，输者得付给胜者一千两黄金，一回赛三次，每匹马都参加。大将田忌怎样布置马匹参赛才能赢得一千两黄金。

解：由于同一等级的赛马，齐王的马比田忌的马好，所以用 1 表示田忌赢，用–1 表示田忌输，这样齐王和田忌选择不同马匹参赛可排出一个表格见表 5-1。

表5–1

齐王的马 \ 田忌的马	一等马	二等马	三等马
一等马	–1	1	1
二等马	–1	–1	1
三等马	–1	–1	–1

表格中的数据可写成如下数表

$$\begin{pmatrix} -1 & 1 & 1 \\ -1 & -1 & 1 \\ -1 & -1 & -1 \end{pmatrix},$$

由数表中的数据可知，田忌输多赢少，且只有当田忌用一等马对齐王的二等马，二等马对齐王的三等马，三等马对齐王的一等马时，才能获胜，赢得一千两黄金。

【例 2】某工厂生产三种产品需要两种原料，其中生产产品 A 需要原料甲 0.5kg，生产产品 B 需要原料乙 1kg，生产产品 C 需要原料甲 3kg，原料乙 1kg。试确定原料重量与产品之

间所形成的相互关系。

解：依据题意列表如表 5-2 所示。

表 5-2

原料＼产品	A	B	C
甲	0.5	0	3
乙	0	1	1

若以 y_k（$k=1$，2，分别代表甲、乙）表示制造 x_1 个产品 A，x_2 个产品 B，x_3 个产品 C，所需原料 k 的重量，则由表中数据可得

$$\begin{cases} y_1 = 0.5x_1 + 0x_2 + 3x_3 \\ y_2 = 0\,x_1 + 1\,x_2 + 1\,x_3 \end{cases},$$

上式正是将原料和产品看成变量后所形成的相互关系。不难看出 x_i（$i=1$，2，3）前面的系数正是列表中的数表

$$\begin{pmatrix} 0.5 & 0 & 3 \\ 0 & 1 & 1 \end{pmatrix}。$$

上述例子虽然涉及的内容不同，但都提出了数表问题，类似问题还有，几何图形的变换，火车时刻表，生产计划表，资金分配表及网络通信等。这些数表正是我们要讲的矩阵。

5.1.2　矩阵的概念及其简单应用

1．矩阵的概念

【定义 1】由 $m \times n$ 个数 a_{ij}（$i = 1, 2, \cdots, m$；$j = 1, 2, \cdots, n$）排成的 m 行 n 列的矩形数表

$$\begin{pmatrix} a_{11} & a_{12} & \cdots\cdots & a_{1n} \\ a_{21} & a_{22} & \cdots\cdots & a_{2n} \\ \cdots & \cdots & \cdots\cdots & \cdots \\ a_{m1} & a_{m2} & \cdots\cdots & a_{mn} \end{pmatrix}$$

称为 m 行 n 列的矩阵，简称 $m \times n$ 矩阵或矩阵，其中 a_{ij} 称为矩阵的第 i 行第 j 列的元素。矩阵一般用大写字母 $A, B, C \cdots$，或 (a_{ij}) 表示。为标明矩阵的行数 m 和列数 n，也用 $A_{m \times n}$ 或 $(a_{ij})_{m \times n}$ 表示。例如，例 2 的数表可表示为 $A_{2 \times 3} = \begin{pmatrix} 0.5 & 0 & 3 \\ 0 & 1 & 1 \end{pmatrix}$，其中 $a_{13} = 3$。

如果一个矩阵 $A = (a_{ij})$ 的行数与列数都等于 n，则称 A 为 n 阶矩阵，也叫 n 阶方阵，简称方阵。例如，例 1 的数表就是一个 3 阶方阵。

如果两个矩阵的行数相同，列数也相同，则称这两个矩阵为同型矩阵。

如果两个矩阵 A，B 是同型矩阵，并且对应位置上的元素均相等，则称矩阵 A 与矩阵 B 相等，记作 $A=B$。

【例 3】已知 $A = \begin{pmatrix} 3 & 1 & 0 \\ 0 & b & c \end{pmatrix}$，$B = \begin{pmatrix} a & 1 & 0 \\ d & c-1 & 4 \end{pmatrix}$，且 $A = B$，

求：矩阵 A，B。

解：由 $A=B$ 得

$a=3, d=0, b=c-1, c=4$ ，即 $a=3, b=3, c=4, d=0$ ，

所以 $A=\begin{pmatrix} 3 & 1 & 0 \\ 0 & 3 & 4 \end{pmatrix}, B=\begin{pmatrix} 3 & 1 & 0 \\ 0 & 3 & 4 \end{pmatrix}$。

2．几种特殊矩阵

（1）对角矩阵

形如

$$A=\begin{pmatrix} a_{11} & 0 & \cdots & 0 \\ 0 & a_{22} & \cdots & 0 \\ \cdots & \cdots & \cdots & \cdots \\ 0 & 0 & \cdots & a_{nn} \end{pmatrix}$$

的 n 阶方阵称为**对角矩阵**。其中 $a_{ij}=0, \quad i \neq j (i,j=1,2,\cdots\cdots,n)$ 。

特别地，当 $a_{ii}=1(i=1,2,\cdots,n)$ 时，称此对角矩阵为 n 阶单位矩阵，用 E 表示，即

$$E=\begin{pmatrix} 1 & 0 & \cdots & 0 \\ 0 & 1 & \cdots & 0 \\ \vdots & \vdots & \vdots & \vdots \\ 0 & 0 & \cdots & 1 \end{pmatrix}。$$

（2）零矩阵

元素全为零的矩阵称为零矩阵。在不易混淆时，常用 O 表示。

（3）行阶梯形矩阵

如果一个矩阵的零元素的排列形状像台阶，每个阶梯只有一行(邻近的多列可以在同一高度，或说台阶的宽度可以不同)，则称这一矩阵为**行阶梯形矩阵**。

例如， $\begin{pmatrix} 1 & 2 & 3 & 4 \\ 0 & 0 & 2 & 1 \\ 0 & 0 & 0 & 1 \end{pmatrix}$ 与 $\begin{pmatrix} 1 & 2 & 3 & 4 \\ 0 & 1 & 2 & 1 \\ 0 & 0 & 0 & 1 \end{pmatrix}$ 都是行阶梯形矩阵，而矩阵 $\begin{pmatrix} 1 & 2 & 3 & 4 \\ 0 & 0 & 2 & 1 \\ 0 & 0 & 1 & 1 \end{pmatrix}$ 则不是行阶梯形矩阵。

（4）行矩阵与列矩阵

m 行 1 列的矩阵 $A_{m\times1}$ 称为列矩阵，1 行 n 列的矩阵 $B_{1\times n}$ 称为行矩阵。

例如， $A=\begin{pmatrix} 2 \\ -1 \\ 4 \end{pmatrix}$ 为 3×1 的列矩阵， $B=(1 \quad 2 \quad 3 \quad 4)$ 为 1×4 的行矩阵。

3．矩阵的一些简单应用

前面给出了矩阵的概念，那么，矩阵有哪些用处呢？下面给出一些例子。

【例 4】(团队分工)一个大型的软件开发通常需要一个团队采用分工合作的方式来完成。因此，需要将软件划分为多个模块，交给团队中不同的软件开发小组进行开发。假设一个大型软件可以分解为 m 个模块，一个软件公司共有 $n<m$ 个开发小组，根据模块的大小和复杂程度以及开发小组的力量，每个开发小组承担一个或多个模块的开发任务，为了清晰地描述任务分配情况并且将其存储在计算机里，可以采用如下的排成的 m 行 n 列矩阵来表示

$$\begin{pmatrix} a_{11} & a_{12} & \cdots & a_{1n} \\ a_{21} & a_{22} & \cdots & a_{2n} \\ \vdots & \vdots & \vdots & \vdots \\ a_{m1} & a_{m2} & \cdots & a_{mn} \end{pmatrix}$$

其中 $a_{ij} = \begin{cases} 1, & \text{如果第 } i \text{ 个模块分配给第 } j \text{ 个开发组} \\ 0, & \text{否则} \end{cases}$。

利用这种表示方法，很容易知道哪个模块由哪个开发小组负责开发，也很清楚某个开发小组承担哪几个模块。例如，给定下面的矩阵

$$\begin{pmatrix} 1 & 0 & 0 \\ 0 & 1 & 0 \\ 1 & 0 & 0 \\ 0 & 0 & 1 \end{pmatrix},$$

由此可以清楚地看出，第 1 个开发小组承担模块 1 和模块 3 的开发，第 2 个开发小组承担模块 2 的开发，第 3 个开发小组承担模块 4 的开发。

在进一步学习了计算机专业的一些后续课程之后，就会发现用上述形式来表示数据，特别适合在计算机上进行查询和修改。

【例 5】（管线信息的查询）地理信息系统是现代化城市管理必不可少的一个计算机应用软件，其中城市地下管线的管理是一个重要的组成部分。地下管线包括电缆、光纤、煤气管道、自来水管等多种连通设备，因此，在设计和开发地理信息系统时，就要考虑如何在计算机中有效地表示和存储城市地下的管线信息，以便于有关信息的查询和计算。为了说明问题，下面来看一个非常简单的局部的情况，如图 5-1 所示。其中 a_1，a_2 和 b_1，b_2，b_3 分别是某城市的两个工厂和三所中学，图中每条线上的数字表示工厂和中学之间的不同地下管线类型的总数（在实际应用中，还应该标明这些类型是什么。这里做了简化）。可以采用如下的 2×3 矩阵来表示该图提供的地下管线信息

$$C = \begin{pmatrix} 4 & 2 & 3 \\ 0 & 2 & 3 \end{pmatrix} \begin{matrix} a_1 \\ a_2 \end{matrix},$$
$$\quad b_1 \quad b_2 \quad b_3$$

其中，矩阵 C 的行代表工厂，列代表中学，而 c_{ij} 表示 a_i 与 b_j 间的地下管线类型总数。

【例 6】（城际航线）飞机是现代交通快捷便利的一个重要工具，飞行航线的开通标志着一个城市现代化的进程。图 5-2 标出了四个城市间的单向航线图。

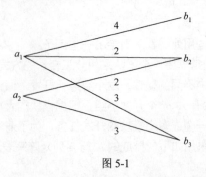

图 5-1

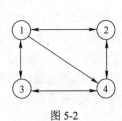

图 5-2

若令

$$a_{ij} = \begin{cases} 1, & \text{从}i\text{市到}j\text{市有一条单向航线} \\ 0, & \text{从}i\text{市到}j\text{市没有单向航线} \end{cases},$$

则图 5-2 所示的航线开通情况可用下面矩阵表示

$$A = \begin{pmatrix} 0 & 1 & 1 & 1 \\ 1 & 0 & 0 & 1 \\ 1 & 0 & 0 & 1 \\ 0 & 0 & 1 & 0 \end{pmatrix}。$$

一般地，若干个点之间的单向通道都可用这样的矩阵表示。

5.1.3 矩阵的运算

矩阵的意义不仅在于确定了一些数表，而且还在于对它定义了一些有理论意义和实际意义的运算，从而使它成为进行理论研究和解决实际问题的有力工具。

1．矩阵的加减与数乘矩阵

【例 7】设甲、乙两个煤矿分别给 A，B，C 三个城市供煤（数量以万吨计），一月份的供应情况是

$$\begin{matrix} A & B & C \\ \begin{pmatrix} 20 & 40 & 35 \\ 30 & 60 & 50 \end{pmatrix} & \begin{matrix} \text{甲} \\ \text{乙} \end{matrix} \end{matrix},$$

二月份的供应情况是

$$\begin{matrix} A & B & C \\ \begin{pmatrix} 25 & 25 & 50 \\ 40 & 20 & 55 \end{pmatrix} & \begin{matrix} \text{甲} \\ \text{乙} \end{matrix} \end{matrix},$$

则两个月供应的总量是

$$\begin{pmatrix} 20 & 40 & 35 \\ 30 & 60 & 50 \end{pmatrix} + \begin{pmatrix} 25 & 25 & 50 \\ 40 & 20 & 55 \end{pmatrix} = \begin{pmatrix} 45 & 65 & 85 \\ 70 & 80 & 105 \end{pmatrix}。$$

上述计算方法就是矩阵的加法。下面给出矩阵加法的定义。

【定义 2】把两个 m 行 n 列矩阵 $A = (a_{ij})$，$B = (b_{ij})$ 对应位置元素相加（减）得到的 m 行 n 列矩阵，称为矩阵 A 与矩阵 B 的和（差），记作 $A+B$（$A-B$），即

$$A \pm B = (a_{ij} \pm b_{ij})。$$

注意： 同型矩阵才能进行加（减）法运算。

【例 8】设某物资（单位：吨）从三个产地调往四个销地的调度矩阵为

$$A = \begin{pmatrix} 40 & 7 & 16 & 10 \\ 14 & 27 & 9 & 6 \\ 12 & 3 & 60 & 17 \end{pmatrix},$$

安排一次调运，已运走的物资以矩阵 B 表示为

$$B = \begin{pmatrix} 15 & 5 & 16 & 8 \\ 12 & 7 & 3 & 6 \\ 10 & 0 & 0 & 7 \end{pmatrix},$$

问从这三个产地还有多少物资没有运到四个销地?

解：显然尚未运出的物资可用 $A-B$ 来表示：

$$A-B = \begin{pmatrix} 40 & 7 & 16 & 10 \\ 14 & 27 & 9 & 6 \\ 12 & 3 & 60 & 17 \end{pmatrix} - \begin{pmatrix} 15 & 5 & 16 & 8 \\ 12 & 7 & 3 & 6 \\ 10 & 0 & 0 & 7 \end{pmatrix} = \begin{pmatrix} 25 & 2 & 0 & 2 \\ 2 & 20 & 6 & 0 \\ 2 & 3 & 60 & 10 \end{pmatrix}.$$

【定义 3】用数 k 乘矩阵 A 的每一个元素所得到的矩阵，称为**数乘矩阵**，记作 kA，即

$$kA = (ka_{ij})_{m \times n}.$$

特别地，$(-1)A$ 简记为 $-A$。

由上述定义可知矩阵的加法与数乘矩阵满足下面的运算律：

① $A+B = B+A$；　　　　② $(A+B)+C = A+(B+C)$；

③ $A+O = A$；　　　　　④ $A+(-A) = O$；

⑤ $k(A+B) = kA+kB$；　　⑥ $(k+l)A = kA+lA$；

⑦ $k(lA) = (kl)A$。

运算律中的 A，B，C 为同型矩阵，k，l 为常数。

【例 9】设 $A = \begin{pmatrix} 1 & -1 & 0 \\ 2 & 3 & 4 \end{pmatrix}$，$B = \begin{pmatrix} 1 & 3 & 5 \\ 2 & 4 & 6 \end{pmatrix}$，求 $B+2A$。

解：由矩阵数乘与加法的定义知

$$B+2A = \begin{pmatrix} 1 & 3 & 5 \\ 2 & 4 & 6 \end{pmatrix} + 2\begin{pmatrix} 1 & -1 & 0 \\ 2 & 3 & 4 \end{pmatrix} = \begin{pmatrix} 1 & 3 & 5 \\ 2 & 4 & 6 \end{pmatrix} + \begin{pmatrix} 2 & -2 & 0 \\ 4 & 6 & 8 \end{pmatrix}$$

$$= \begin{pmatrix} 3 & 1 & 5 \\ 6 & 10 & 14 \end{pmatrix}.$$

【例 10】已知 $A = \begin{pmatrix} -1 & 2 & 3 & 1 \\ 0 & 3 & -2 & 1 \\ 4 & 0 & 3 & 2 \end{pmatrix}$，$B = \begin{pmatrix} 4 & 3 & 2 & -1 \\ 5 & -3 & 0 & 1 \\ 1 & 2 & -5 & 0 \end{pmatrix}$，且 $A+2X = B$，求 X。

解：将等式 $A+2X = B$ 变形可得

$$X = \frac{1}{2}(B-A) = \frac{1}{2}\begin{pmatrix} 5 & 1 & -1 & -2 \\ 5 & -6 & 2 & 0 \\ -3 & 2 & -8 & -2 \end{pmatrix} = \begin{pmatrix} \frac{5}{2} & \frac{1}{2} & -\frac{1}{2} & -1 \\ \frac{5}{2} & -3 & 1 & 0 \\ -\frac{3}{2} & 1 & -4 & -1 \end{pmatrix}.$$

2．矩阵的乘法

【例 11】假设一所学校要购买 4 种软件产品，其中第 i 种软件要购买 x_i（$i=1,2,3,4$）套，现有 3 家软件企业销售这 4 种产品，其售价分别是第一家 12，5，8，9；第二家 11，6，7，10；第三家 13，5，6，8。试用矩阵的方式表示分别在这 3 家软件企业购买所需 4 种软件的总价格。

解：需要购买的 4 种软件的数量可以用矩阵

$$X = \begin{pmatrix} x_1 \\ x_2 \\ x_3 \\ x_4 \end{pmatrix} 表示；$$

各家企业的单位销售价格可以用一个 3×4 的矩阵

$$A = \begin{pmatrix} 12 & 5 & 8 & 9 \\ 11 & 6 & 7 & 10 \\ 13 & 5 & 6 & 8 \end{pmatrix} 表示；$$

在 3 家企业购买 4 种软件所需的总价格可以用矩阵

$$B = \begin{pmatrix} 12x_1 + 5x_2 + 8x_3 + 9x_4 \\ 11x_1 + 6x_2 + 7x_3 + 10x_4 \\ 13x_1 + 5x_2 + 6x_3 + 8x_4 \end{pmatrix} 表示。$$

因为总价格是各个单价与购买数量的乘积，因此，总价格矩阵 B 就可以看成单价矩阵 A 与需购买量 X 的"乘积"，即可用下列形式表示：

$$\begin{pmatrix} 12 & 5 & 8 & 9 \\ 11 & 6 & 7 & 10 \\ 13 & 5 & 6 & 8 \end{pmatrix} \begin{pmatrix} x_1 \\ x_2 \\ x_3 \\ x_4 \end{pmatrix} = \begin{pmatrix} 12x_1 + 5x_2 + 8x_3 + 9x_4 \\ 11x_1 + 6x_2 + 7x_3 + 10x_4 \\ 13x_1 + 5x_2 + 6x_3 + 8x_4 \end{pmatrix} 。$$

上述计算方法就是矩阵的乘法。下面给出矩阵乘法的定义。

【定义 4】设矩阵 $A = (a_{ij})_{m \times l}$，$B = (b_{ij})_{l \times n}$，则矩阵 $C = (c_{ij})_{m \times n}$ 称为矩阵 A 与矩阵 B 的乘积，记做 $C = AB$。其中

$$c_{ij} = a_{i1}b_{1j} + a_{i2}b_{2j} + \cdots + a_{il}b_{lj} \qquad (i = 1,2,\cdots m; \ j = 1,2,\cdots,n)。$$

【例 12】表 5-3 给出了一个空调商店五、六月份出售空调器的数量。

表 5-3

月 档次	高档	中档	低档
五月	9	18	20
六月	17	30	22

试求：① 两个月共出售多少台空调；

② 若空调商店希望来年空调的销售量能提高 7%，问来年五月份应售出多少台空调？

解：设 A、B 为五、六月份的空调数量，X 为两个月共出售空调数量，Y 为来年五月空调出售数量。

① 因为 $A = (9 \quad 18 \quad 20)$，$B = (17 \quad 30 \quad 22)$，

所以 $X = (A+B)\begin{pmatrix} 1 \\ 1 \\ 1 \end{pmatrix} = (26 \quad 48 \quad 42)\begin{pmatrix} 1 \\ 1 \\ 1 \end{pmatrix} = 116$。

② $Y = (1+7\%)A = (1+7\%)(9 \quad 18 \quad 20) = (9.63 \quad 19.26 \quad 21.4)$，

所以来年五月份出售 49 台空调器。

【例 13】已知 ① $A = \begin{pmatrix} 0 & 0 \\ 0 & 1 \end{pmatrix}$，$B = \begin{pmatrix} 0 & 1 \\ 0 & 0 \end{pmatrix}$，求 AB 与 BA。

② $A = \begin{pmatrix} a \\ b \\ c \end{pmatrix}$，$B = \begin{pmatrix} 0 & 1 & 0 \\ 1 & 0 & 1 \end{pmatrix}$，求 AB 与 BA。

解：① 由矩阵乘积的定义

$$AB = \begin{pmatrix} 0 & 0 \\ 0 & 1 \end{pmatrix}\begin{pmatrix} 0 & 1 \\ 0 & 0 \end{pmatrix} = \begin{pmatrix} 0 & 0 \\ 0 & 0 \end{pmatrix}, \quad BA = \begin{pmatrix} 0 & 1 \\ 0 & 0 \end{pmatrix}\begin{pmatrix} 0 & 0 \\ 0 & 1 \end{pmatrix} = \begin{pmatrix} 0 & 1 \\ 0 & 0 \end{pmatrix}。$$

注意：两个非零矩阵的乘积可以是零矩阵。

② $BA = \begin{pmatrix} 0 & 1 & 0 \\ 1 & 0 & 1 \end{pmatrix}\begin{pmatrix} a \\ b \\ c \end{pmatrix} = \begin{pmatrix} b \\ a+c \end{pmatrix}$，

因为 $A = A_{3 \times 1}$，$B = B_{2 \times 3}$，所以 A 的列数与 B 的行数不等，因此 A 与 B 不能相乘，即 AB 无意义。

【例 14】设 $A = \begin{pmatrix} 2 & 3 & 0 \\ 1 & 2 & 0 \end{pmatrix}$，$B = \begin{pmatrix} 1 & 0 \\ 0 & 2 \\ 3 & 0 \end{pmatrix}$，$C = \begin{pmatrix} 1 & 0 \\ 0 & 2 \\ 4 & 5 \end{pmatrix}$，求 AB 及 AC。

解：由乘积的定义知

$$AB = \begin{pmatrix} 2 & 3 & 0 \\ 1 & 2 & 0 \end{pmatrix}\begin{pmatrix} 1 & 0 \\ 0 & 2 \\ 3 & 0 \end{pmatrix} = \begin{pmatrix} 2\times1+3\times0+0\times3 & 2\times0+3\times2+0\times0 \\ 1\times1+2\times0+0\times3 & 1\times0+2\times2+0\times0 \end{pmatrix} = \begin{pmatrix} 2 & 6 \\ 1 & 4 \end{pmatrix},$$

$$AC = \begin{pmatrix} 2 & 3 & 0 \\ 1 & 2 & 0 \end{pmatrix}\begin{pmatrix} 1 & 0 \\ 0 & 2 \\ 4 & 5 \end{pmatrix} = \begin{pmatrix} 2\times1+3\times0+0\times4 & 2\times0+3\times2+0\times5 \\ 1\times1+2\times0+0\times4 & 1\times0+2\times2+0\times5 \end{pmatrix} = \begin{pmatrix} 2 & 6 \\ 1 & 4 \end{pmatrix},$$

可见 $AB = AC$，但 $B \neq C$

由上述例子不难发现：

① 两个矩阵相乘，只有当左边矩阵的列数等于右边矩阵的行数时，相乘才有意义。

② 矩阵乘法一般不满足交换律，即 $AB \neq BA$（见【例 13】）。所以在做矩阵相乘时，一定要分清是 A 左（边）乘 B，还是 A 右（边）乘 B。

③ 矩阵乘法一般不满足消去律（见【例 14】）。

④ $A_{m \times n} E_{n \times n} = E_{m \times m} A_{m \times n} = A_{m \times n}$。

⑤ 矩阵相乘满足运算律：

a. 结合律 $(AB)C = A(BC)$；

b. 分配律 $(A+B)C = AC+BC$，$C(A+B) = CA+CB$；

c. $k(AB) = (kA)B = A(kB)$。

3. 矩阵的转置

【定义 5】将 $m \times n$ 矩阵 A 的行与同序数的列互换，得到的 $n \times m$ 矩阵叫作矩阵 A 的**转置**矩阵，记为 A^T。

例如，$A = \begin{pmatrix} 1 & 2 & 8 \\ -1 & 1 & 2 \\ 0 & 3 & -2 \end{pmatrix}$，则 $A^T = \begin{pmatrix} 1 & -1 & 0 \\ 2 & 1 & 3 \\ 8 & 2 & -2 \end{pmatrix}$。

【例 15】设 $A = \begin{pmatrix} 0 & 1 & 3 \\ 1 & -1 & 2 \\ 1 & 2 & 1 \end{pmatrix}$，$B = \begin{pmatrix} 1 & -1 \\ 3 & 1 \\ 2 & 2 \end{pmatrix}$，求 $B^T A^T$ 与 $(AB)^T$。

解：因为 $A^T = \begin{pmatrix} 0 & 1 & 1 \\ 1 & -1 & 2 \\ 3 & 2 & 1 \end{pmatrix}$，$B^T = \begin{pmatrix} 1 & 3 & 2 \\ -1 & 1 & 2 \end{pmatrix}$，

所以 $\quad B^T A^T = \begin{pmatrix} 1 & 3 & 2 \\ -1 & 1 & 2 \end{pmatrix} \begin{pmatrix} 0 & 1 & 1 \\ 1 & -1 & 2 \\ 3 & 2 & 1 \end{pmatrix} = \begin{pmatrix} 9 & 2 & 9 \\ 7 & 2 & 3 \end{pmatrix}$；

又因为 $\quad AB = \begin{pmatrix} 0 & 1 & 3 \\ 1 & -1 & 2 \\ 1 & 2 & 1 \end{pmatrix} \begin{pmatrix} 1 & -1 \\ 3 & 1 \\ 2 & 2 \end{pmatrix} = \begin{pmatrix} 9 & 7 \\ 2 & 2 \\ 9 & 3 \end{pmatrix}$，

所以 $\quad (AB)^T = \begin{pmatrix} 9 & 2 & 9 \\ 7 & 2 & 3 \end{pmatrix}$。

可以证明，矩阵的转置有如下性质：

① $\left(A^T \right)^T = A$；   ② $(A + B)^T = A^T + B^T$；

③ $(kA)^T = kA^T$；   ④ $(AB)^T = B^T A^T$。

【例 16】某文具商店在一周内所售出的文具发票见表 5-4，周日盘点结账，计算该店每天的售货账目及一周的售货总账。

表 5-4

日 \ 文具	一	二	三	四	五	六	单价（元）
橡皮（个）	15	8	5	1	12	20	0.3
直尺（把）	15	20	18	16	8	25	0.5
胶水（瓶）	20	0	12	15	4	3	1

解：由表中数据得矩阵

$$A = \begin{pmatrix} 15 & 8 & 5 & 1 & 12 & 20 \\ 15 & 20 & 18 & 16 & 8 & 25 \\ 20 & 0 & 12 & 15 & 4 & 3 \end{pmatrix}, \quad B = \begin{pmatrix} 0.3 \\ 0.5 \\ 1 \end{pmatrix},$$

则售货总价可由下法算出

$$A^T B = \begin{pmatrix} 15 & 15 & 20 \\ 8 & 20 & 0 \\ 5 & 18 & 12 \\ 1 & 16 & 15 \\ 12 & 8 & 4 \\ 20 & 25 & 3 \end{pmatrix} \begin{pmatrix} 0.3 \\ 0.5 \\ 1 \end{pmatrix} = \begin{pmatrix} 32 \\ 12.4 \\ 22.5 \\ 23.3 \\ 11.6 \\ 21.5 \end{pmatrix} \begin{matrix} 星期一 \\ 星期二 \\ 星期三 \\ 星期四 \\ 星期五 \\ 星期六 \end{matrix},$$

所以，每天的售货收入加在一起可得一周的售货总账，即

$$32+12.4+22.5+23.3+11.6+21.5=123.3（元）。$$

5.1.4 矩阵运算的综合应用

【例17】（航线开通问题）已知【例6】中矩阵 A 中的数字代表城际间航线开通的情况，那么矩阵 A^2 中的数字又代表什么呢？

解：因为 $A = \begin{pmatrix} 0 & 1 & 1 & 1 \\ 1 & 0 & 0 & 1 \\ 1 & 0 & 0 & 1 \\ 0 & 0 & 1 & 0 \end{pmatrix}$，所以 $A^2 = \begin{pmatrix} 2 & 0 & 1 & 2 \\ 0 & 1 & 2 & 1 \\ 0 & 1 & 2 & 1 \\ 1 & 0 & 0 & 1 \end{pmatrix}$

记 $A^2 = (b_{ij})$，则 b_{ij} 为从 i 市经一次中转到 j 市的单向航线条数。例如，

$b_{23} = 2$，表示从②市经过一次中转到③市的单向航线有 2 条（参见图 5-2）；

$b_{44} = 1$，表示④市有一条双向航线；

$b_{31} = 0$，表示从③市到①市没有中转航线。

【例18】（人口流动问题）设某中小城市及郊区乡镇共有 30 万人从事农、工、商工作，假定这个总人数在若干年内保持不变，而社会调查表明：

① 在这 30 万就业人员中，目前约有 15 万人从事农业，9 万人从事工业，6 万人经商；

② 在务农人员中，每年约有 20%改为务工，10%改为经商；

③ 在务工人员中，每年约有 20%改为务农，10%改为经商；

④ 在经商人员中，每年约有 10%改为务农，10%改为务工。

现欲预测一、二年后从事各业人员的人数，以及经过多年之后，从事各业人员总数之发展趋势。

解：设用 $(x_i,\ y_i,\ z_i)^T$ 表示第 i 年后从事这三种职业的人员总数，则 $(x_0,\ y_0,\ z_0)^T = (15,\ 9,\ 6)^T$。而欲求 $(x_1,\ y_1,\ z_1)^T$，$(x_2,\ y_2,\ z_2)^T$，并考察当 n 年后 $(x_n,\ y_n,\ z_n)^T$ 的发展趋势。

根据题意，一年后，从事农、工、商的人员总数应为

$$\begin{cases} x_1 = 0.7x_0 + 0.2y_0 + 0.1z_0 \\ y_1 = 0.2x_0 + 0.7y_0 + 0.1z_0 \\ z_1 = 0.1x_0 + 0.1y_0 + 0.8z_0 \end{cases}$$

即

$$\begin{pmatrix} x_1 \\ y_1 \\ z_1 \end{pmatrix} = \begin{pmatrix} 0.7 & 0.2 & 0.1 \\ 0.2 & 0.7 & 0.1 \\ 0.1 & 0.1 & 0.8 \end{pmatrix} \begin{pmatrix} x_0 \\ y_0 \\ z_0 \end{pmatrix} = A \begin{pmatrix} x_0 \\ y_0 \\ z_0 \end{pmatrix},$$

将 $(x_0,\ y_0,\ z_0)^T = (15,\ 9,\ 6)^T$ 代入上式，得

$$\begin{pmatrix} x_1 \\ y_1 \\ z_1 \end{pmatrix} = \begin{pmatrix} 12.9 \\ 9.9 \\ 7.2 \end{pmatrix},$$

即一年后从事各业人员的人数分别为 12.9、9.9、7.2 万人。

以及

$$\begin{pmatrix} x_2 \\ y_2 \\ z_2 \end{pmatrix} = A \begin{pmatrix} x_1 \\ y_1 \\ z_1 \end{pmatrix} = A^2 \begin{pmatrix} x_0 \\ y_0 \\ z_0 \end{pmatrix} = \begin{pmatrix} 11.73 \\ 10.23 \\ 8.04 \end{pmatrix},$$

即两年后从事各业人员的人数分别为 11.73、10.23、8.04 万人。

进而推得

$$\begin{pmatrix} x_n \\ y_n \\ z_n \end{pmatrix} = A \begin{pmatrix} x_{n-1} \\ y_{n-1} \\ z_{n-1} \end{pmatrix} = A^n \begin{pmatrix} x_0 \\ y_0 \\ z_0 \end{pmatrix},$$

即 n 年后从事各业人员的人数完全由 A^n 决定。

5.2 矩阵的初等变换

5.2.1 矩阵的初等行变换

先看下面一个例子。

【例 19】求解线性方程组 $\begin{cases} x_1 - 2x_2 + 4x_3 = 2 \\ -x_1 + 2x_2 - x_3 = 1 \\ 2x_1 - 3x_2 + 7x_3 = 2 \end{cases}$。

解：用消元法解线性方程组，即

$$\begin{cases} x_1 - 2x_2 + 4x_3 = 2 \\ -x_1 + 2x_2 - x_3 = 1 \\ 2x_1 - 3x_2 + 7x_3 = 2 \end{cases} \rightarrow \begin{cases} x_1 - 2x_2 + 4x_3 = 2 \\ 3x_3 = 3 \\ x_2 - x_3 = -2 \end{cases} \rightarrow \begin{cases} x_1 - 2x_2 + 4x_3 = 2 \\ x_2 - x_3 = -2 \\ 3x_3 = 3 \end{cases}$$

$$\rightarrow \begin{cases} x_1 - 2x_2 + 4x_3 = 2 \\ x_2 - x_3 = -2 \\ x_3 = 1 \end{cases} \rightarrow \begin{cases} x_1 - 2x_2 = 2 \\ x_2 = -1 \\ x_3 = 1 \end{cases} \rightarrow \begin{cases} x_1 = -4 \\ x_2 = -1 \\ x_3 = 1 \end{cases}。$$

从求解过程中可以看到，消元法的主要思想就是，将方程组看成一个整体，利用等量代换将一个方程组化为另一个方程组，直至求出方程组的解，而等量代换主要采用了以下三种形式：

① 两个方程互换位置；

② 某方程两端同时乘以某一非零数（即用一非零数 k 乘某一个方程）；

③ 用一非零数乘某一方程后加到另一个方程上去。

这样就可将原方程组转化成一个同解的线性方程组，类似同样的做法，把它运用到矩阵上有。

【定义 6】下面三种变换称为矩阵的初等行变换：

① 交换矩阵的两行（常用 $(i) \leftrightarrow (j)$ 表示第 i 行与第 j 行互换）。

② 用一非零数乘矩阵的某一行（常用 $k \times (i)$ 表示用常数 k 乘以第 i 行）。

③ 将矩阵的某一行乘以数 k 以后，加到另一行（常用 $k \times (i) + (j)$ 表示第 i 行的 k 倍加到第 j 行）。

再说【例 19】，因为方程组的每一次消元只是 3 个未知变量的系数在变化，未知变量本身并没改变，如果将线性方程组中的所有变量及等号、加号（减号看成负号）去掉，则每一个方程组对应一个矩阵，而方程组的演变过程就对应为矩阵的变化过程，即

$$\begin{pmatrix} 1 & -2 & 4 & 2 \\ -1 & 2 & -1 & 1 \\ 2 & -3 & 7 & 2 \end{pmatrix} \xrightarrow[-2\times(1)+(3)]{(1)+(2)} \begin{pmatrix} 1 & -2 & 4 & 2 \\ 0 & 0 & 3 & 3 \\ 0 & 1 & -1 & -2 \end{pmatrix} \xrightarrow{(2)\leftrightarrow(3)} \begin{pmatrix} 1 & -2 & 4 & 2 \\ 0 & 1 & -1 & -2 \\ 0 & 0 & 3 & 3 \end{pmatrix}$$

$$\xrightarrow{\frac{1}{3}\times(3)} \begin{pmatrix} 1 & -2 & 4 & 2 \\ 0 & 1 & -1 & -2 \\ 0 & 0 & 1 & 1 \end{pmatrix} \xrightarrow[-4\times(3)+(1)]{(3)+(2)} \begin{pmatrix} 1 & -2 & 0 & -2 \\ 0 & 1 & 0 & -1 \\ 0 & 0 & 1 & 1 \end{pmatrix} \xrightarrow{2\times(2)+(1)} \begin{pmatrix} 1 & 0 & 0 & -4 \\ 0 & 1 & 0 & -1 \\ 0 & 0 & 1 & 1 \end{pmatrix},$$

整理后即得

$$\begin{cases} x_1 = -4 \\ x_2 = -1 \\ x_3 = 1 \end{cases},$$

可见得到了与刚才完全相同的结果。显然方程组的每一次消元对应着矩阵的一种变换。因此对矩阵施以初等行变换就成为了矩阵演变的一种重要手段。

当然，将对矩阵的行进行的 3 种变化实施到矩阵的列上，同样可以得到三种变换，称之为矩阵的初等列变换。矩阵的初等行变换和矩阵的初等列变换统称为矩阵的初等变换，我们仅以运用矩阵的初等行变换为主。

【例 20】用初等行变换将矩阵 $A = \begin{pmatrix} 2 & 0 & -1 & 3 \\ 1 & 2 & -2 & 4 \\ 0 & 1 & 3 & -1 \end{pmatrix}$ 化为行阶梯形矩阵。

解：我们可以有以下演变过程

$$A = \begin{pmatrix} 2 & 0 & -1 & 3 \\ 1 & 2 & -2 & 4 \\ 0 & 1 & 3 & -1 \end{pmatrix} \xrightarrow{(1)\leftrightarrow(2)} \begin{pmatrix} 1 & 2 & -2 & 4 \\ 2 & 0 & -1 & 3 \\ 0 & 1 & 3 & -1 \end{pmatrix} \xrightarrow{-2\times(1)+(2)} \begin{pmatrix} 1 & 2 & -2 & 4 \\ 0 & -4 & 3 & -5 \\ 0 & 1 & 3 & -1 \end{pmatrix}$$

$$\xrightarrow{(2)\leftrightarrow(3)} \begin{pmatrix} 1 & 2 & -2 & 4 \\ 0 & 1 & 3 & -1 \\ 0 & -4 & 3 & -5 \end{pmatrix} \xrightarrow{4\times(2)+(3)} \begin{pmatrix} 1 & 2 & -2 & 4 \\ 0 & 1 & 3 & -1 \\ 0 & 0 & 15 & -9 \end{pmatrix} = B,$$

$$\xrightarrow[\frac{1}{15}\times(3)]{-2\times(2)+(1)} \begin{pmatrix} 1 & 0 & -8 & 6 \\ 0 & 1 & 3 & -1 \\ 0 & 0 & 1 & -\dfrac{3}{5} \end{pmatrix} \xrightarrow[8\times(3)+(1)]{-3\times(3)+(2)} \begin{pmatrix} 1 & 0 & 0 & \dfrac{6}{5} \\ 0 & 1 & 0 & \dfrac{4}{5} \\ 0 & 0 & 1 & -\dfrac{3}{5} \end{pmatrix} = C。$$

最后得到的矩阵 B 与矩阵 C 都是行阶梯形矩阵。

由上例可以看到，对矩阵做初等变换可以得到多个行阶梯形矩阵。通常称一个矩阵与对这个矩阵进行初等行变换后所得矩阵是等价的。若 A 等价于 B，则记为 $A \sim B$，如例 20 中有 $A \sim B \sim C$。易见，任何一个矩阵都等价于一个行阶梯形矩阵。尽管这种行阶梯形矩阵可以有很多，但可以证明，形如 C 的行阶梯形矩阵是唯一的。

【定义 7】在行阶梯形矩阵中，若非零行中首非零元素为 1，且首非零元素所在列除这一元素外全为零，则称这样的行阶梯形矩阵为**行最简阶梯形矩阵**。

任何一个矩阵都等价于唯一的一个行最简阶梯形矩阵。从而，任何矩阵也都可以通过初等行变换转化为行最简阶梯形矩阵。

5.2.2 矩阵的秩

在对矩阵进行初等行变换时，我们知道任何一个矩阵都等价于一个行最简阶梯形矩阵，且行最简阶梯形矩阵是唯一的。可见与矩阵等价的行最简阶梯形矩阵的非零行个数（或与其等价的阶梯形矩阵的非零行个数）也是唯一的。这是矩阵所固有的一个特征。

【定义 8】设 A 为 $m \times n$ 矩阵，则与 A 等价的行阶梯形矩阵中非零行的个数 r 称为矩阵 A 的**秩**，记作 $r = r(A)$。

规定 当 $A = O$ 时，$r(A) = 0$。

由矩阵秩的定义易知等价矩阵必有相同的秩。

【例 21】求矩阵 $B = \begin{pmatrix} 1 & -1 & 1 & 2 \\ 2 & 3 & 3 & 2 \\ 1 & 1 & 2 & 1 \end{pmatrix}$ 的秩。

解：对矩阵施行初等行变换有

$$\begin{pmatrix} 1 & -1 & 1 & 2 \\ 2 & 3 & 3 & 2 \\ 1 & 1 & 2 & 1 \end{pmatrix} \xrightarrow[-1\times(1)+(3)]{-2\times(1)+(2)} \begin{pmatrix} 1 & -1 & 1 & 2 \\ 0 & 5 & 1 & -2 \\ 0 & 2 & 1 & -1 \end{pmatrix} \xrightarrow{-2\times(3)+(2)} \begin{pmatrix} 1 & -1 & 1 & 2 \\ 0 & 1 & -1 & 0 \\ 0 & 2 & 1 & -1 \end{pmatrix} \xrightarrow{-2\times(2)+(3)} \begin{pmatrix} 1 & -1 & 1 & 2 \\ 0 & 1 & -1 & 0 \\ 0 & 0 & 3 & -1 \end{pmatrix},$$

所得行阶梯形矩阵中非零行的个数为 3，所以 $r(B) = 3$。

因为任何一个矩阵，总可以用初等行变换将其化为行阶梯形矩阵，从而容易由行阶梯形矩阵的非零行个数求得矩阵的秩，这也正是用矩阵的初等行变换求矩阵秩的一个方法。

【例 22】求矩阵 $A = \begin{pmatrix} -1 & 1 & 0 & 5 & 3 \\ 0 & 1 & 4 & -2 & 3 \\ 0 & 0 & 1 & -1 & 6 \\ 0 & 0 & 0 & 0 & 0 \end{pmatrix}$ 的转置矩阵的秩。

解：求出 A 的转置矩阵并施行初等行变换有

$$A^T = \begin{pmatrix} -1 & 0 & 0 & 0 \\ 1 & 1 & 0 & 0 \\ 0 & 4 & 1 & 0 \\ 5 & -2 & -1 & 0 \\ 3 & 3 & 6 & 0 \end{pmatrix} \xrightarrow[\substack{1\times(1)+(2) \\ 5\times(1)+(4) \\ 3\times(1)+(5)}]{} \begin{pmatrix} -1 & 0 & 0 & 0 \\ 0 & 1 & 0 & 0 \\ 0 & 4 & 1 & 0 \\ 0 & -2 & -1 & 0 \\ 0 & 3 & 6 & 0 \end{pmatrix}$$

$$\xrightarrow[\substack{-4\times(2)+(3) \\ 2\times(2)+(4) \\ -3\times(2)+(5)}]{} \begin{pmatrix} -1 & 0 & 0 & 0 \\ 0 & 1 & 0 & 0 \\ 0 & 0 & 1 & 0 \\ 0 & 0 & -1 & 0 \\ 0 & 0 & 6 & 0 \end{pmatrix} \xrightarrow[\substack{1\times(3)+(4) \\ -6\times(3)+(5)}]{} \begin{pmatrix} -1 & 0 & 0 & 0 \\ 0 & 1 & 0 & 0 \\ 0 & 0 & 1 & 0 \\ 0 & 0 & 0 & 0 \\ 0 & 0 & 0 & 0 \end{pmatrix},$$

所以 $r(A^T) = 3$。

注意到 A 本身就是一个行阶梯形矩阵，其非零行的个数为 3，所以 $r(A)=3$，正好与其转置矩阵的秩相等，这是否为一巧合呢？事实上，可以证明，矩阵的转置不改变矩阵的秩。即任何矩阵的秩都与其转置矩阵的秩相同。

5.2.3　方阵的逆

在数的运算中我们知道，若 $ab=ba=1$，则称 b 为 a 的倒数，记做 $a^{-1}=b$。矩阵也有类似的表述形式。例如，$A=\begin{pmatrix}1&0\\0&2\end{pmatrix}$，$B=\begin{pmatrix}1&0\\0&\dfrac{1}{2}\end{pmatrix}$，则

$$AB=\begin{pmatrix}1&0\\0&2\end{pmatrix}\begin{pmatrix}1&0\\0&\dfrac{1}{2}\end{pmatrix}=\begin{pmatrix}1&0\\0&1\end{pmatrix}=E,$$

$$BA=\begin{pmatrix}1&0\\0&\dfrac{1}{2}\end{pmatrix}\begin{pmatrix}1&0\\0&2\end{pmatrix}=\begin{pmatrix}1&0\\0&1\end{pmatrix}=E,$$

即 $AB=BA=E$。为此我们有如下论述

【定义 9】对于 n 阶方阵 A，如果存在一个 n 阶方阵 B，使得
$$AB=BA=E,$$
则称矩阵 A 是**可逆矩阵**，称 B 是 A 的**逆矩阵**，简称 A 的逆，记作 $B=A^{-1}$。

易知 A 为 B 的逆，则 B 也为 A 的逆，即 A 与 B 互逆。

如果一个矩阵可逆，则它的逆矩阵只有一个。事实上，如果 B_1，B_2 都是 A 的逆矩阵，由
$$AB_1=B_1A=E，\quad AB_2=B_2A=E，$$
可知 $B_1=B_1E=B_1AB_2=EB_2=B_2$。可见 A 的逆矩阵只有一个。

这里需要说明的一点是，矩阵逆的运算与数的除法运算有本质区别。

关于矩阵的逆，我们还有如下结论：

① $(A^{-1})^{-1}=A$；　　　　　　② $(AB)^{-1}=B^{-1}A^{-1}$；

③ $(A^T)^{-1}=(A^{-1})^T$；　　　　④ $(kA)^{-1}=k^{-1}A^{-1}$；

⑤ n 阶方阵 A 可逆 $\Leftrightarrow$ A 等价于 n 阶单位矩阵 $\Leftrightarrow$ A 的秩为 n（这里符号 $\Leftrightarrow$ 表示充分必要条件）；

⑥ 对可逆矩阵 A 施以若干次初等行变换可化为单位矩阵 E，则对 E 施以同样的初等行变换可化为 A^{-1}。

由此可得到用初等行变换求逆矩阵的方法：

$$(A,\ E)\xrightarrow{\text{初等行变换}}(E,\ A^{-1})。$$

【例 23】求矩阵 $A=\begin{pmatrix}1&1&-1\\1&2&-3\\1&0&-1\end{pmatrix}$ 的逆矩阵。

解：将矩阵 A 与单位阵 E 排在一起，并施以初等行变换

$$(A, E) = \begin{pmatrix} 1 & 1 & -1 & 1 & 0 & 0 \\ 1 & 2 & -3 & 0 & 1 & 0 \\ 1 & 0 & -1 & 0 & 0 & 1 \end{pmatrix} \xrightarrow[-1\times(1)+(3)]{-1\times(1)+(2)} \begin{pmatrix} 1 & 1 & -1 & 1 & 0 & 0 \\ 0 & 1 & -2 & -1 & 1 & 0 \\ 0 & -1 & 0 & -1 & 0 & 1 \end{pmatrix}$$

$$\xrightarrow[-1\times(2)+(1)]{1\times(2)+(3)} \begin{pmatrix} 1 & 0 & 1 & 2 & -1 & 0 \\ 0 & 1 & -2 & -1 & 1 & 0 \\ 0 & 0 & -2 & -2 & 1 & 1 \end{pmatrix} \xrightarrow{-\frac{1}{2}\times(3)} \begin{pmatrix} 1 & 0 & 1 & 2 & -1 & 0 \\ 0 & 1 & -2 & -1 & 1 & 0 \\ 0 & 0 & 1 & 1 & -\frac{1}{2} & -\frac{1}{2} \end{pmatrix}$$

$$\xrightarrow[2\times(3)+(2)]{-1\times(3)+(1)} \begin{pmatrix} 1 & 0 & 0 & 1 & -\frac{1}{2} & \frac{1}{2} \\ 0 & 1 & 0 & 1 & 0 & -1 \\ 0 & 0 & 1 & 1 & -\frac{1}{2} & -\frac{1}{2} \end{pmatrix},$$

可见 A 的位置上已成为 E，所以

$$A^{-1} = \begin{pmatrix} 1 & -\frac{1}{2} & \frac{1}{2} \\ 1 & 0 & -1 \\ 1 & -\frac{1}{2} & -\frac{1}{2} \end{pmatrix}。$$

如果不知道 n 阶方阵 A 是否可逆，也可按上述方法去做，只要 $n \times 2n$ 矩阵 (A, E) 在做变换时 A 的位置出现了某一行(列)的元素全为零，则 A 的逆就不存在。

【例 24】已知例 5 中的 A，判断 $(E-A)$ 是否可逆。若可逆，求其逆。

解：令

$$B = (E - A) = \begin{pmatrix} 1 & 0 & 0 \\ 0 & 1 & 0 \\ 0 & 0 & 1 \end{pmatrix} - \begin{pmatrix} 1 & 1 & -1 \\ 1 & 2 & -3 \\ 1 & 0 & -1 \end{pmatrix} = \begin{pmatrix} 0 & -1 & 1 \\ -1 & -1 & 3 \\ -1 & 0 & 2 \end{pmatrix},$$

对 (B, E) 进行初等变换

$$(B, E) = \begin{pmatrix} 0 & -1 & 1 & 1 & 0 & 0 \\ -1 & -1 & 3 & 0 & 1 & 0 \\ -1 & 0 & 2 & 0 & 0 & 1 \end{pmatrix} \xrightarrow{(1)\leftrightarrow(2)} \begin{pmatrix} -1 & -1 & 3 & 0 & 1 & 0 \\ 0 & -1 & 1 & 1 & 0 & 0 \\ -1 & 0 & 2 & 0 & 0 & 1 \end{pmatrix}$$

$$\xrightarrow{-1\times(1)+(3)} \begin{pmatrix} -1 & -1 & 3 & 0 & 1 & 0 \\ 0 & -1 & 1 & 1 & 0 & 0 \\ 0 & 1 & -1 & 0 & -1 & 1 \end{pmatrix} \xrightarrow{1\times(2)+(3)} \begin{pmatrix} 1 & 0 & -2 & 0 & 0 & -1 \\ 0 & -1 & 1 & 1 & 0 & 0 \\ 0 & 0 & 0 & 1 & 1 & -1 \end{pmatrix},$$

因此 $r(B) = 2$，所以 B 的逆不存在，即 $E-A$ 不可逆。

【例 25】已知矩阵方程 $\begin{pmatrix} 1 & 2 \\ 1 & 1 \end{pmatrix} X = \begin{pmatrix} 1 \\ 2 \end{pmatrix}$，求矩阵 X。

解：因为 $\begin{pmatrix} 1 & 2 \\ 1 & 1 \end{pmatrix}^{-1} = \begin{pmatrix} -1 & 2 \\ 1 & -1 \end{pmatrix}$，所以矩阵两端同时左乘以 $\begin{pmatrix} 1 & 2 \\ 1 & 1 \end{pmatrix}^{-1}$，得

$$X = \begin{pmatrix} 1 & 2 \\ 1 & 1 \end{pmatrix}^{-1} \begin{pmatrix} 1 \\ 2 \end{pmatrix} = \begin{pmatrix} -1 & 2 \\ 1 & -1 \end{pmatrix} \begin{pmatrix} 1 \\ 2 \end{pmatrix} = \begin{pmatrix} 3 \\ -1 \end{pmatrix}。$$

【例 26】 一家具厂制作方桌、椅子、书柜需要劳动时间（按分钟计）由下列矩阵给出

$$M = \begin{pmatrix} 110 & 105 & 135 \\ 40 & 50 & 110 \\ 80 & 90 & 125 \end{pmatrix} \begin{matrix} 木工 \\ 装配 \\ 油漆 \end{matrix}，$$

矩阵 M 中的行表示生产工序，列表示每道工序所用时间。现已知每周劳动可用时间为：木工 20 250min，装配 12 070min，油漆 17 000min。问：

① 每周应生产多少方桌、椅子、书柜?

② 假定由于放假，下周可用的时间少了，可用劳动时间为木工 14 960min，装配为 8 970min，油漆为 12 590min，本周家具厂应安排生产多少方桌、椅子、书柜才能完成任务?

解： 设 $X = \begin{pmatrix} x_1 & x_2 & x_3 \end{pmatrix}^T$，$Y = \begin{pmatrix} y_1 & y_2 & y_3 \end{pmatrix}^T$，$B = \begin{pmatrix} 20\,250 & 12\,070 & 17\,000 \end{pmatrix}^T$，$C = \begin{pmatrix} 14\,960 & 8\,970 & 12\,590 \end{pmatrix}^T$，

① 由条件可知 $MX = B$，又

$$M^{-1} = \begin{pmatrix} 0.06 & 0.02 & -0.09 \\ -0.07 & -0.05 & 0.12 \\ 0.01 & 0.03 & -0.02 \end{pmatrix}，$$

所以

$$X = M^{-1}B = \begin{pmatrix} 72.23 \\ 23.78 \\ 72.65 \end{pmatrix}，$$

即每周应生产 72 个方桌，23 把椅子，72 个书柜。

② 因为 $MY = 2B - C = \begin{pmatrix} 25\,540 & 15\,170 & 21\,410 \end{pmatrix}^T$，所以

$$Y = M^{-1}(2B - C) = M^{-1} \begin{pmatrix} 25\,540 & 15\,170 & 21\,410 \end{pmatrix}^T = \begin{pmatrix} 92.81 & 29.09 & 90.94 \end{pmatrix}^T，$$

即本周应生产 92 个方桌，29 把椅子，90 个书柜。

5.3 矩阵的应用

5.3.1 解线性方程组

设有线性方程组

$$\begin{cases} a_{11}x_1 + a_{12}x_2 + \cdots + a_{1n}x_n = b_1 \\ a_{21}x_1 + a_{22}x_2 + \cdots + a_{2n}x_n = b_2 \\ \vdots \qquad \vdots \qquad \vdots \qquad \vdots \\ a_{m1}x_1 + a_{m2}x_2 + \cdots + a_{mn}x_n = b_m \end{cases}，$$

当 $b_i(i = 1, 2, \cdots, m)$ 全为零时，称该方程组为齐次线性方程组，否则称为非齐次线性方程组。该方程组还可写成下面矩阵方程的形式

$$AX = B ,$$

$$其中，A = \begin{pmatrix} a_{11} & a_{12} & \cdots & a_{1n} \\ a_{21} & a_{22} & \cdots & a_{2n} \\ \cdots & \cdots & \cdots & \cdots \\ a_{m1} & a_{m2} & \cdots & a_{mn} \end{pmatrix}, \quad X = \begin{pmatrix} x_1 \\ x_2 \\ \vdots \\ x_n \end{pmatrix}, \quad B = \begin{pmatrix} b_1 \\ b_2 \\ \vdots \\ b_m \end{pmatrix}。$$

这里称矩阵 A 为方程组的**系数矩阵**，称矩阵 $\overline{A} = (A, B)$ 为方程组的**增广矩阵**。即

$$\overline{A} = \begin{pmatrix} a_{11} & a_{12} & \cdots & a_{1n} & b_1 \\ a_{21} & a_{22} & \cdots & a_{2n} & b_2 \\ \cdots & \cdots & \cdots & \cdots & \cdots \\ a_{m1} & a_{m2} & \cdots & a_{mn} & b_m \end{pmatrix}。$$

前边我们已经知道，初等行变换法可以用来求解方程组，它也正是计算机中容易实现的过程。

【例 27】解线性方程组

$$\begin{cases} x_1 + 5x_2 - x_3 - x_4 = -1 \\ x_1 - 2x_2 + x_3 + 3x_4 = 3 \\ 3x_1 + 8x_2 - x_3 + x_4 = 1 \\ x_1 - 9x_2 + 3x_3 + 7x_4 = 7 \\ -2x_1 + 4x_2 - 2x_3 - 6x_4 = -6 \end{cases}。$$

解：对方程组的增广矩阵作初等行变换，

$$\overline{A} = \begin{pmatrix} 1 & 5 & -1 & -1 & -1 \\ 1 & -2 & 1 & 3 & 3 \\ 3 & 8 & -1 & 1 & 1 \\ 1 & -9 & 3 & 7 & 7 \\ -2 & 4 & -2 & -6 & -6 \end{pmatrix} \xrightarrow[\substack{-1\times(1)+(2) \\ -3\times(1)+(3) \\ -1\times(1)+(4) \\ 2\times(1)+(5)}]{} \begin{pmatrix} 1 & 5 & -1 & -1 & -1 \\ 0 & -7 & 2 & 4 & 4 \\ 0 & -7 & 2 & 4 & 4 \\ 0 & -14 & 4 & 8 & 8 \\ 0 & 14 & -4 & -8 & -8 \end{pmatrix}$$

$$\xrightarrow[\substack{-1\times(2)+(3) \\ -2\times(2)+(4) \\ 2\times(2)+(5)}]{} \begin{pmatrix} 1 & 5 & -1 & -1 & -1 \\ 0 & -7 & 2 & 4 & 4 \\ 0 & 0 & 0 & 0 & 0 \\ 0 & 0 & 0 & 0 & 0 \\ 0 & 0 & 0 & 0 & 0 \end{pmatrix} \xrightarrow[-\frac{1}{7}\times(2)]{} \begin{pmatrix} 1 & 5 & -1 & -1 & -1 \\ 0 & 1 & -\dfrac{2}{7} & -\dfrac{4}{7} & -\dfrac{4}{7} \\ 0 & 0 & 0 & 0 & 0 \\ 0 & 0 & 0 & 0 & 0 \\ 0 & 0 & 0 & 0 & 0 \end{pmatrix}$$

$$\xrightarrow[-5\times(2)+(1)]{} \begin{pmatrix} 1 & 0 & \dfrac{3}{7} & \dfrac{13}{7} & \dfrac{13}{7} \\ 0 & 1 & -\dfrac{2}{7} & -\dfrac{4}{7} & -\dfrac{4}{7} \\ 0 & 0 & 0 & 0 & 0 \\ 0 & 0 & 0 & 0 & 0 \\ 0 & 0 & 0 & 0 & 0 \end{pmatrix},$$

所以对应的同解方程组为

$$\begin{cases} x_1 = -\dfrac{3}{7}x_3 - \dfrac{13}{7}x_4 + \dfrac{13}{7} \\ x_2 = \dfrac{2}{7}x_3 + \dfrac{4}{7}x_4 - \dfrac{4}{7} \end{cases},$$

令 $x_3 = c_1$，$x_4 = c_2$，则方程组的全部解为

$$\begin{cases} x_1 = -\dfrac{3}{7}c_1 - \dfrac{13}{7}c_2 + \dfrac{13}{7} \\ x_2 = \dfrac{2}{7}c_1 + \dfrac{4}{7}c_2 - \dfrac{4}{7} \quad （\text{其中，} c_1, c_2 \text{为任意常数}）。 \\ x_3 = c_1 \\ x_4 = c_2 \end{cases}$$

【例 28】解方程组 $\begin{cases} x_1 + x_2 + 2x_3 + 3x_4 = 1 \\ x_2 + x_3 - 4x_4 = 1 \\ x_1 + 2x_2 + 3x_3 - x_4 = 4 \end{cases}$。

解：因为

$$\overline{A} = \begin{pmatrix} 1 & 1 & 2 & 3 & 1 \\ 0 & 1 & 1 & -4 & 1 \\ 1 & 2 & 3 & -1 & 4 \end{pmatrix} \xrightarrow{-1\times(1)+(3)} \begin{pmatrix} 1 & 1 & 2 & 3 & 1 \\ 0 & 1 & 1 & -4 & 1 \\ 0 & 1 & 1 & -4 & 3 \end{pmatrix} \xrightarrow{-1\times(2)+(3)} \begin{pmatrix} 1 & 1 & 2 & 3 & 1 \\ 0 & 1 & 1 & -4 & 1 \\ 0 & 0 & 0 & 0 & 2 \end{pmatrix},$$

对应的同解方程组为

$$\begin{cases} x_1 + x_2 + 2x_3 + 3x_4 = 1 \\ x_2 + x_3 - 4x_4 = 1, \\ \qquad\qquad\qquad 0 = 2 \end{cases}$$

显然最后一个方程出现了矛盾，所以原方程组无解。

注意到 $r(\overline{A})$ 与 $r(A)$ 的变化，总结方程组的求解过程，可得如下结论：

结论：非齐次线性方程组有解的充分必要条件是 $r(\overline{A}) = r(A)$。

当 $r(\overline{A}) = r(A) = n$ 时，方程组有唯一解；

当 $r(\overline{A}) = r(A) < n$ 时，方程组有无穷多解。

这里 n 为非齐次线性方程组中未知量的个数。

由这一结论容易得知，齐次线性方程组有非零解的充分必要条件是 $r(A) < n$。

【例 29】a 取何值时，线性方程组 $\begin{cases} x_1 + x_2 + x_3 = a \\ ax_1 + x_2 + x_3 = 1 \\ x_1 + x_2 + ax_3 = 1 \end{cases}$ 有解，并求其解。

解：对方程组的增广矩阵进行初等行变换，

$$\overline{A} = \begin{pmatrix} 1 & 1 & 1 & a \\ a & 1 & 1 & 1 \\ 1 & 1 & a & 1 \end{pmatrix} \xrightarrow[-1\times(1)+(3)]{-a\times(1)+(2)} \begin{pmatrix} 1 & 1 & 1 & a \\ 0 & 1-a & 1-a & 1-a^2 \\ 0 & 0 & a-1 & 1-a \end{pmatrix},$$

当 $a \neq 1$ 时，$r(A) = r(\overline{A}) = 3$，方程组有唯一解。且解为

$$\begin{cases} x_1 = -1 \\ x_2 = a+2 \\ x_3 = -1 \end{cases},$$

当 $a=1$ 时，$r(A) = r(\overline{A}) = 1 < 3$，方程组有无穷多解。

令 $x_2 = c_1$，$x_3 = c_2$。故全部解为

$$\begin{cases} x_1 = 1-c_1-c_2 \\ x_2 = c_1 \\ x_3 = c_2 \end{cases} \quad (\text{其中，} c_1, c_2 \text{ 为任意常数})。$$

【例 30】解齐次线性方程组 $\begin{cases} x_1 - x_2 + 5x_3 - x_4 = 0 \\ x_1 + x_2 - 2x_3 + 3x_4 = 0 \\ 3x_1 - x_2 + 8x_3 + x_4 = 0 \end{cases}$。

解：因为

$$A = \begin{pmatrix} 1 & -1 & 5 & -1 \\ 1 & 1 & -2 & 3 \\ 3 & -1 & 8 & 1 \end{pmatrix} \xrightarrow[-3\times(1)+(3)]{-1\times(1)+(2)} \begin{pmatrix} 1 & -1 & 5 & -1 \\ 0 & 2 & -7 & 4 \\ 0 & 2 & -7 & 4 \end{pmatrix} \xrightarrow{-1\times(2)+(3)} \begin{pmatrix} 1 & -1 & 5 & -1 \\ 0 & 2 & -7 & 4 \\ 0 & 0 & 0 & 0 \end{pmatrix},$$

显然，$r(A) = 2 < 4$，所以方程组有无穷多解。

又 $A \xrightarrow{\frac{1}{2}(2)} \begin{pmatrix} 1 & -1 & 5 & -1 \\ 0 & 1 & -\dfrac{7}{2} & 2 \\ 0 & 0 & 0 & 0 \end{pmatrix} \xrightarrow{(2)+(1)} \begin{pmatrix} 1 & 0 & \dfrac{3}{2} & 1 \\ 0 & 1 & -\dfrac{7}{2} & 2 \\ 0 & 0 & 0 & 0 \end{pmatrix},$

对应的同解方程组为

$$\begin{cases} x_1 + \dfrac{3}{2}x_3 + x_4 = 0 \\ x_2 - \dfrac{7}{2}x_3 + 2x_4 = 0 \end{cases},$$

令 $x_3 = c_1$，$x_4 = c_2$，所以齐次方程组的全部解为

$$\begin{cases} x_1 = -\dfrac{3}{2}c_1 - c_2 \\ x_2 = \dfrac{7}{2}c_1 - 2c_2 \\ x_3 = c_1 \\ x_4 = c_2 \end{cases} \quad (\text{其中，} c_1, c_2 \text{ 为任意常数})。$$

5.3.2 工资问题

【例 31】现有一个木工、一个电工和一个油漆工，三个人相互同意彼此装修他们自己的房子。在装修之前，他们达成了如下协议：（1）每人总共工作 10 天（包括给自己家干活在内）；（2）每人的日工资根据一般的市价在 60~80 元；（3）每人的日工资数应使得每人的总收入与总支出相等。表 5-5 所示是他们协商后制定出的工作天数的分配方案，如何计算出他

们每人应得的工资?

工种\天数	木工	电工	油漆工
在木工家的工作天数	2	1	6
在电工家的工作天数	4	5	1
在油漆工家的工作天数	4	4	3

解：以 x_1 表示木工的日工资，以 x_2 表示电工的日工资，以 x_3 表示油漆工的日工资。木工的 10 个工作日总收入为 $10x_1$，木工、电工、油漆工三人在木工家工作的天数分别为：2 天，1 天，6 天，则木工的总支出为 $2x_1+x_2+6x_3$。由于木工总支出与总收入要相等，于是木工的收支平衡关系可描述为

$$2x_1+x_2+6x_3=10x_1;$$

同理，可以分别建立描述电工，油漆工各自的收支平衡关系的两个等式

$$4x_1+5x_2+x_3=10x_2;$$
$$4x_1+4x_2+3x_3=10x_3。$$

联立三个方程得方程组：

$$\begin{cases} 2x_1+x_2+6x_3=10x_1 \\ 4x_1+5x_2+x_3=10x_2 \\ 4x_1+4x_2+3x_3=10x_3 \end{cases},$$

整理得三个人的日工资数应满足的齐次线性方程组为：

$$\begin{cases} -8x_1+x_2+6x_3=0 \\ 4x_1-5x_2+x_3=0 \\ 4x_1+4x_2-7x_3=0 \end{cases}$$

利用初等行变换可以求出该线性方程组的通解为

$$X=\begin{pmatrix} x_1 \\ x_2 \\ x_3 \end{pmatrix}=k\begin{pmatrix} \dfrac{31}{36} \\ \dfrac{8}{9} \\ 1 \end{pmatrix},$$

其中，k 为任意实数。最后，由于每个人的日工资在 60~80 元，故选择 $k=72$，以确定木工、电工及油漆工每人每天的日工资为：$x_1=62$，$x_2=64$，$x_3=72$。

5.3.3　交通流量问题

【例32】图 5-3 给出了某城市部分单行街道的交通流量（每小时过车数）。假设
① 全部流入网络的流量等于全部流出网络的流量；
② 全部流入一个节点的流量等于全部流出此节点的流量。
试建立数学模型确定该交通网络未知部分的具体流量。

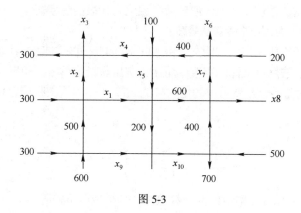

图 5-3

解：由网络流量假设，所给问题满足如下线性方程组

$$\begin{cases} x_2 - x_3 + x_4 = 300 \\ \quad\quad x_4 + x_5 = 500 \\ x_7 - x_6 = 200 \\ x_1 + x_2 = 800 \\ x_1 + x_5 = 800 \\ x_7 + x_8 = 1\,000 \\ x_9 = 400 \\ x_{10} - x_9 = 200 \\ x_{10} = 600 \\ x_8 + x_3 + x_6 = 1\,000 \end{cases}$$

可求得该方程组的通解为

$$X = k_1\eta_1 + k_2\eta_2 + x^*$$

其中，k_1，k_2 为常数，且

$$\eta_1 = (-1,1,0,-1,1,0,0,0,0,0)^T ,$$
$$\eta_2 = (0,0,0,0,0,-1,-1,1,0,0)^T ,$$
$$x^* = (800,0,200,500,0,800,1000,0,400,600)^T ,$$

X 的每一个分量即为交通网络未知部分的具体流量，它有无穷多解。

5.3.4　密码编制问题

【例 33】矩阵密码法是信息编码与解码的技巧，其中有一种就是利用可逆矩阵的方法。先在 26 个英文字母与数字之间建立起一一对应，例如，

$$\begin{array}{ccccc} A & B & C & \cdots & Y & Z \\ \downarrow & \downarrow & \downarrow & & \downarrow & \downarrow \\ 1 & 2 & 3 & \cdots & 25 & 26 \end{array}$$

若要发出信息"SEND MONEY"，使用上述代码，则此信息的编码是 19，5，14，4，13，15，14，5，25，如其中 5 表示字母 E。不幸的是，这种编码很容易被别人破译。在一个较长的信息编码中，人们会根据那个出现频率最高的数值而猜出它代表的是哪个字母，比如，上

述编码中出现最多次的数值是 5，人们自然会想到它代表的是字母 E，因为统计规律告诉我们，字母 E 是英文单词中出现频率是最高的。

我们可以利用矩阵乘法来对"明文"SEND MONEY 进行加密，让其变成"密文"后再进行传送，以增加非法用户破译的难度，而让合法用户轻松解密。如果一个矩阵 A 和其逆矩阵 A^{-1} 中的元素均为整数，则就可以利用这样的矩阵 A 来对明文加密，使加密以后的密文很难破译。例如，取

$$A = \begin{pmatrix} 1 & 2 & 1 \\ 2 & 5 & 3 \\ 2 & 3 & 2 \end{pmatrix},$$

明文"SEND MONEY"对应的 9 个数值按 3 列排成以下矩阵

$$B = \begin{pmatrix} 19 & 4 & 14 \\ 5 & 13 & 5 \\ 14 & 15 & 25 \end{pmatrix},$$

矩阵乘积

$$AB = \begin{pmatrix} 1 & 2 & 1 \\ 2 & 5 & 3 \\ 2 & 3 & 2 \end{pmatrix} \begin{pmatrix} 19 & 4 & 14 \\ 5 & 13 & 5 \\ 14 & 15 & 25 \end{pmatrix} = \begin{pmatrix} 43 & 45 & 49 \\ 105 & 118 & 128 \\ 81 & 77 & 93 \end{pmatrix},$$

对应着将发出去的密文编码为

43，105，81，45，118，77，49，128，93。

合法用户用 A^{-1} 去左乘上述矩阵即可解密得到明文。

$$A^{-1} \begin{pmatrix} 43 & 45 & 49 \\ 105 & 118 & 128 \\ 81 & 77 & 93 \end{pmatrix} = \begin{pmatrix} 1 & -1 & 1 \\ 2 & 0 & -1 \\ -4 & 1 & 1 \end{pmatrix} \begin{pmatrix} 43 & 45 & 49 \\ 105 & 118 & 128 \\ 81 & 77 & 93 \end{pmatrix} = \begin{pmatrix} 19 & 4 & 14 \\ 5 & 13 & 5 \\ 14 & 15 & 25 \end{pmatrix}。$$

试试看：用 Mathematica 数学软件计算矩阵问题

用 Mathematica 计算积分的基本语句见表 5-6。

表 5-6

命 令 格 式	功 能 说 明
Transpose[a]	将矩阵进行转置，结果为一二层数表
RowReduce[a]	给出用初等行变换将矩阵化成的最简阶梯形矩阵；求矩阵的秩
Solve[方程, x]	求解以 x 为自变量的代数方程，也可用于求解方程组
NSolve[方程, x]	求以 x 为自变量的代数方程解的近似值，也可用于求解方程组
Reduce[方程, x]	求解以 x 为自变量的代数方程，也可用于求解方程组

注意：Solve、NSolve 和 Reduce 命令对解代数方程是很有用的，对于解超越方程确是无能为力的。Solve 命令能求线性方程组的精确解及通解；NSolve 命令求出的是线性方程组的近似解，而不能求出通解；Reduce 命令可求解含有参变量的线性方程组。

【例 34】计算下列各题。

（1）计算 $\begin{pmatrix} 1 & -3 \\ 2 & 0 \end{pmatrix} - 2\begin{pmatrix} -2 & 5 \\ 0 & 1 \end{pmatrix}$；　　（2）$\begin{pmatrix} 0 & -3 \\ 4 & 8 \\ 2 & -2 \end{pmatrix}^T \begin{pmatrix} 1 & 0 \\ 0 & 1 \\ 1 & 0 \end{pmatrix}$。

解：（1）{{1, −3}, {2, 0}}−2{{−2, 5}, {0, 1}}

结果：{{5, −13}, {2, −2}}。

（2）a={{0, −3}, {4, 8}, {2, −2}}；b={{1, 0}, {0, 1}, {1, 0}}；

Transpose[a].b

结果：{{2, 4}, {−5, 8}}。

【例 35】求矩阵 $A = \begin{pmatrix} 1 & 2 & -1 & -2 & 0 \\ 2 & -1 & -1 & 1 & 1 \\ 3 & 1 & -2 & -1 & 1 \end{pmatrix}$ 的秩。

解：A={{1, 2, −1, −2, 0}, {2, −1, −1, 1, 1}, {3, 1, −2, −1, 1}}；

RowReduce[A]

执行后所得最简阶梯形矩阵非零行的个数为 2，所以 $R(A)=2$。

【例 36】求解线性方程组 $\begin{cases} x_1 + 2x_2 + x_4 = 1 \\ 2x_1 + x_3 + 2x_4 = 2 \\ 2x_2 - x_3 + 2x_4 = 2 \\ x_1 - 2x_2 + x_3 + x_4 = 1 \end{cases}$ 。

解：Solve[{x_1+2x_2+x_4==1，2x_1+x_3+2x_4==2，2x_2-x_3+2x_4==2，x_1-2x_2+x_3+x_4==1}，{x_1, x_2, x_3, x_4}]

结果：{{x_1 -> 3 - 3 x_4，　x_2 -> -1 + x_4，　x_3 -> -4 + 4 x_4}}。

【例 37】讨论 t 取何值时，方程组 $\begin{cases} x_1 + 2x_2 - x_3 - 2x_4 = 0 \\ 2x_1 - x_2 - x_3 + x_4 = 1 \\ 3x_1 + x_2 - 2x_3 - x_4 = t \end{cases}$ 无解？有解？有解时求其解。

解：Reduce[{x_1+2x_2-x_3-2x_4==0，2x_1-x_2-x_3+x_4==1，3x_1+x_2-2x_3-x_4==t}，{x_1, x_2, x_3, x_4}]

结果：当 $t \neq 1$ 时，方程组无解。当 $t = 1$ 时 方程组有解，且

$\begin{cases} x_1 = 3x_2 - 3x_4 + 1 \\ x_3 = 5x_2 - 5x_4 + 1 \end{cases}$，令 $x_2 = c_1$，$x_4 = c_2$，

这时通解为 $X = \begin{pmatrix} 3 \\ 1 \\ 5 \\ 0 \end{pmatrix} c_1 + \begin{pmatrix} -3 \\ 0 \\ -5 \\ 1 \end{pmatrix} c_2 + \begin{pmatrix} 1 \\ 0 \\ 1 \\ 0 \end{pmatrix}$。

练一练

1. 计算。

（1）$\begin{pmatrix} 1 & 2 & 3 & 4 \\ 0 & 2 & -1 & 1 \\ 1 & -1 & 2 & 5 \end{pmatrix} + \frac{1}{2}\begin{pmatrix} 2 & 1 & 4 & 10 \\ 0 & -1 & 2 & 0 \\ 0 & 2 & 3 & -2 \end{pmatrix}$；（2）$\begin{pmatrix} 2 & 1 & -2 \\ 1 & 0 & 4 \\ -3 & 1 & 0 \\ 0 & 1 & 1 \end{pmatrix} \begin{pmatrix} 3 & 1 & 0 \\ 0 & 0 & 1 \\ -1 & 2 & 0 \end{pmatrix}^T$。

2. 求下列矩阵的秩。

（1）$A = \begin{pmatrix} 3 & 1 & 0 \\ 0 & -1 & 1 \\ 2 & 3 & 2 \end{pmatrix}$；

（2）$B = \begin{pmatrix} 1 & 5 & -1 & -1 & -1 \\ 1 & -2 & 1 & 3 & 3 \\ 3 & 8 & -1 & 1 & 2 \\ 1 & -9 & 3 & 7 & 7 \end{pmatrix}$。

3. 解线性方程组 $\begin{cases} x_1 + 2x_2 + x_4 = 1 \\ 2x_1 + x_3 + 2x_4 = 2 \\ 2x_2 - x_3 + 2x_4 = 2 \\ x_1 - 2x_2 + x_3 + x_4 = 1 \end{cases}$。

4. 给定带有参数的线性方程组 $\begin{cases} \lambda x_1 + x_2 + x_3 = 1 \\ x_1 + \lambda x_2 + x_3 = \lambda \\ x_1 + x_2 + \lambda x_3 = \lambda^2 \end{cases}$，试问 λ 为何值时，方程组无解？有

解？有解时求其解。

习题 5

1. 设 $A = \begin{pmatrix} 2 & 2 \\ x & -4 \end{pmatrix}$，$B = \begin{pmatrix} x+y & 1 \\ -1 & z \end{pmatrix}$，若 $A = 2B$，求：A，B。

2. 计算下列各题。

（1）$\begin{pmatrix} 1 & 2 & 3 & 4 \\ 0 & 2 & -1 & 1 \\ 1 & -1 & 2 & 5 \end{pmatrix} + \frac{1}{2} \begin{pmatrix} 2 & 1 & 4 & 10 \\ 0 & -1 & 2 & 0 \\ 0 & 2 & 3 & -2 \end{pmatrix}$；

（2）$\begin{pmatrix} 1 & 3 \\ -2 & 0 \end{pmatrix} + \sqrt{2} \begin{pmatrix} 0 & 0 \\ 1 & 0 \end{pmatrix}$；

（3）$\begin{pmatrix} 1 & 2 & 0 \\ 1 & -1 & 1 \end{pmatrix} \begin{pmatrix} 1 & 3 \\ 0 & 1 \\ 1 & -1 \end{pmatrix}$；

（4）$\begin{pmatrix} 2 & 1 & -2 \\ 1 & 0 & 4 \\ -3 & 1 & 0 \\ 0 & 1 & 1 \end{pmatrix} \begin{pmatrix} 3 & 1 & 0 \\ 0 & 0 & 1 \\ -1 & 2 & 0 \end{pmatrix}^T$；

（5）$\begin{pmatrix} 3 & 1 & 2 & -1 \\ 0 & 3 & 1 & 0 \end{pmatrix} \begin{pmatrix} 1 & 0 & 5 \\ 0 & 2 & 0 \\ 1 & 0 & 1 \\ 0 & 3 & 0 \end{pmatrix} \begin{pmatrix} -1 & 0 \\ 1 & 5 \\ 0 & 2 \end{pmatrix}$。

3. 已知 $A = \begin{pmatrix} a \\ b \\ c \end{pmatrix}$，$B = \begin{pmatrix} 0 & 1 & 0 \end{pmatrix}$，求 AB，BA。

4. 设 $A = \begin{pmatrix} 1 & 2 & 1 & 2 \\ 2 & 1 & 2 & 1 \\ 1 & 2 & 3 & 4 \end{pmatrix}$，$B = \begin{pmatrix} 4 & 3 & 2 & 1 \\ -2 & 1 & -2 & 1 \\ 0 & -1 & 0 & -1 \end{pmatrix}$，

（1）若 X 满足 $A + X = 2B$，求 X；

（2）若 Y 满足 $(2A - Y) + 2(B - Y) = 0$，求 Y。

5. 一个空调商店有两个分店，一个在城里，一个在城外。四月份，城里的分店售出了 31 台低档的空调、42 台中档的空调、18 台高档的空调；同样在四月份，城外的分店售出了

22 台低档的、25 台中档的、18 台高档的。

（1）用一个销售矩阵 A 表示这一信息。

（2）假定在五月份，城里店售出了 28 台低档的空调、29 台中档的空调、20 台高档的空调；城外店售出了 20 台低档的空调、18 台中档的空调、9 台高档的空调，用和 A 相同的矩阵类型表示这一信息 M。

（3）求 $A+M$，并说明这一和矩阵能告诉你什么？

（4）若空调商店经理希望来年的空调售量提高 8%，相对于这一要求，来年四月份，城里的分店应售出多少台高档的空调?

（5）若经理估计来年四、五两月的总销量将由 $1.09A+1.15M$ 给出，来年四月份的销量增加多少？五月份呢?

6. 矩阵 S 给出了某两个汽车销售部的三种汽车销量，矩阵 P 给出了 3 种车的销售利润，其中

$$S = \begin{pmatrix} 18 & 15 \\ 24 & 17 \\ 16 & 20 \end{pmatrix} \begin{matrix} 小 \\ 中 \\ 大 \end{matrix}, \qquad P = \begin{matrix} 小 & 中 & 大 \\ (400 & 650 & 900) \end{matrix} 利润,$$

试问 SP 与 PS 哪个有定义？求出有定义的矩阵。

7. 回答下列问题，并说明理由。

（1）如果 $AB=O$，是否有 $A=O$ 或 $B=O$？

（2）如果矩阵 A 与 B_1，B_2 可交换，那么 A 与 B_1B_2 也可交换吗？

（3）设 A，B 为 n 阶方阵，试问 $(A+B)^2 = A^2 + 2AB + B^2$ 是否成立?

8. 设 $P = \begin{pmatrix} 0 \\ 2 \\ 5 \\ -4 \end{pmatrix} (1 \quad 2 \quad 3 \quad 4)$，求 P^{100}。

9. 用初等变换法求矩阵的秩。

（1）$\begin{pmatrix} 1 & 2 & 0 \\ 0 & 1 & 1 \\ -1 & 2 & 3 \end{pmatrix}$；　　（2）$\begin{pmatrix} 1 & -1 & 0 \\ 2 & 2 & 1 \\ 3 & 0 & 0 \\ 4 & 1 & 2 \end{pmatrix}$；　　（3）$\begin{pmatrix} -1 & 2 & 1 & 0 \\ 1 & -2 & -1 & 0 \\ -1 & 0 & 1 & 1 \\ -2 & 0 & 2 & 2 \end{pmatrix}$。

10. 判断下列矩阵是否可逆，若可逆，求其逆矩阵。

（1）$\begin{pmatrix} 2 & 2 & 3 \\ 1 & -1 & 0 \\ -1 & 2 & 1 \end{pmatrix}$；　　　　　　　　（2）$\begin{pmatrix} 2 & 2 & -1 \\ 1 & -2 & 4 \\ 5 & 8 & 2 \end{pmatrix}$；

（3）$\begin{pmatrix} 1 & 2 & 3 & 4 \\ 2 & 3 & 1 & 2 \\ 1 & 1 & 1 & -1 \\ 1 & 0 & -2 & -6 \end{pmatrix}$；　　　　　　（4）$\begin{pmatrix} 1 & 1 & 1 & 1 \\ 1 & 1 & -1 & -1 \\ 1 & -1 & 1 & -1 \\ 1 & -1 & -1 & 1 \end{pmatrix}$。

11. 设方阵 A 满足 $A^2 - A - 2E = O$，证明 A 及 $A+2E$ 都可逆，并求它们的逆矩阵。

12. 设 A，B，C 为同阶方阵，C 可逆，且 $C^{-1}AC=B$，证明：对任意正整数 m，有 $C^{-1}A^mC=B^m$。

13. 已知 $B=\begin{pmatrix} 1 & 0 & 0 \\ 0 & 0 & 0 \\ 0 & 0 & 1 \end{pmatrix}$，$P=\begin{pmatrix} 1 & 0 & 0 \\ 2 & -1 & 0 \\ 2 & 1 & 1 \end{pmatrix}$，若 $AP=PB$，求 A 及 A^9。

14. 试求出下列矩阵中的 X。

（1）$\begin{pmatrix} 2 & 5 \\ 1 & 3 \end{pmatrix}X=\begin{pmatrix} 4 & -6 \\ 2 & 1 \end{pmatrix}$；

（2）$X\begin{pmatrix} 1 & 1 & -1 \\ 2 & 1 & 0 \\ 1 & -1 & 1 \end{pmatrix}=\begin{pmatrix} 1 & 1 & 3 \\ 4 & 3 & 2 \\ 1 & 2 & 5 \end{pmatrix}$。

15. 求解下列线性方程组。

（1）$\begin{cases} 2x_1-x_2+3x_3=3 \\ 3x_1+x_2-5x_3=0 \\ 4x_1-x_2+x_3=3 \\ x_1+3x_2-13x_3=-6 \end{cases}$；

（2）$\begin{cases} x_1+x_2+x_3+x_4+x_5=7 \\ 3x_1+2x_2+x_3+x_4-3x_5=-2 \\ x_2+2x_3+2x_4+6x_5=23 \\ 5x_1+4x_2+3x_3+3x_4-x_5=12 \end{cases}$；

（3）$\begin{cases} x_1-2x_2+x_3+x_4=1 \\ x_1-2x_2+x_3-x_4=-1 \\ x_1-2x_2+x_3-5x_4=5 \end{cases}$。

16. 设线性方程组 $\begin{cases} x_1-2x_2-x_3+4x_4=2 \\ 2x_1-x_2+x_3+2x_4=1 \\ x_1-5x_2-4x_3+10x_4=a \end{cases}$，当 a 为何值时，该线性方程组有解？有解时，求出其全部解。

17. 判别下列齐次线性方程组是否有非零解，若有非零解，求出其非零解。

（1）$\begin{cases} x_1+2x_2+2x_3=0 \\ -5x_2-x_3=0 \\ 3x_1+x_2+5x_3=0 \\ -2x_1+x_2-3x_3=0 \end{cases}$；

（2）$\begin{cases} x_1-2x_2+4x_3-7x_4=0 \\ 2x_1+x_2-2x_3+3x_4=0 \\ 3x_1-x_2+2x_3-4x_4=0 \end{cases}$；

（3）$\begin{cases} 2x_1-x_2+3x_3=0 \\ 3x_1-2x_2-3x_3=0 \end{cases}$。

18. 给定齐次线性方程组 $\begin{cases} kx+y+z=0 \\ x+ky-z=0 \\ 2x-y+z=0 \end{cases}$，$k$ 取什么值时，方程组有非零解？k 取什么值时，仅有零解？

19. 试求经过点（1，-3），（2，5），（3，35），（-1，5）的多项式 $f(x)=a_3x^3+a_2x^2+a_1x+a_0$，并求 $f(x)$ 在 $x=4$ 时的值。

20. 某工厂生产甲、乙、丙三种钢制品，已知甲种产品的钢材利用率为 60%，乙种产品的钢材利用率为 70%，丙种产品钢材利用率为 80%，年进货钢材总吨位为 100 吨，年产品总吨位为 67 吨。此外甲乙两种产品必须配套生产，乙产品成品总重量是甲产品成品总重量的 70%。此外还已知生产甲、乙、丙 3 种产品每吨可获得利润分别是 1 万元，1.5 万元，2 万元。问该工厂本年度可获利润多少万元。

第6章 概率论与数理统计初步

概率论与数理统计是研究现实世界中随机现象规律性的科学，是近代数学的重要组成部分。它在自然科学、生物数学、工程技术和经济管理等方面都有着广泛的应用。

6.1 随机事件与概率

6.1.1 彩票的中奖率——认识概率

彩票是一个既古老又现实的话题。改革开放以后，中国彩票业的发展产生了巨大的效益。它不仅增加了税收、增加了就业、刺激了消费，而且也直接带动了通信、广告、电视、报刊、印刷等相关产业的发展。中国福利彩票自 1987 年面市以来，一直保持稳步发展、逐步上升的趋势。尤其是 1994～2001 年的 8 年间，全国共销售福利彩票约 590 亿元，筹集福利基金约 180 亿元。同时，也有越来越多的人在这种博彩游戏中瞬间致富。仅 2004 年福利彩票之中的双色球彩票销售量就达到 93.1 亿元，有 173 注命中了 500 万元奖金的一等奖。(数据来源于中彩网)

随着彩票业的兴旺，各种媒体上"侃彩"的言论越来越多，越说越玄。多数人视买彩票为随机游戏，重在体验快乐、贡献社会，但也有人把买彩票当做投资，一心指望中大奖。为此，有人相信命中注定，有人潜心钻研选号诀窍，也有人相信媒体的"专家预测"。下列问题不仅是彩票发行机构或中奖规则设计者所要研究的，也是理智的消费者应关注的。

每注彩票中奖的可能性有多大？中奖率和奖金在各个等级上是如何分布的？平均来说每注彩票的奖金是多少？等等。

解答上述问题需要运用一些概率论的基本知识。概率论为解决不确定性问题提供了最有效的理论和方法。

6.1.2 随机试验与随机事件

1. 随机试验

在自然界及人类社会活动中，所发生的现象是各式各样的。若从结果能否准确预言的角度去划分，可以分为两大类：一类现象是可以预言其结果的，例如，在平面上，任意画一个三角形，它的内角和为 180°；在标准大气压下，30℃的水一定不结冰等，这样的现象就称为**确定性现象**。另一类现象则不能预言其结果，例如，下届奥运会上我国运动员获得金牌的枚数；掷一枚质地均匀的硬币，其落地后可能是有国徽的一面（称为正面）朝上，也可能是有数字的一面（称为反面）朝上，掷币前不能准确地预言，呈现出不确定性。这些现象称为**不确定现象**，由于它们在一定条件下，试验或观察出现的结果事先不能确定，所以又称为**随机现象**。

对于随机现象，很难用一个确定的公式来描述其变化特征，但是随机性中蕴涵着规律性，其内在规律一般可在相同条件下通过大量重复试验而获得。

【定义 1】在概率统计中，把对随机现象进行的一次观测称为一次随机试验（简称试验），用 E 表示。它具有如下 3 个特点：

① 可以在相同的条件下重复进行；

② 每次试验的结果具有多种可能性，并且事先能明确试验的所有可能结果；

③ 每次试验之前不能确定该次试验将会出现哪一个结果。

下面举一些随机试验的例子。

E_1：抛一枚硬币，观察正面 H，反面 T 出现的情况；

E_2：掷一颗骰子，观察出现的点数；

E_3：在一批灯泡中任取一只，测试它的寿命。

一次试验结果的不确定性，表明了随机现象偶然性的一面，而在大量重复试验的条件下，显现出来的统计规律性，表现出了它的必然性的一面，这就是随机现象的二重性——偶然性与统计必然性之间的辩证关系。随机现象的二重性充分说明，随机现象是可以认识的。研究随机现象的目的是为了掌握随机现象的统计规律性。

2．样本空间和随机事件

【定义 2】随机试验中，每一个可能的结果称为样本点，样本点的全体，称为样本空间，记为 Ω。

例如，随机试验 E_1 的样本空间 $\Omega = \{1, 2, 3, 4, 5, 6\}$；随机试验 E_2 的样本空间 $\Omega = \{H, T\}$；随机试验 E_3 的样本空间 $\Omega = \{t \mid t \geq 0\}$。

【定义 3】称随机试验 E 的样本空间 Ω 的子集为试验 E 的随机事件，简称事件。随机事件常用 A、B、C 等大写字母表示。

【定义 4】在一次试验中，当且仅当这一子集中的一个样本点出现时称这一事件发生。出现的样本点用 x 表示，事件用 A 表示，简单说就是：若 $x \in A$，则说 A 发生；若 $x \notin A$，则说 A 不发生。

【例 1】掷一颗骰子，观察朝上的一面的点数，可能有事件：$A_1 = \{$出现的点数为 1$\}$，$A_2 = \{$出现的点数为 2$\}$，…，$A_6 = \{$出现的点数为 6$\}$；还可能有事件：$B = \{$出现的点数为奇数$\}$，$C = \{$出现的点数为小于 3$\}$ 等。

在例 1 中，若朝上的面点数为 1，则说事件 A_1 发生，当然也有事件 B 发生。

在一定条件下，每次试验一定会发生的事件称为**必然事件**；一定不发生的事件称为不可能事件。

必然事件与不可能事件属于确定性现象，为了方便讨论，把这两个事件看做随机事件的极端情形。容易知道，必然事件中包含所有的样本点，而不可能事件中没有样本点，所以从集合论的观点看，必然事件就是全集，也就是样本空间 Ω，不可能事件就是空集 φ，随机事件就是 Ω 的子集。只有一个样本点的子集称为基本事件。

6.1.3　随机事件的概率

1．古典概率

概率论发源于人们对抛硬币、抽签、掷骰子等随机游戏和赌博问题的研究。在这类随机试验中，理解和算出基本事件的概率是比较简单而直观的。它们具有以下两个特点：

（1）试验中基本事件数是有限的，可以设为 n 个；

（2）每一基本事件（样本点）发生的可能性相同。

具有上述两个特点的随机试验称为**等可能概型**或**古典概型**。

【定义 5】在古典概型中，如果样本空间中的基本事件总数为 n，事件 A 中包含的基本事件个数为 k，则事件 A 发生的概率为

$$P(A) = \frac{k}{n} = \frac{A中所包含的基本事件个数}{样本空间中的基本事件总数},$$

这种概率称为**古典概率**。易知，基本事件所发生的概率为 $\frac{1}{n}$。

【例 2】盒中有 3 个红球，2 个白球，从中任取两个，记事件 A 表示"所取的全是白球"。显然 A 中的基本事件数 $k = 1$，样本空间 Ω 中的基本事件总数 $n = C_5^2 = 10$。由古典概率公式可知

$$P(A) = \frac{k}{n} = \frac{1}{10}。$$

在古典概型中，只要通过逻辑分析，就可以求得事件的概率，不必进行真实的随机试验。但在许多情况下，古典概型的两个假设条件并不能完全满足，甚至人们对事件出现的可能性一无所知。例如，一个射击选手命中 0 环（脱靶），1 环，2 环…10 环的可能性是不相等的，如何得知他在 30 次中全部命中 10 环的概率？推出某种新药来治疗肺炎，治愈的概率有多大？这些概率就需要其他方法来估计。

2. 统计概率

在现实生活中，很多事件发生的可能性大小是不能通过一两次试验来判断的，比如，射击手们的命中率，只有当射击次数相当多时，才能反映出选手们的水平。就是说次数不多的试验不足以反映随机事件发生的规律性。只有当试验次数充分多时，事件发生的频率才具有稳定性。频率的稳定性为概率提供了另一种解释，这就是概率的统计定义。它可表述为：

【定义 6】在相同的条件下重复进行的 n 次实验中，事件 A 发生了 m 次，当试验次数 n 很大时，事件 A 出现的频率 $\frac{m}{n}$ 稳定地在某个常数 P 附近波动，而且这种波动的幅度一般会随着试验次数的增加而缩小，则称常数 P 为事件 A 发生的**统计概率**，记为

$$P(A) = p \approx \frac{m}{n}。$$

【例 3】某地区近几年来新生儿性别的统计资料见表 6-1，由此判断该地区新生儿为男婴的概率是多少？

表 6-1　　　　　　　　　　　　某地区新生儿性别的统计资料

观察年份	新生儿数/个	男婴数/个	男婴比例/%
2003	1 624	827	0.509
2004	1 205	622	0.516
2005	1 512	774	0.512
2006	1 407	715	0.508

解：数据表表明，当试验次数（观察的新生儿个数）充分多时，男婴出现的频率稳定在 0.511 附近，因此可估计该地区新生儿为男婴的概率就是 0.511。

概率的统计定义不仅对概率做了直观的描述，而且还告诉我们：当观察次数 n 很大时，频率与概率会非常接近，因此事件发生的频率可作为其概率的近似值。这种确定概率的方法

就是统计方法或称频率方法。例如，卖出商品 5000 件，返修 40 件，则可近似地认为，该商品返修的概率为 0.8%。卖出一件商品，就可以看做一次试验。卖出的商品越多，这个比例就越接近于真实的返修率。

6.1.4 概率的运算法则

1. 概率的基本性质

概率必须具备下列三条最基本的性质：

（1）对于任一事件 A，有 $0 \leqslant P(A) \leqslant 1$；

（2）$P(\Omega) = 1$，$P(\Phi) = 0$；

（3）若 A，B 两个事件不可能同时发生（称为互不相容事件或互斥事件，记作 $AB = \Phi$），则它们至少有一个发生（记为 $A \cup B$）的概率等于它们各自发生的概率之和，即

$$P(A \cup B) = P(A) + P(B)。$$

由这三条性质可以推出概率的其他重要性质，这些性质同时又是概率的运算法则。它们在计算概率时十分有用。

概率的运算法则中最重要的是加法公式和乘法公式。下面重点介绍这两个运算法则及其应用。

2. 加法公式

设 A，B 为任意两个事件，则事件 A 与 B 至少有一个发生（称为事件的和，记作 $A \cup B$）的概率为

$P(A \cup B) = P(A) + P(B) - P(AB)$（其中，$AB$ 表示事件 A、B 同时发生，称为 A 与 B 的积事件）

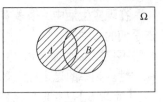

图 6-1

上面公式可用图形面积来验证（如图 6-1 所示），$P(A \cup B)$ 表示 $A \cup B$ 的面积，它从图形上看应等于 A 的面积 $P(A)$ 加上 B 的面积 $P(B)$，再减去重叠部分的面积 $P(AB)$。

下面给出加法公式的两种特殊情况。

（1）若 A，B 为互斥事件，即 $AB = \Phi$，则 $P(A \cup B) = P(A) + P(B)$；这个结论还可以推广到 n 个两两互不相容的事件的情况。

（2）若 A，B 为对立事件（满足 $A \cup B = \Omega$，$AB = \Phi$ 时，则称事件 A 与事件 B 是对立事件，记为 $B = \overline{A}$）的概率为 $P(B) = P(\overline{A}) = 1 - P(A)$。

【例 4】一只箱子中装有 10 件某产品，其中有 3 件次品，7 件正品。今从中任取 3 件，求 3 件中最多有一件次品的概率。

解：样本空间 Ω 中的基本事件总数 $n = C_{10}^3 = 120$。

设 $A = \{$三件中没有次品$\}$，$B = \{$三件中恰有一件次品$\}$，$C = \{$三件中最多有一件次品$\}$，则 $AB = \Phi$，且 $C = A \cup B$，由古典概率公式可知

$$P(C) = P(A \cup B) = P(A) + P(B) = \frac{C_7^3}{C_{10}^3} + \frac{C_7^2 C_3^1}{C_{10}^3} = \frac{35}{120} + \frac{63}{120} = \frac{98}{120} = \frac{49}{60}。$$

3. 乘法公式

计算多个事件同时发生的概率，通常要用到概率的乘法公式。为此，先要了解条件概率。

【例 5】甲、乙两厂生产同类产品，记录见表 6-2。

表6-2

产品数 生产厂	正品数	次品数	合计
甲厂	67	3	70
乙厂	28	2	30
合计	95	5	100

求从中任取一件正品是甲厂产品的概率。

解：设事件 $A=\{$任取一件是甲厂产品$\}$，$B=\{$任取一件是正品$\}$，则事件"任取一件正品是甲厂产品"指在事件 B 发生条件下事件 A 发生，其概率记作 $P(A\,|\,B)$，称为**条件概率**。本问题是古典概型问题，试验是在"从中任取 1 件正品"的条件下进行的，因此基本事件总数是正品数 95，而不是产品总数 100。"取 1 件正品是甲厂产品"包含的事件数应是既为正品又是甲厂产品的个数，由表 6-2 可查得是 67，于是 $P(A\,|\,B)=\dfrac{67}{95}$。

从上例可以得到**条件概率**的计算公式：

$$P(A\,|\,B)=\frac{P(AB)}{P(B)}，$$

或

$$P(B\,|\,A)=\frac{P(AB)}{P(A)}。$$

【例 6】甲、乙两城市都位于长江下游，根据一百余年来气象记录，知道甲、乙两城市一年中雨天占的比例分别为 20% 和 18%，两地同时下雨占的比例为 12%。求若甲市为雨天的条件下，乙市也为雨天的概率。

解：设 A 表示甲市下雨，B 表示乙市下雨，则 AB 表示两城市同时下雨。由题意可知：

$$P(A)=0.2，\quad P(AB)=0.12。$$

"若甲市为雨天的条件下"可以看成甲市在某天已经下雨，即甲市在某天下雨这个事件已经发生，再来考虑"乙市也为雨天的概率"，就是求 $P(B\,|\,A)$。由公式，得到

$$P(B\,|\,A)=\frac{P(AB)}{P(A)}=\frac{0.12}{0.2}=0.6。$$

但是，在很多实际问题中，可以发现，条件概率比较容易得到，而两个事件积 AB 的概率不容易求出来。于是由条件概率的计算公式我们得到概率的乘法公式。

乘法公式：设 A，B 是一随机试验中的两个事件，且 $P(B)>0$，则有

$$P(AB)=P(B)P(A\,|\,B)。$$

若 $P(A)>0$，则有

$$P(AB)=P(A)P(B\,|\,A)。$$

推广：$P(ABC)=P(A)P(B\,|\,A)P(C\,|\,AB)\quad(P(AB)>0)$。

在有些随机试验中，事件 A 发生与否并不影响事件 B 的发生，即 $P(B\,|\,A)=P(B)$，或 $P(A\,|\,B)=P(A)$，则称 A，B **两个事件相互独立**。

如果 A，B 是两个独立事件，概率的乘法公式就简化为

$$P(AB) = P(A)P(B) \text{。}$$

独立事件有下列性质：

（1）若事件 A 与 B 相互独立，则 A 与 $\overline{B}$，$\overline{A}$ 与 B，$\overline{A}$ 与 $\overline{B}$ 也相互独立。

（2）事件 A 与事件 B 相互独立的充要条件为 $P(AB) = P(A)P(B)$；

在实际应用中，一般是根据实际经验来判断 A 和 B 是否独立，一旦独立，再利用上述式子求出 $P(AB)$。

若 A 与 B 相互独立，则 $P(A \bigcup B) = P(A) + P(B) - P(A)P(B)$

【例7】甲、乙两射手同时打靶，甲射中的概率为 0.9，乙射中的概率为 0.8，求

① 二人同时射中的概率；

② 二人均没射中的概率。

解：二人同时射击可以认为是相互独立的，设 $A=\{$甲射中$\}$，$B=\{$乙射中$\}$，则有

① $P\{$二人同时射中$\}=P(A)P(B) = 0.9 \times 0.8 = 0.72$；

② $P\{$二人均没射中$\}=P(\overline{A}\overline{B})=P(\overline{A})P(\overline{B}) = (1-0.9) \times (1-0.8) = 0.1 \times 0.2 = 0.02$。

6.2 随机变量及其分布

6.2.1 随机变量的概念

在很多随机试验中，其试验结果是一些数。例如，从一大批产品中随机抽取 10 件来检验所含的次品数，其值可能为 $0, 1, 2, \cdots, 10$；测试某种电器的使用寿命 t，其值为 $t \in [0, \infty)$。也有很多随机试验的结果却不是数，例如，观察某人射击时是否命中目标，结果有"命中"和"没有命中"。如果我们用"1"表示"命中"，用"0"表示"没有命中"，那么，试验结果就和数字联系起来了。

【定义7】若随机试验的每一个基本事件都赋以一个实数，这样定义的函数称为随机变量，通常用大写的字母 X，Y，Z 等表示，也可用 ξ，η 等表示，而表示随机变量所取的值时，一般用小写的字母 a，b，c，x，y 等表示。

【例8】某公共汽车站每隔 5 分钟就有一辆公共汽车到达，在这个时间间隔内如果一个乘客到站的时间是任意的，那么他等车的时间 X 就是一个随机变量，显然 $\{X > 2\}$，$\{X \leqslant 3\}$ 都是随机事件。

【例9】设有 10 件产品，其中有 7 件正品，3 件次品，如果从这 10 件产品中任取 3 件，那么抽得的"次品数"就是一个随机变量，用 X 表示。而 $\{X = 0\}$ 表示事件"没有抽到次品"；$\{X \leqslant 1\}$ 表示事件"次品数不超过 1 件"，即 $\{X \leqslant 1\} = \{X = 0\} \bigcup \{X = 1\}$。

对于随机变量，通常分两类进行讨论。一是离散型随机变量，即随机变量的所有可能取值可以逐个列举出来，例如，出现次品的件数、到超市购物的人数等；二是非离散型随机变量，即随机变量 X 所有可能的取值不能一一列举。非离散型的随机变量范围很广，而其中最重要的就是所谓的连续型随机变量，它可以取某个区间上的所有实数，例如，乘客等车的时间、产品的使用寿命等。

引入随机变量后，对随机现象统计规律性的研究就由对事件与事件概率的研究转化为对随机变量及其规律性的研究。

6.2.2　离散型随机变量的概率分布

【定义 8】 若离散型随机变量 X 的全部可能取值为 x_1, x_2, $\cdots$, x_i, $\cdots$, 且 X 取 x_i 的概率为 p_i $(i=1,\ 2,\ 3,\ \cdots)$, 则称 $P\{X=x_i\}=p_i$ $(i=1,\ 2,\ 3,\ \cdots)$ 为 X 的**概率分布**或**分布律**。

我们常用 X 的**概率分布表**来表示离散型随机变量 X 的分布律:

$$\begin{array}{c|ccccc} X & x_1 & x_2 & \cdots & x_n & \cdots \\ \hline P & p_1 & p_2 & \cdots & p_n & \cdots \end{array}。$$

由概率的性质, 随机变量 X 的分布律满足下列两个性质:

① $0 \leqslant p_i \leqslant 1$ $(i=1,\ 2,\ 3,\ \cdots)$;　　② $\sum\limits_{i=1}^{\infty} p_i = 1$。

【例 10】 设有 10 件产品, 其中有 7 件正品, 3 件次品, 如果从这 10 件产品中任取 3 件, 若用随机变量 X 表示抽得的 "次品数", 试求 X 的分布律。

解: X 的可能取值为 0, 1, 2, 3, 此时, 由古典概率容易求得

$$P\{X=0\}=\frac{C_7^3 C_3^0}{C_{10}^3}=\frac{35}{120}, \qquad P\{X=1\}=\frac{C_7^2 C_3^1}{C_{10}^3}=\frac{63}{120},$$

$$P\{X=2\}=\frac{C_7^1 C_3^2}{C_{10}^3}=\frac{21}{120}, \qquad P\{X=3\}=\frac{C_7^0 C_3^3}{C_{10}^3}=\frac{1}{120}。$$

所以, X 的分布律为

$$\begin{array}{c|cccc} X & 0 & 1 & 2 & 3 \\ \hline P & \dfrac{35}{120} & \dfrac{63}{120} & \dfrac{21}{120} & \dfrac{1}{120} \end{array}。$$

下面介绍一个常见的离散型随机变量的分布——二项分布。

一次试验只有两种可能结果的随机试验是最简单、最常见的。例如, 在射击试验中是否中靶、企业年盈利是否在 100 万元以上等, 这类试验称之为伯努利（Bernoulli）试验。在相同的条件下将伯努利试验重复进行 n 次, 若每次试验的结果互不影响, 且每次试验 A 发生的概率都为 p, 即 $P(A)=p$ $(0<p<1)$, 则称该试验为 n **重伯努利试验**, 这时讨论的问题称为**伯努利概型**。对于伯努利概型, 我们主要讨论 n 次试验中事件 A 出现 $k(0 \leqslant k \leqslant n)$ 次的概率。

【例 11】 从一批由 15 件正品、5 件次品组成的产品中, 有放回地抽取 5 次, 每次抽取 1 件, 求其中恰有 k ($k=0$, 1, 2, 3, 4, 5) 件次品的概率。

解: 将每一次抽取当做一次试验, 有放回地抽取 5 次, 相当于做 5 重伯努利试验。设 $A=\{$取到次品$\}$, 则 $\overline{A}=\{$取到正品$\}$。记 X 表示 "5 次试验中取到次品的件数", 则由古典概率可知

$$P\{X=k\}=\frac{C_5^k \cdot 5^k \cdot 15^{5-k}}{20^5}=C_5^2\left(\frac{5}{20}\right)^k\left(\frac{15}{20}\right)^{5-k}=C_5^2\left(\frac{1}{4}\right)^k\left(\frac{3}{4}\right)^{5-k}, \quad k=0,\ 1,\ 2,\ 3,\ 4,\ 5。$$

【定义 9】 若随机变量 X 的分布律为

$$P\{X=k\}=C_n^k p^k (1-p)^{n-k} \qquad (k=0,\ 1,\ 2,\ \cdots,\ n),$$

其中 $0<p<1$, 则称 X 服从参数为 n, p 的**二项分布**, 记作 $X \sim B(n,\ p)$。【例 11】中 $X \sim B(5,\ \dfrac{1}{4})$。

又如, 某人射击的命中率为 0.8, 现在他独立地对同一目标射击 10 次, 记他击中的次数

为 X ，则 $X \sim B(10, 0.8)$ ，分布律为 $P\{X=k\}=C_{10}^k \times 0.8^k \times 0.2^{10-k}$ （ $k=0$ ，1，2，$\cdots$，10 ），10 次全部击中目标的概率为 $P\{X=10\}=0.8^{10}$ ；

将一枚均匀的硬币抛 100 次，记正面朝上的次数记为 X ，则 $X \sim B(100, 0.5)$ ，至少有一面朝上的概率为 $P\{X \geqslant 1\}=1-P\{X=0\}=1-0.5^{100}$ 。

易验证，二项分布也满足分布律的两个性质：

① $P\{X=k\}=C_n^k p^k (1-p)^{n-k}>0$ ；　　② $\sum_{k=0}^n C_n^k p^k (1-p)^{n-k}=[p+(1-p)]^n=1$ 。

6.2.3　连续型随机变量及其概率密度

前面首先讨论了随机变量中的一类——离散型随机变量及其分布律，下面我们再重点讨论另一类重要的随机变量——连续型随机变量。

【定义 10】设 X 是随机变量，若存在定义在整个实数轴上的函数 $f(x)$ 满足 3 个条件：

① $f(x) \geqslant 0$ ；

② $\int_{-\infty}^{+\infty} f(x)\mathrm{d}x=1$ ；

③ 对于任意两个实数 a ，$b(a \leqslant b)$ ，a 可以视为 $-\infty$ ，b 可以视为 $+\infty$ ，有

$$P\{a \leqslant X \leqslant b\}=\int_a^b f(x)\mathrm{d}x ,$$

则称 X 为连续型随机变量，并称 $f(x)$ 为 X 的概率密度函数，简称概率密度。

按定义，X 在实轴的任一区间上取值的概率都能通过 $f(x)$ 在该区间上的积分得到，从这一意义上来说，$f(x)$ 完整地描述了连续型随机变量 X 。

从几何上来看，概率密度函数曲线的图形位于 x 轴的上方；位于 x 轴上方曲线下方的整个面积等于 1（如图 6-2 所示）；概率 $P\{a \leqslant X \leqslant b\}$ 等于 $[a, b]$ 上曲边梯形的面积（如图 6-3 所示）。

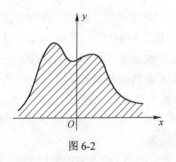

图 6-2

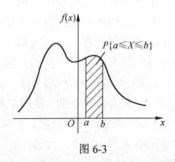

图 6-3

在【定义 10】中的（3）中，令 $b=a$ ，得到 $P\{x=a\}=\int_a^a f(x)\mathrm{d}x=0$ ，即连续型随机变量 X 在任意常数 a 处的概率为 0，于是对于连续型随机变量及任意实数 $a, b(a<b)$ ，有

$$P\{a < X < b\}=P\{a \leqslant X < b\}=P\{a < X \leqslant b\}=P\{a \leqslant X \leqslant b\}=\int_a^b f(x)\mathrm{d}x ,$$

从而可以得出结论：计算连续型随机变量 X 落在某一区间的概率时，可以不必区分该区间是开区间，还是闭区间，还是半开半闭区间。

【例 12】设连续型随机变量 X 的概率密度为

$$f(x)=\begin{cases} Ax, & 0 \leqslant x \leqslant 1 \\ 0, & \text{其他} \end{cases}$$

求 ① 系数 A；② 求 $P\left\{-1 < X \leqslant \dfrac{3}{4}\right\}$；③ 求 $P\left\{X > \dfrac{1}{2}\right\}$。

解：① 根据连续型随机变量概率密度的性质，有

$$1 = \int_{-\infty}^{+\infty} f(x)\mathrm{d}x = \int_{0}^{1} Ax\mathrm{d}x = \int_{0}^{1} Ax\mathrm{d}x = \frac{A}{2};$$

解得 $\quad A = 2$；

② $P\left\{-1 < X \leqslant \dfrac{3}{4}\right\} = \int_{-1}^{0} 0\mathrm{d}x + \int_{0}^{\frac{3}{4}} 2x\mathrm{d}x = x^2 \Big|_{0}^{\frac{3}{4}} = \dfrac{9}{16}$；

③ $P\left\{X > \dfrac{1}{2}\right\} = \int_{\frac{1}{2}}^{+\infty} f(x)\mathrm{d}x = \int_{\frac{1}{2}}^{1} 2x\mathrm{d}x = x^2 \Big|_{\frac{1}{2}}^{1} = \dfrac{3}{4}$。

下面介绍几种常见的连续型随机变量的分布。

1．均匀分布

【定义 11】若随机变量 X 的概率密度为

$$f(x) = \begin{cases} \dfrac{1}{b-a}, & a < x < b \\ 0, & \text{其他} \end{cases}$$

则称 X 在 (a, b) 上服从均匀分布，记为 $X \sim U(a, b)$。

容易验证，$f(x)$ 满足连续型随机变量密度函数的性质。

若 X 在区间 (a, b) 上服从均匀分布，则对任意满足 $a \leqslant c < d \leqslant b$ 的 c, d，有

$$P\{c < X \leqslant d\} = \int_{c}^{d} f(x)\mathrm{d}x = \int_{c}^{d} \frac{1}{b-a}\mathrm{d}x = \frac{d-c}{b-a}。$$

可见，服从均匀分布的随机变量 X 在 (a, b) 的任一子区间内的概率只与该子区间的长度成正比。

例如，由测量一物体的长度所得到的结果常以四舍五入的原则舍入为毫米的整数倍。记 X 为舍入误差（即被舍入的值与原始值之差），X 可能取值的范围为 $(-0.5, 0.5)$，常可合理地假设 $X \sim U(-0.5, 0.5)$。这时 X 的概率密度为

$$f(x) = \begin{cases} 1, & -0.5 < x < 0.5 \\ 0, & \text{其他} \end{cases}。$$

2．正态分布

【定义 12】若随机变量 X 的概率密度为

$$f(x) = \frac{1}{\sqrt{2\pi}\sigma} \mathrm{e}^{-\frac{(x-\mu)^2}{2\sigma^2}} \qquad (-\infty < x < +\infty),$$

其中 μ, σ 为常数，且 $\sigma > 0$，则称 X 服从参数为 μ, σ^2 的正态分布，记作 $X \sim N(\mu, \sigma^2)$。

正态分布概率密度的图像称为正态曲线（或高斯曲线），如图 6-4、图 6-5 所示。

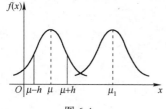

图 6-4

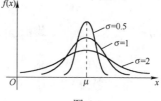

图 6-5

从图中可以看出，正态曲线位于 x 轴的上方，且关于直线 $x = \mu$ 对称；在 $x = \mu$ 处达到最大值 $f(\mu) = \dfrac{1}{\sqrt{2\pi}\sigma}$；向左右远离时，曲线逐渐降低，整条曲线呈现"中间高，两边低，左右对称"的钟形曲线。

参数 μ 的大小决定曲线的位置，参数 σ 的大小决定曲线的形状，σ 越大，曲线越"矮胖"（即分布越分散）；σ 越小，曲线越"高瘦"（即分布越集中）。

但是不论 μ，σ 取什么值，正态曲线与 x 轴之间的面积恒等于 1，即

$$\int_{-\infty}^{+\infty} \frac{1}{\sqrt{2\pi}\sigma} e^{-\frac{(x-\mu)^2}{2\sigma^2}} \, dx = 1 。$$

在实际问题中，很多随机变量都服从正态分布或近似服从正态分布。例如，测量零件的误差、灯泡的寿命、农作物的收获量、人的身高、体重、考试成绩等。一般来说，若影响随机变量取值的随机因素很多，而每一个因素所起的作用又不太大，则该随机变量服从正态分布。

当 $\mu = 0$，$\sigma = 1$ 时，得到 $X \sim N(0, 1)$，这时称 X 服从标准正态分布，它的密度函数为

$$\varphi(x) = \frac{1}{\sqrt{2\pi}} e^{-\frac{x^2}{2}} 。$$

下面先介绍标准正态分布的概率计算。

【例 13】设 $X \sim N(0, 1)$，求 $P\{1 < X < 3\}$。

解：由定义知

$$P\{1 < X < 3\} = \frac{1}{\sqrt{2\pi}} \int_1^3 e^{-\frac{t^2}{2}} dt = \frac{1}{\sqrt{2\pi}} \int_{-\infty}^3 e^{-\frac{t^2}{2}} dt - \frac{1}{\sqrt{2\pi}} \int_{-\infty}^1 e^{-\frac{t^2}{2}} dt ,$$

令 $\varPhi(x) = \dfrac{1}{\sqrt{2\pi}} \displaystyle\int_{-\infty}^x e^{-\frac{t^2}{2}} dt$，并称 $\varPhi(x)$ 为 X 的分布函数[$\varPhi(x)$ 的值已经算好，列在本书附录 2 中，并且可以得到 $\varPhi(x)$ 的性质：$\varPhi(-x) = 1 - \varPhi(x)$，$\varPhi(0) = 0.5$]。于是，

$$P\{1 < X < 3\} = \varPhi(3) - \varPhi(1) = 0.9987 - 0.8413 = 0.1574 。$$

【结论 1】设 $X \sim N(0, 1)$，则

① $P\{X \leqslant a\} = \varPhi(a)$；

② $P\{a \leqslant X < b\} = \varPhi(b) - \varPhi(a)$。

下面讨论一般正态分布的概率计算。

若 $X \sim N(\mu, \sigma^2)$，令 $X^* = \dfrac{X - \mu}{\sigma}$，则 $X^* \sim N(0, 1)$。

称 $X^* = \dfrac{X - \mu}{\sigma}$ 为服从正态分布的随机变量 X 的标准化变换。由此可得：

【结论 2】若 $X \sim N(\mu, \sigma^2)$，则

① $P\{X \leqslant a\} = \varPhi\left(\dfrac{a - \mu}{\sigma}\right)$；

② $P\{a \leqslant X < b\} = \varPhi\left(\dfrac{b - \mu}{\sigma}\right) - \varPhi\left(\dfrac{a - \mu}{\sigma}\right)$。

【例 14】设 $X \sim N(1, 4)$，求

① $P\{X < 3\}$；② $P\{X > 1\}$；③ $P\{3.24 \leqslant X \leqslant 5.42\}$。

解：这里 $\mu=1$，$\sigma=2$，$\dfrac{X-1}{2}:N(0,1)$，有

① $P\{X<3\}=\varPhi\left(\dfrac{3-1}{2}\right)=\varPhi(1)=0.8413$；

② $P\{X>1\}=1-P\{X\leqslant1\}=1-\varPhi\left(\dfrac{1-1}{2}\right)=1-0.5=0.5$；

③ $P\{3.24\leqslant X<5.42\}=\varPhi\left(\dfrac{5.42-1}{2}\right)-\varPhi\left(\dfrac{3.24-1}{2}\right)$

$$=\varPhi(2.21)-\varPhi(1.12)=0.9864-0.8686=0.1178。$$

【例 15】求服从正态分布 $N(\mu,\sigma^2)$ 的随机变量 X 的取值落在区间 $(\mu-k\sigma,\ \mu+k\sigma)$ 的概率（k=1，2，3）。

解：$P\{\mu-k\sigma<X<\mu+k\sigma\}=\varPhi\left(\dfrac{\mu+k\sigma-\mu}{\sigma}\right)-\varPhi\left(\dfrac{\mu-k\sigma-\mu}{\sigma}\right)$

$$=\varPhi(k)-\varPhi(-k)=2\varPhi(k)-1，$$

当 $k=1$ 时，$P\{\mu-\sigma<X<\mu+\sigma\}=2\varPhi(1)-1=0.6827$；

当 $k=2$ 时，$P\{\mu-2\sigma<X<\mu+2\sigma\}=2\varPhi(2)-1=0.9544$；

当 $k=3$ 时，$P\{\mu-3\sigma<X<\mu+3\sigma\}=2\varPhi(3)-1=0.9974$。

上式表明，服从正态分布的随机变量有 99.74% 的可能性落在 $(\mu-3\sigma,\ \mu+3\sigma)$，也就是说正态随机变量几乎都分布在 $(\mu-3\sigma,\ \mu+3\sigma)$，在统计学上称作"$3\sigma$ 准则"。

6.2.4　随机变量的数字特征

知道了随机变量的概率分布，就掌握了它取值的概率规律，依据这种规律就可以推断各种情况出现的概率。但是有些随机变量的概率分布是很难确定的，而且在实际应用中，有时并不需要掌握随机变量概率分布的全貌，而只关心它的某些主要分布特征，即数字特征。例如，固定位数的密码平均的解码次数是多少，计算机发生故障时平均的维修时间如何计算，如何根据调查结果为一个软件专卖店制订游戏软件的进货方案等。这里介绍两个数字特征——数学期望和方差。

1．数学期望

【例 16】在教学检查时，对某班 12 名学生的数学成绩进行抽考，60 分和 74 分的各有 3 名，65 分、85 分和 93 分的各有两名，则他们的平均成绩应为

$$\frac{60\times3+65\times2+74\times3+85\times2+93\times2}{12}$$

$$=60\times\frac{3}{12}+65\times\frac{2}{12}+74\times\frac{3}{12}+85\times\frac{2}{12}+93\times\frac{2}{12}=74\ \text{（分）}，$$

这里 $\dfrac{3}{12}$，$\dfrac{2}{12}$ 是相应考分的频率，也可视为相应考分的概率。这个"平均 74 分"是随机变量取的一切可能值与相应概率乘积的总和，也就是以概率为权数的加权平均值，这就是我们所说的数学期望。

【定义 13】设离散型随机变量 X 的分布律为

$$
\begin{array}{c|ccccc}
X & x_1 & x_2 & \cdots & x_n & \cdots \\
\hline
P & p_1 & p_2 & \cdots & p_n & \cdots
\end{array}，
$$

若 $\sum_{n=1}^{\infty} x_n p_n$ 存在，则称 $\sum_{n=1}^{\infty} x_n p_n$ 为随机变量 X 的**数学期望**（简称期望或均值），记作 $E(X)$，即

$$E(X) = \sum_{k=1}^{n} x_k p_k 。$$

【例 17】 一牙医在一小时内能诊治病人的人数 X 是一个随机变量，X 具有分布律为

X	1	2	3	4
P	$\frac{2}{15}$	$\frac{10}{15}$	$\frac{2}{15}$	$\frac{1}{15}$

求 $E(X)$。

解：$E(X) = 1 \times \frac{2}{15} + 2 \times \frac{10}{15} + 3 \times \frac{2}{15} + 4 \times \frac{1}{15} = \frac{32}{15} = 2.13$（人），

这意味着，若考察很长一段时间，如 1 000 小时，那么牙医一小时能诊治病人约 2.13 人，1 000 小时共诊治病人约 213 人。

【例 18】 某软件系统的密码为 0~9 中任意 6 位数，若随机去猜，问平均多少次可解开密码？

解：设 X 为解码次数，由于所有可能的密码总数是可重复的排列数 10^6，故 X 的所有可能取值为 $1 \sim 10^6$。X 的分布律为

X	1	2	$\cdots$	10^6
P	$\frac{1}{10^6}$	$\frac{1}{10^6}$	$\cdots$	$\frac{1}{10^6}$

$$E(X) = 1 \times \frac{1}{10^6} + 2 \times \frac{1}{10^6} + \cdots 10^6 \times \frac{1}{10^6} = \frac{10^6 + 1}{2} \approx 50 \text{ 万（次）。}$$

即平均需要试大约 50 万次才可能解开密码。

对于连续型随机变量，我们可以类似地定义它的数学期望。

【定义 14】 设连续型随机变量 X 的概率密度为 $f(x)$，若 $\int_{-\infty}^{+\infty} x f(x) \mathrm{d}x$ 存在，则称 $\int_{-\infty}^{+\infty} x f(x) \mathrm{d}x$ 为连续型随机变量 X 的**数学期望**。记作 $E(X)$，即

$$E(X) = \int_{-\infty}^{+\infty} x f(x) \mathrm{d}x 。$$

【例 19】 设连续型随机变量 X 的概率密度为

$$f(x) = \begin{cases} 6x(1-x), & 0 < x < 1 \\ 0, & \text{其他} \end{cases}$$

求 X 的数学期望 $E(X)$。

解：$E(X) = \int_{-\infty}^{+\infty} x f(x) \mathrm{d}x = \int_0^1 x \cdot 6x(1-x) \mathrm{d}x = \int_0^1 (6x^2 - 6x^3) \mathrm{d}x = \left[2x^3 - \frac{3}{2} x^4 \right]_0^1 = \frac{1}{2}$。

【例 20】 设连续型随机变量 X 的概率密度为

$$f(x) = \begin{cases} \frac{1}{2} \cos x, & -\frac{\pi}{2} \leqslant x \leqslant \frac{\pi}{2} \\ 0, & \text{其他} \end{cases}$$

求 X 的数学期望 $E(X)$。

解：$E(X) = \int_{-\infty}^{+\infty} xf(x)\mathrm{d}x = \int_{-\frac{\pi}{2}}^{\frac{\pi}{2}} \frac{1}{2} x\cos x\mathrm{d}x = 0$。

2. 方差

随机变量的数学期望描述了其取值的平均状况，但这只是问题的一个方面，我们还应该知道随机变量在其均值附近是如何变化的，其分散程度如何，这就要研究它的方差。

【定义 15】设 X 为随机变量，若 $E\{[E-E(X)]^2\}$ 存在，则称 $E\{[E-E(X)]^2\}$ 为 X 的方差，记为 $D(X)$，即 $D(X) = E\{[E-E(X)]^2\}$。

由定义有，离散型随机变量 X 的方差为 $D(X) = \sum_{n=1}^{\infty} [x_n - E(X)]^2 p_n$，其中 $E(X)$ 为 X 的数学期望，$P\{X = x_n\} = p_n (n = 1,\ 2,\ \cdots)$ 为 X 的分布律。

连续型随机变量 X 的方差 $D(X) = \int_{-\infty}^{+\infty} [x - E(X)]^2 f(x)\mathrm{d}x$，其中 $f(x)$ 为 X 的概率密度。

随机变量 X 的方差的算术根，称为随机变量 X 的标准差（或称均方差），记作 $\sigma(X)$，即

$$\sigma(X) = \sqrt{D(X)}。$$

方差（或标准差）是描述随机变量取值集中（或分散）程度的一个数字特征，方差越小，取值越集中；方差越大，取值越分散。

对于方差的计算除定义以外，我们还常用公式：

$$D(X) = E(X^2) - [E(X)]^2。 \quad （证明略）$$

即求一个随机变量的方差只需求出这个随机变量本身的期望和它的平方的期望。

【例 21】甲、乙两射手在一次射击中的得分数分别为随机变量 X、Y。已知它们的分布律为

X	0	1	2	3
P	0.60	0.15	0.13	0.12

Y	0	1	2	3
P	0.50	0.25	0.20	0.05

试比较他们射击水平的高低。

解：先计算均值

$$E(X) = 0\times 0.60 + 1\times 0.15 + 2\times 0.13 + 3\times 0.12 = 0.77，$$

$$E(Y) = 0\times 0.50 + 1\times 0.25 + 2\times 0.20 + 3\times 0.05 = 0.80，$$

因为 $E(X) < E(Y)$，所以从均值来看，乙的射击水平较高。

再计算方差

$$E(X^2) = 0^2 \cdot 0.60 + 1^2 \cdot 0.15 + 2^2 \cdot 0.13 + 3^2 \cdot 0.12 = 0.15 + 0.52 + 1.08 = 1.75，$$

$$E(Y^2) = 0^2 \cdot 0.5 + 1^2 \cdot 0.25 + 2^2 \cdot 0.20 + 3^2 \cdot 0.05 = 0.25 + 0.80 + 0.45 = 1.5；$$

所以　　$D(X) = E(X^2) - [E(X)]^2 = 1.75 - 0.77^2 = 1.75 - 0.5929 = 1.1571$，

$$D(Y) = E(Y^2) - [E(Y)]^2 = 1.5 - 0.8^2 = 1.5 - 0.64 = 0.86。$$

得到 $D(X) > D(Y)$，因此乙的射击技术比甲的稳定。

【例 22】设随机变量 X 的密度函数为

$$f(x) = \begin{cases} 1+x, & -1 \leqslant x < 0 \\ 1-x, & 0 \leqslant x \leqslant 1 \\ 0, & 其他 \end{cases}$$

求 $D(X)$。

解：$E(X) = \int_{-1}^{0} x(1+x)\mathrm{d}x + \int_{0}^{1} x(1-x)\mathrm{d}x = 0$；

$E(X^2) = \int_{-1}^{0} x^2(1+x)\mathrm{d}x + \int_{0}^{1} x^2(1-x)\mathrm{d}x = \dfrac{1}{6}$，

于是 $D(X) = E(X^2) - [E(X)]^2 = \dfrac{1}{6}$。

下面给出数学期望和方差的一个简单性质。

【性质1】设 X 是一随机变量，a，b 为常数，若 $E(X)$ 存在，则 $E(aX + b) = aE(X) + b$；若 $D(X)$ 存在，则 $D(aX + b) = a^2 D(X)$。（证明略）

当 $a = 0$ 时，有 $E(b) = b$，$D(b) = 0$，即常数的数学期望等于该常数本身，常数的方差为 0。

为使用方便，表 6-3 给出了几个常用分布的数学期望和方差。

表 6-3

名称	分布表达式	$E(X)$	$D(X)$
二项分布 $B(n, p)$	$P\{X = k\} = \mathrm{C}_n^k p^k (1-p)^{n-k}$ $k = 0, 1, 2, \cdots, n$	np	$np(1-p)$
均匀分布 $U(a, b)$	$f(x) = \begin{cases} \dfrac{1}{b-a}, & a < x < b \\ 0, & \text{其他} \end{cases}$	$\dfrac{a+b}{2}$	$\dfrac{(b-a)^2}{12}$
正态分布 $N(\mu, \sigma^2)$	$f(x) = \dfrac{1}{\sqrt{2\pi}\sigma} \mathrm{e}^{-\frac{(x-\mu)^2}{2\sigma^2}}$	μ	σ^2

【例23】已知 $X \sim N(2, 3^2)$，求 $E(2X - 1)$，$D(3X + 2)$。

解：由条件可得 $E(X) = 2$，$D(X) = 9$。

$$E(2X - 1) = 2E(X) - 1 = 2 \times 2 - 1 = 3，$$

$$D(3X + 2) = 3^2 \times D(X) = 9 \times 9 = 81。$$

6.3 抽样及抽样分布

6.3.1 盖洛普的崛起——认识统计

1936 年，在当时非常流行的《文摘》杂志给美国选民邮寄了 1 000 万份调查表。问卷询问选民哪位总统候选人更受人喜欢，是时任总统的民主党的罗斯福呢，还是共和党堪萨斯州州长兰登。从 1916 年以来，《文摘》杂志在每次选举前都预测出了总统选举的获胜者。在调查表回收前，《文摘》自豪地说："当最后的数据统计出来并检查完成后，假设过去的成功经验可以当做判断标准，这个国家将知晓 4 000 万张选票中实际赞成票的比率，我们的误差在 1% 以内"（1936 年 8 月 22 日）。《文摘》收回了 240 万份问卷，数据分析结果表明，兰登将获得 57% 的选票而获胜，罗斯福只获得 43% 的选票。而刚刚成立的盖洛普研究所仅仅从美国选民中随机抽取 2 000 多选民，盖洛普预测罗斯福会得到 54% 的选票并获胜。真实的选举结果是罗斯福获得了压倒多数的 62% 的选票，而兰登只得到 38% 的选票。虽然盖洛普的预测也有误差，但他们预测的结果是对的，并且抽取的样本容量与《文摘》相比少得让人不能相信。也就是从这次总统大选开始，盖洛普开始崛起，并且总是用 1 000~1 500 人的样本快速、准确地对此后每届总统选举进行了预测，平均误差在 2% 之内。这一节我们将从分析《文摘》为什么失败开始，并回答为什么现在整个美国只抽取 1500 人左右的样本就可以准确地代表近 2 亿的成年人。

注：① 《文摘》当年从诸如电话号码薄、俱乐部会员一览表、杂志订阅和汽车注册这样的来源来得到它的抽样框。② 1936 年，美国由于经济政策的分歧在政治上发生分裂——共和党人一般比民主党人更富裕，现在也一样。③ 对它的民意测验，《文摘》依靠自愿回答。

6.3.2 抽样与随机样本

由于在大量的重复试验下，任何随机现象都会呈现出其确定的统计规律性，而实际中允许大量重复的试验又总是有限的，所以从全部研究对象中抽取一部分研究对象，并通过这一部分研究对象的特性去推断全体研究对象的特性，便成了数理统计的重要任务之一。

【定义 16】把研究对象的全体称为总体。总体中的每一个研究对象称为个体。

【例 24】在人口普查中，全部人口就是总体，而其中每一个人就是一个个体。

【例 25】研究灯泡的质量时，所有的灯泡是总体，而每一个灯泡都是个体。

根据总体所包含的个体的数目，把总体分为有限总体和无限总体。例如，我们要研究 6 月份生产的灯泡，这是有限总体；研究这个工厂生产的所有灯泡，则可以看成无限总体。

在实际应用中，人们所关心的不是总体中每个个体的具体性能，而是它的某一个或几个数量指标，如灯泡的使用寿命。对于一个确定的由数量指标构成的总体来说，由于每个个体的取值是不同的，所以总体的任何一个数量指标都是一个随机变量。因此，通常用随机变量 X 表示总体，即总体是指某个随机变量 X 可能取值的全体。

在实际中，由于有些测试具有破坏性，我们不可能对所有个体进行研究。例如，研究某工厂生产的灯泡的平均寿命，由于测试灯泡的寿命是具有破坏性的，因此，我们只能从所有产品中抽取一部分来进行测试，然后再根据这部分灯泡的寿命数据对所有灯泡的平均寿命进行推断；有些测试虽然不具有破坏性，但由于个体数目很大，人力、物力和财力等都不允许我们对所有个体进行研究，我们也只能从中抽取小部分来进行研究或测试。

【定义 17】从总体中抽取 n 个个体进行观察，然后通过这 n 个个体的性质来推断总体的性质的方法称为抽样观察。

【定义 18】我们把被抽取的 n 个个体叫做总体的一个样本，n 叫做样本容量。

在总体 X 中每抽取一个个体，就是对随机变量 X 进行一次观察，试验结果是这个个体的观察值。抽取 n 个个体就是对 X 进行 n 次观察，试验结果就得到这 n 个个体的观测值。就是说，记 X_i 表示抽取的第 i 个个体 $(i = 1, 2, \cdots, n)$，则 $X_1, X_2, \cdots, X_n$ 是容量为 n 的样本，记 x_i 为相应于 X_i $(i = 1, 2, \cdots, n)$ 的观测值，则 $x_1, x_2, \cdots, x_n$ 为样本 $X_1, X_2, \cdots, X_n$ 的一组观测值。

由于我们要从样本出发推断总体的分布并进行各种分析，因此要求样本能够很好地反映总体的特征。

【定义 19】对总体 X 进行独立的重复试验，得到容量为 n 的样本 $X_1, X_2, \cdots, X_n$，若满足条件：

① 样本 $X_1, X_2, \cdots, X_n$ 与总体 X 有相同的分布；

② $X_1, X_2, \cdots, X_n$ 相互独立。

则称这样的样本为简单随机样本（简称样本），以后我们所提的样本都是指这种样本。

6.3.3 常用统计量及其概率分布

样本是总体的代表和反映，是统计推断的依据。但在实际中，往往不是直接使用样本本身，而是对样本进行一番"加工"和"提炼"，把样本中含有的我们所关心的信息集中起来，这便是针对不同的问题构造适当的样本的函数，再利用这种函数来进行统计推断。

【定义20】设 X_1，X_2，…，X_n 为总体 X 的一个样本，$g(X_1, X_2, …, X_n)$ 为一连续函数，且不含任何未知参数，则称 $g(X_1, X_2, …, X_n)$ 为样本 X_1，X_2，…，X_n 的一个统计量。

【例26】$X_1^2 + X_2^2 + … + X_n^2$ 是统计量，而 $X_1 + … + X_n + a$（a 未知）就不是统计量。

显然，统计量也是一个随机变量，如果 x_1，x_2，…，x_n 是样本 X_1，X_2，…，X_n 的一组观测值，则 $g(x_1, x_2, …, x_n)$ 是统计量 $g(X_1, X_2, …, X_n)$ 的一个观测值。

由于实际生产、生活中大量的随机现象都服从（或近似服从）正态分布，所以下面介绍来自正态总体的一些统计量。

设从总体 X 中随机抽取一个容量为 n 的样本 X_1，X_2，…，X_n，其观测值为 x_1，x_2，…，x_n，给出下列常用的统计量。

1. 样本均值

$$\bar{X} = \frac{1}{n} \sum_{i=1}^{n} X_i，相应地，\bar{x} = \frac{1}{n} \sum_{i=1}^{n} x_i。$$

【例27】某厂生产一批铆钉，检验其头部的直径（单位：mm），从中随机地抽取两个容量为4的样本，两组的样本观测值依次为

t_1（13.30，13.38，13.40，13.43）；t_2（13.51，13.32，13.48，13.50）。

分别求出各样本的平均值。

解：设两个样本的平均值依次为 $\bar{x}_1$，$\bar{x}_2$，则

$$\bar{x}_1 = \frac{1}{4}(13.30 + 13.38 + 13.40 + 13.43) = 13.3775；$$

$$\bar{x}_2 = \frac{1}{4}(13.51 + 13.32 + 13.48 + 13.50) = 13.4525。$$

此例说明，不同的样本观测值有不同的样本平均值，这是因为样本是随机变量，所以样本平均值也是随机变量。

2. 样本方差

$$S^2 = \frac{1}{n-1} \sum_{i=1}^{n} (X_i - \bar{X})^2，相应地，s^2 = \frac{1}{n-1} \sum_{i=1}^{n} (x_i - \bar{x})^2$$

样本标准差（或标准差） $S = \sqrt{\frac{1}{n-1} \sum_{i=1}^{n} (X_i - \bar{X})^2}$，相应地，$s = \sqrt{\frac{1}{n-1} \sum_{i=1}^{n} (x_i - \bar{x})^2}$。

【例28】某厂生产灯泡，从某一天的产品中随机抽取10只样品进行使用寿命的测试，得到如下数据（单位：h）：

1 050，1 100，1 080，1 120，1 200，1 250，1 040，1 130，1 300，1 200。

求这批灯泡使用寿命的样本均值，样本方差及样本均方差。

解：由已知数据，样本容量 $n = 10$，则样本均值

$$\bar{x} = \frac{1}{10}(1\,050 + 1\,100 + … + 1\,200) = 1147 \text{ (h)；}$$

样本方差

$$s^2 = \frac{1}{10-1}[(1\,050-1\,147)^2 + (1\,100-1\,147)^2 + \cdots + (1\,200-1\,147)^2] = 7\,578.9\,;$$

样本均方差 $s = 87.1$（小时）。

结论 若总体 X 的均值为 μ，方差为 σ^2，样本 X_1，X_2，$\cdots$，X_n 的样本均值为 $\overline{X}$，样本方差为 S^2，可以证明 $E(\overline{X}) = \mu$，$E(S^2) = \sigma^2$。

特别有：X_1，X_2，$\cdots$，X_n 是来自正态总体 $X \sim N(\mu, \sigma^2)$ 的样本，容易证明样本均值 $\overline{X} \sim N\left(\mu, \dfrac{\sigma^2}{n}\right)$。

【例 29】 设 X_1，X_2，$\cdots$，X_{16} 是取自正态总体 $X \sim N(1,\ 4)$ 的一个样本，试求 $\overline{X} = \dfrac{1}{16}\sum\limits_{i=1}^{16} X_i$ 的分布及 $P\{0 \leqslant \overline{X} \leqslant 2\}$。

解：因为 $X \sim N(1,\ 4)$，故有 $\overline{X} = \dfrac{1}{16}\sum\limits_{i=1}^{16} X_i \sim N\left(1,\ \dfrac{1}{4}\right)$，

于是，$P\{0 \leqslant \overline{X} \leqslant 2\} = \Phi\left(\dfrac{2-1}{\dfrac{1}{2}}\right) - \Phi\left(\dfrac{0-1}{\dfrac{1}{2}}\right) = \Phi(2) - \Phi(-2)$

$$= 2\Phi(2) - 1 = 2 \times 0.9772 - 1 = 0.9544\,,$$

若 X_1，X_2，$\cdots$，X_n 是来自正态总体 $N(\mu, \sigma^2)$ 的样本，$\overline{X}$，S^2 分别是样本均值和样本方差，则还有以下 3 个统计量。

3. U 变量

$$U = \frac{\overline{X} - \mu}{\sigma / \sqrt{n}}$$

其中总体 X 的均值 μ 与方差 σ 为已知常数。实际上，U 变量就是将 $\overline{X} \sim N\left(\mu, \dfrac{\sigma^2}{n}\right)$ 进行标准化时得到的变量 $\overline{X}^*$。由于 $U = \overline{X}^* = \dfrac{\overline{X} - \mu}{\sqrt{\sigma^2/n}} = \dfrac{\overline{X} - \mu}{\sigma/\sqrt{n}}$，所以 $U \sim N(0,\ 1)$。这说明 U 变量的概率分布曲线就是标准正态分布曲线。

标准正态分布的分位点：设 $X \sim N(0,\ 1)$，对于正数 α（$0 < \alpha < 1$），满足条件

$$P\{X > u_\alpha\} = \int_{u_\alpha}^{+\infty} \varphi(x)\mathrm{d}x = \alpha$$

的点 u_α 称为标准正态分布的上 α 分位点。这表明如图 6-6 所示的右侧阴影部分的面积为 α。

由关系式 $\Phi(u_\alpha) = 1 - P\{X > u_\alpha\} = 1 - \alpha$，当给定值 α（$0 < \alpha < 1$）时，由 $\Phi(x)$ 的函数表可以查到 u_α 的值。例如，由

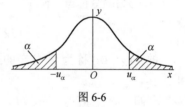

图 6-6

$\Phi(u_{0.05}) = 1 - 0.05 = 0.95$ 查附录 2 中的表 $\Phi(1.645)$

得
$$u_{0.05} = 1.645 ,$$

由图6-6，也能得到
$$u_{1-\alpha} = -u_\alpha 。$$

4. T变量

$$T = \frac{\bar{X} - \mu}{S/\sqrt{n}}$$

其中总体X的均值μ为已知常数，而总体均方差σ未知，用样本均方差s代替。

可以证明，由容量为n的样本产生的T变量，服从"自由度"为$n-1$的t分布，记作$T \sim t(n-1)$。

从T变量与U变量的式子可以看出，它们的均值μ是相同的，只是方差不同，因此，当n很大时，t分布近似于$N(0，1)$，即t分布的概率密度函数曲线与正态分布的概率密度曲线很接近（如图6-7所示）。关于t分布的概率数据，可以查$t-$分布表。

t分布的分位点　设$t \sim t(n)$，对于正数α（$0 < \alpha < 1$），满足条件

$$P\{t > t_\alpha(n)\} = \int_{t_\alpha(n)}^{+\infty} f_t(x)\mathrm{d}x = \alpha$$

的点$t_\alpha(n)$称为t分布的上α分位点。这表明如图6-8所示的右侧阴影部分的面积为α。

例如，$t_{0.025}(7) = 2.3646$，$t_{0.05}(24) = 1.7109$。

由图6-8，也能得到$t_{1-\alpha}(n) = -t_\alpha(n)$。

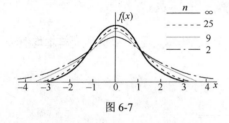 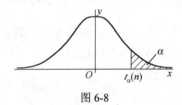

图6-7　　　　　　　　　　　　图6-8

5. χ^2变量

$$\chi^2 = \frac{(n-1)S^2}{\sigma^2} = \frac{\sum_{i=1}^{n}(X_i - \bar{X})^2}{\sigma^2}$$

这个统计量是在总体方差σ^2已知（此时μ未知）的条件下为讨论样本方差S^2而引进的。理论已经证明，当样本容量为n时χ^2变量服从自由度为$n-1$的χ^2分布，记作$\chi^2 \sim \chi^2(n-1)$。

χ^2分布的概率密度函数曲线如图6-9所示。χ^2分布的临界值λ可从χ^2-分布表中查出。

χ^2分布的分位点　设$\chi^2 \sim \chi^2(n)$，对于正数α（$0 < \alpha < 1$），满足条件

$$P\{\chi^2 > \chi^2_\alpha(n)\} = \int_{\chi^2_\alpha(n)}^{+\infty} f_{\chi^2}(x)\mathrm{d}x = \alpha$$

的点$\chi^2_\alpha(n)$称为χ^2分布的上α分位点。这表明如图6-10所示的右侧阴影部分的面积为α。

例如，$\chi^2_{0.025}(20) = 34.170$，$\chi^2_{0.95}(18) = 9.390$。

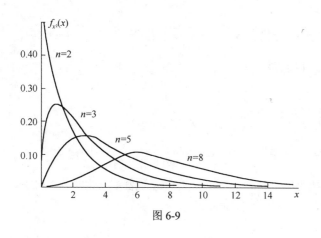

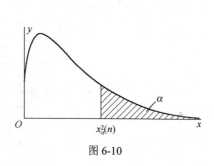

图 6-9   图 6-10

6.4 常用统计方法

根据样本所包含的信息来建立关于总体的种种结论，这就是统计推断。统计推断是统计的核心部分。它包括两类基本问题：参数估计和假设检验。参数估计就是在抽样及抽样分布的基础上，根据样本统计量来推断总体中包含的未知参数，而假设检验则是先对总体参数提出一个假设值，然后利用样本信息判断这一假设是否成立。统计推断的这两种方法在许多领域都有应用。

6.4.1 参数估计

在实际工作中，人们往往关心的只是总体的某些数字特征，例如，均值及方差，参数估计就是通过样本来估计总体的数字特征。

参数估计分为两大类：一是抽取随机样本后利用统计量来估计总体参数的值，称为点估计；一是利用统计量把总体参数按指定的概率确定在某个区间范围内，称为区间估计。

下面介绍根据来自正态总体 $X \sim N(\mu, \sigma^2)$ 的容量为 n 的样本 $(X_1, X_2, \cdots, X_n)$，对总体参数进行估计的一些具体方法。

1．均值与方差的点估计

一般地，把样本均值 $\bar{X} = \dfrac{1}{n}\sum_{i=1}^{n} X_i$，样本方差 $S^2 = \dfrac{1}{n-1}\sum_{i=1}^{n}(X_i - \bar{X})^2$ 分别作为总体均值 μ 和总体方差 σ^2 的估计量。总体均值与总体方差的估计值分别记作 $\hat{\mu}, \hat{\sigma}^2$，则一次抽样时，就有

$$\hat{\mu} = \frac{1}{n}\sum_{i=1}^{n} x_i \qquad\qquad \hat{\sigma}^2 = \frac{1}{n-1}\sum_{i=1}^{n}(x_i - \bar{x})^2$$

2．均值与方差的区间估计

区间估计的基本思想就是设法求出相应统计量所在的一个区间，用区间代替统计量的具体估计值，而得出的这个区间称为置信区间。若要估计的统计量落入置信区间的概率为 $1-\alpha$，则称此区间为置信度为 $1-\alpha$ 的置信区间。其中 α 是一个事先给定的正数（$0<\alpha<1$），通常 α 的取值为 0.1，0.05，0.01 等，它表示区间估计的不可靠程度。如给定 $\alpha = 0.05$，即置信度 $1-\alpha = 0.95$。

由于服从正态分布的总体广泛存在，因此仅介绍正态总体 $N(\mu, \sigma^2)$ 中 μ 和 σ^2 的区间估计。以下假设样本 $X_1, X_2, \cdots, X_n$，置信度为 $1-\alpha$。

若 σ^2 已知，求 μ 的区间估计，要用 U 变量，令 $U = \dfrac{\bar{X} - \mu}{\sigma/\sqrt{n}}$，由于 $P\{|U| < u_{\frac{\alpha}{2}}\} = 1 - \alpha$，则查正态分布表可确定临界值 $\lambda = u_{\frac{\alpha}{2}}$，并换算得

$$P\left\{\bar{X} - \frac{\sigma}{\sqrt{n}}u_{\frac{\alpha}{2}} < \mu < \bar{X} + \frac{\sigma}{\sqrt{n}}u_{\frac{\alpha}{2}}\right\} = 1 - \alpha,$$

从而可得，总体均值 μ 以置信水平 $1 - \alpha$ 落入区间 $\left(\bar{X} - \dfrac{\sigma}{\sqrt{n}}u_{\frac{\alpha}{2}},\ \bar{X} + \dfrac{\sigma}{\sqrt{n}}u_{\frac{\alpha}{2}}\right)$ 内。

【例 30】假设某地区放射性 γ 强度值服从正态分布 $N(\mu, 7.3^2)$。现任取一大小为 49 的样本，其均值 $\bar{X} = 28.8$，求 μ 的置信度为 0.95 的置信区间。

解：由题可知 $n = 49$，$\sigma = 7.3$，

对 $1 - \alpha = 0.95$，有 $\dfrac{\alpha}{2} = 0.025$ 查附录中表得临界值 $\lambda = u_{0.025} = 1.96$，

$$\bar{X} - \frac{\sigma}{\sqrt{n}}\lambda = 28.8 - 1.96 \times \frac{7.3}{\sqrt{49}} \approx 26.8;$$

$$\bar{X} + \frac{\sigma}{\sqrt{n}}\lambda = 28.8 + 1.96 \times \frac{7.3}{\sqrt{49}} \approx 30.8。$$

因此，μ 的置信度为 0.95 的置信区间为（26.8，30.8）。

由此例可见，置信度越高，则置信区间越长。一般地，对区间的可靠性要求越高，则估计的精确度就越低。因此，对具体问题，定出合适的置信度也是很重要的。

为方便学习，把参数的区间估计列成表 6-4。

表 6-4

被估参数	$\mu = E(X)$		$\sigma^2 = D(X)$
选用的统计量	σ^2 已知 $U = \dfrac{\bar{X} - \mu}{\sigma/\sqrt{n}}$	σ^2 未知 $T = \dfrac{\bar{X} - \mu}{S/\sqrt{n}}$	$\chi^2 = \dfrac{(n-1)S^2}{\sigma^2}$
条件	$P\{|U| < u_{\frac{\alpha}{2}}\} = 1 - \alpha$	$P\{|t| < t_{\frac{\alpha}{2}}(n)\} = 1 - \alpha$	$P\{\chi^2_{1-\frac{\alpha}{2}}(n-1) < \chi^2 < \chi^2_{\frac{\alpha}{2}}(n-1)\} = 1 - \alpha$
置信区间	$\left(\bar{X} \pm \dfrac{\sigma}{\sqrt{n}}u_{\frac{\alpha}{2}}\right)$	$\left(\bar{X} \pm \dfrac{S}{\sqrt{n}}t_{\frac{\alpha}{2}}(n-1)\right)$	$\left(\dfrac{(n-1)S^2}{\chi^2_{\frac{\alpha}{2}}(n-1)}, \dfrac{(n-1)S^2}{\chi^2_{1-\frac{\alpha}{2}}(n-1)}\right)$

6.4.2 假设检验

假设检验的目的是由所取样本的观测值来判断总体分布是否具有某种特征。例如，已知正态总体 X 应有均值 $\mu = \mu_0$，现根据样本值检验总体均值是否确为 μ_0。这类问题称为参数的假设检验。

1. 假设检验的基本思想与一般步骤

从总体中抽取的随机样本的均值与方差和总体的均值与方差总会有一定的误差。造成这

些误差的原因有：一种是由随机因素（如温度的微小变化）而引起的，这类误差称为随机误差；另一种是由非随机因素（如操作失误）而引起的误差，这类误差称为系统误差。如何判断抽样的误差的类型，就是假设检验要解决的问题。

在一次试验中，若事件 A 发生的概率 $P(A) = \alpha$ 值很小，则事件 A 被称为小概率事件。

"小概率事件在一次试验中几乎不可能发生。"这一原理称作小概率原理，它是假设检验的依据。运用"小概率原理"检验一个假设是否成立，其思路与反证法类似。下面给出假设检验的一般步骤。

（1）给出零假设 H_0，备择假设 H_1；

（2）根据实际问题的要求，确定一个小概率值 α（α 常选取 0.05，0.01，0.001 等），这个值称为显著性水平；

（3）由给定的样本 X_1，X_2，…，X_n 构造一个统计量，统计量所服从的分布通常有：正态分布（常称为 U 统计量）、t 分布、χ^2 分布等，并由构造的统计量(以下为方便，不妨设为 U 统计量)及选取好的显著性水平 α，确定相应的临界值 $\lambda = u_{\frac{\alpha}{2}}$；

（4）由临界值找出相应的小概率事件，如由 $P\{|U| > u_{\frac{\alpha}{2}}\} = \alpha$，得 $|U| > u_{\frac{\alpha}{2}}$ 为小概率事件。

（5）由所提供的样本值 x_1，x_2，…，x_n，计算出统计量的值 U，如果

① $|U| > Uz_{\frac{\alpha}{2}}$，小概率事件发生了，则拒绝零假设 H_0，从而接受 H_1；

② $|U| \leqslant Uz_{\frac{\alpha}{2}}$，小概率事件没有发生，则接受零假设 H_0，从而拒绝 H_1。

【例 31】某一化肥厂采用自动流水生产线，装袋记录表明，实际包重 $X \sim N(100, 2^2)$。打包机必须定期进行检查，确定机器是否需要调整，以确保所打的包不致过轻或过重，现随机抽取 9 包，测得平均包重为 101kg，若要求完好率为 95%，问机器是否需要调整？

解：我们自然希望机器不需要调整。选取假设 $H_0 : \mu = 100$（称为零假设，相应的 H_1：$\mu \neq 100$ 称为备择假设）。若 H_0 成立，则由上节的结论可知

$$\frac{\overline{X} - 100}{2/\sqrt{9}} \sim N(0, 1)，$$

由 $P\left\{\left|\dfrac{\overline{x} - 100}{2/3}\right| < u_{\frac{\alpha}{2}}\right\} = 0.95$ 可以解得：$u_{\frac{\alpha}{2}} = 1.96$，因此 $\overline{x}$ 应有 95%的把握落在区间：

$$\left(100 - 1.96 \times \frac{2}{3}, \ 100 + 1.96 \times \frac{2}{3}\right)，$$

即区间（98.69，101.31）。

现测得的样本均值（平均包重）为：$101 \in (98.69, 101.31)$，零假设正确，因此不需调整。

对于单一总体而言，当对置信水平要求更严格时，则取一个更小的显著性水平便可以进行检验，对于两个以上总体的检验而言，则更为复杂些。为了使用方便，这里给出了单一正态总体的均值和方差的检验表（见表 6-5）。

表 6-5

总体	H_0	统计量及其分布	拒绝域
正态总体 $\sigma^2 = \sigma_0^2$ 已知	$\mu = \mu_0$	$U = \dfrac{\overline{X} - \mu}{\dfrac{\sigma}{\sqrt{n}}} \sim N(0, 1)$	$\|\overline{x} - \mu_0\| > u_{\frac{\alpha}{2}} \cdot \dfrac{\sigma_0}{\sqrt{n}}$

总体	H_0	统计量及其分布	拒绝域
正态总体 σ^2 未知	$\mu = \mu_0$	$T = \dfrac{\overline{X} - \mu}{\dfrac{S}{\sqrt{n}}} \sim t(n-1)$	$\lvert \overline{x} - \mu_0 \rvert > t_{\frac{\alpha}{2}}(n-1) \cdot \dfrac{s}{\sqrt{n}}$
正态总体 均值 μ 未知	$\sigma^2 = \sigma_0^2$	$\chi^2 = \dfrac{(n-1)S^2}{\sigma^2} \sim \chi^2(n-1)$	$\dfrac{(n-1)s^2}{\sigma_0^2} > \chi_{\frac{\alpha}{2}}^2(n-1)$ 或 $\dfrac{(n-1)s^2}{\sigma_0^2} < \chi_{\frac{\alpha}{2}}^2(n-1)$

2. 假设检验的两类错误

假设检验不是绝对可靠的，这是因为在实际问题中"小概率事件"并不是绝对不发生的，只要是抽样检验而不是全部检查，误差就不可避免。任何假设检验都有两类可能发生的错误：一类称为弃真错误（即把合理的拒绝掉了）；另一类称为存伪错误（即把不合理的接受了）。但理论已证明：样本容量一定时两类错误不可能同时减少，若减少了弃真错误，则增加了存伪错误；反之减少存伪错误，则增加了弃真错误。要全面减少错误就必须增大样本容量，但又增加了检验费用。所以在实际问题中，往往需要适当控制一个合理的检验水平。

试试看：用 Mathematica 数学软件进行数据统计分析

用 Mathematica 进行数据统计分析的基本语句见表 6-6。

表 6-6

命令及格式	功能说明	程序包
Mean[list]	求数据表 list 的样本均值	<<Statistics\descriptIvestatistics.m
Variance[list]	求数据表 list 的样本方差	<<Statistics\descriptIvestatistics.m
MeanCI[list，KnownVariance->σ^2，ConfidenceLevel->1-α]	在方差已知为 σ^2 的情况下，求数据表 list 的均值在置信度为 1-α 的区间估计	<<Statistics\ConfidenceIntervals.m
MeanCI[list，ConfidenceLevel->1-α]	在方差未知的情况下，求数据表 list 的均值在置信度为 1-α 的区间估计	<<Statistics\ConfidenceIntervals.m
VarianceCI[list，ConfidenceLevel->1-α]	在均值未知的情况下，求数据表 list 的方差在置信度为 1-α 的区间估计	<<Statistics\ConfidenceIntervals.m
MeanTest[list，μ_0，option]	对数据表 list 的均值按选项 option 要求进行检验（方差已知或未知）	<<Statistics\HypothesisTests.m
VarianceTest[list，σ^2，option]	对数据表 list 的方差按选项 option 要求进行检验	<<Statistics\HypothesisTests.m
MeanDifferenceTest[list1，list2，diff0，option]	对数据表 list1，list2 的均值按选项 option 要求进行显著性检验	<<Statistics\HypothesisTests.m

【例 32】某厂生产的某种型号的细轴中任取 20 个，测得其直径数据如下：

13.26，13.63，13.13，13.47，13.40，13.56，13.35，13.56，13.38，13.20，13.48，13.58，13.57，13.37，13.48，13.46，13.51，13.29，13.42，13.69，

求以上数据的样本均值和样本方差。

解：<<Statistics\descriptIvestatistics.m　（求样本均值和样本方差需要先调入此程序包）

Mean[xx]　　　　　　　　　　　（求样本均值）

结果：13.4395。

Variance[xx]　　　　　　　　　　（求样本方差）

结果：0.0210787。

【例 33】某车间生产滚珠，从长期实践中知道，滚珠直径可以认为服从正态分布。从某天产品中任取 6 个测得直径如下（单位：mm）：

14.6，15.1，14.9，14.8，15.2，15.1，

试估计该天产品直径的平均值。若已知直径的方差是 0.06，试找出平均直径的置信区间。（ $\alpha = 0.01$ ）

解：先估计该天产品直径的平均值

<<Statistics\descriptIvestatistics.m　　　　　（*调入软件包*）

a={14.6，15.1，14.9，14.8，15.2，15.1}；　（*输入数据，加分号不显示结果*）

Mean[a]　　　　　　　　　　　　　（*计算数据 a 的平均值*）

结果：14.95。

下面来求 μ 的置信区间，因已知方差，故加入选项

<<Statistics\ConfidenceIntervals.m

MeanCI[a，KnownVariance->0.06，ConfidenceLevel->0.99]

结果：{14.6924，15.2076}。

【例 34】某种型号飞机的飞行速度进行 15 次试验，测得最大飞行速度如下：

422.2，417.2，425.6，420.3，425.8，423.1，418.7，428.2，

438.3，434.0，312.3，431.5，413.5，441.3，423.0，

假设最大飞行速度服从正态分布，利用上述数据，计算方差，并对最大飞行速度的期望进行区间估计（ $\alpha = 0.05$ ）。

解：

b={422.2，417.2，425.6，420.3，425.8，423.1，418.7，428.2，438.3，434.0，312.3，431.5，413.5，441.3，423.0}；

Variance[b]　　　　　　　（*求方差*）

结果：920.144。

MeanCI[b]　　　　　　　（*求 μ 在置信度为 0.95 的置信区间*）

结果：{401.535，435.132}。

【例 35】测定矿石中的铁，根据长期测定积累的资料，已知方差为 0.083，现对矿石样品进行分析，测得铁的含量为

x(%)　　63.27，63.30，64.41，63.62，

设测定值服从正态分布，问能否接受这批矿石的含铁量为 63.62？

解：这是正态总体方差已知时，对均值的双边检验，需要检验假设

H_0：$\mu = 63.62$　　　H_1：$\mu \neq 63.62$

<<Statistics\HypothesisTests.m　　　　　（调入统计学中的"假设检验"软件包）

datal={63.27，63.30，64.4l，63.62}；

　　MeanTest[datal，63.62，SignificanceLevel->0.05，KnownVariance->0.083，

TwoSided->True，FullReport->True]　　　（*进行 μ 检验，其中 $\alpha = 0.05$，$\sigma^2 = 0.083$，使用双边检验*）

　　结果：{FullReport -> Mean TestStat，NormalDistribution，

　　　　　　　　　63.65　　0.208263

　　　TwoSidedPValue -> 0.835024，Accept null hypothesis at significance level -> 0.05}

结果给出检验报告：样本均值 $\bar{X} = 63.65$，所用的检验统计量为 U 统计量，检验统计量的观测值为 0.208263，双边检验的 P 值为 0.835024，在显著性水平 $\alpha = 0.05$ 时，接受原假设，即认为这批矿石的含铁量为 63.62。

练一练

1. 下面的数据是有 50 名大学新生的一个专业在数学素质测验中所得到的分数：

88，74，67，49，69，38，86，77，66，75，94，67，78，69，84，50，39，58，79，70，90，79，97，75，98，

77，64，69，82，71，65，68，84，73，58，78，75，89，91，62，72，74，81，79，81，86，78，90，81，62，

求出样本均值、样本方差。

2. 随机地从某切割机加工的一批金属棒中抽取 15 段，测得其长度（单位：cm）如下：

10.4，10.6，10.1，10.4，10.5，10.3，10.3，10.2，10.9，10.6，10.8，10.5，10.7，10.2，10.7，

设金属棒长度服从正态分布，求该批金属棒的平均长度 μ 的 95%的置信区间，若（1）已知 σ =0.15（cm）；（2）σ 未知。

3. 某化肥厂采用自动流水生产线，装袋记录表明，实际包重 $X \sim N(100, 2^2)$，打包机必须定期进行检查，确定机器是否需要调整，以确保所打的包不至过轻或过重，现随机抽取 9 包，测得数据如下（单位：kg）：

102，100，105，103，98，99，100，97，105，

若要求完好率为 95%，问机器是否需要调整？

习题 6

1. 写出下列随机试验的样本空间 Ω：

（1）将一枚硬币连掷两次，观察正、反面出现的情况；

（2）生产某产品直到出现 5 件正品为止，观察记录生产该产品的总件数；

（3）连续投掷一颗骰子直至 6 个结果中有一个结果出现两次，记录投掷的次数。

2. 设有 10 件产品，其中有 3 件不合格品，现从中任意抽取 2 件产品，试求下列事件的概率：

（1）取出的两件中恰有一件合格品；

（2）取出的两件中至少有一件合格品。

3. 设 $P(A) = 0.5$，$P(B) = 0.4$，$P(AB) = 0.2$，求

（1）$P(A \mid B)$，$P(B \mid A)$；（2）$P(A \mid A \cup B)$；（3）$P(A \mid AB)$。

4. 某动物由出生算起活到 20 岁以上的概率为 0.8，活到 25 岁以上的概率为 0.4，试求现年 20 岁的这种动物能活到 25 岁以上的概率。

5. 甲、乙两人射击的命中率都是 0.6，他们对着目标各自射击一次，求

（1）恰有一人击中目标的概率；

（2）至少有一人击中目标的概率。

6. 甲乙两人独立地向同一目标各射击一次，若甲的命中率为 p，乙的命中率为 0.75，已知恰好有一人击中目标的概率为 0.45，求甲的命中率 p 的值。

7. 某射手连续不断地向一目标进行射击，他每次的命中率均为 p，记 X 表示他直到首次击中目标为止所进行的射击次数，求 X 的分布律。

8. 医生对 5 个人做某疫苗接种试验，设已知对试验反应呈阳性的概率为 $p = 0.45$，且各人的反应相互独立，若以 X 记反应为阳性的人数，求

（1）恰有 3 人反应为阳性的概率；

（2）至少有两人反应为阳性的概率。

9. 某射手每次的命中率为 0.6，试求在 3 次独立射击中，至少有 1 次击中的概率。

10. 设随机变量 X 的分布律为

X	−1	0	1	2	3
P	0.16	0.06	a	0.12	0.3

求（1）常数 a；（2）$P\{0 < X \leqslant 2\}$；（3）$P\{-2 < X < 2\}$。

11. 设随机变量 X 的概率密度为

$$f(x) = \begin{cases} ax^2, & 0 < x < 3 \\ 0, & \text{其他} \end{cases},$$

求（1）常数 a；（2）求 $P\{1 < X < 2\}$，$P\{X \geqslant 2\}$；（3）$P\{X = 2\}$。

12. 设随机变量 X 的概率密度为

$$f(x) = \begin{cases} ax(1-x), & 0 \leqslant x \leqslant 1 \\ 0, & \text{其他} \end{cases},$$

求（1）常数 a；（2）$P\{X > \dfrac{1}{2}\}$。

13. 设连续型随机变量 X 的概率密度为

$$f(x) = \begin{cases} ax + b, & 1 < x < 3 \\ 0, & \text{其他} \end{cases},$$

又已知 $P\{2 < X < 3\} = 2P\{-1 < X < 2\}$，试求常数 a 与 b 的值。

14. 设随机变量 X 的概率密度为

$$f(x) = \begin{cases} 0.003x^2, & 0 < x < 10 \\ 0, & \text{其他} \end{cases},$$

求 t 的方程 $t^2 + 2Xt + 5X - 4 = 0$ 有实根的概率。

15. 设 $X \sim N(0, 1)$，求

（1）$P\{X \leqslant 1.24\}$；（2）$P\{1.06 < X < 2.37\}$；（3）$P\{|X| > 2\}$。

16. 设 $X \sim N(3, 4)$，

（1）求 $P\{2 < X \leqslant 5\}$，$P\{X \geqslant -2\}$；

（2）试确定常数 a，使得 $P\{X > a\} = P\{X \leqslant a\}$；

（3）设 b 满足 $P\{X > b\} \geqslant 0.97$，问 b 至少为多少？

17. 公共汽车车门的高度，是按照男子与车门碰头的机会在 0.01 以下来设计的，设男子身高 X 服从 $\mu = 175$ cm，$\sigma = 5$ cm 的正态分布，即 $X \sim N(175, 5^2)$，问车门的高度应如何确定？

18. 设随机变量 X 的分布律为

X	-2	-1	3	4
P	0.4	0.3	0.2	0.1

求（1）$E(X)$，$E(X^2)$，$E(2X+1)$；

（2）$D(X)$，$D(3X - 2)$。

19. 一高射炮对敌机连发三发炮弹，第一发击中敌机的概率为 0.5，第二发击中敌机的概率为 0.7，第三发击中的概率为 0.8，设射击是相互独立的，若用 X 表示击中敌机的炮弹数，

求（1）X 的分布律；

（2）$E(X)$。

20. 设随机变量 X 的概率密度为

$$f(x) = \begin{cases} x, & 0 \leqslant x < 1 \\ 2 - x, & 1 \leqslant x \leqslant 2 \\ 0, & x < 0 \text{或} x > 2 \end{cases},$$

求（1）$E(X)$，$E(3X - 1)$，$E(X^2)$；

（2）$D(X)$。

21. 设随机变量 X 的概率密度为

$$f(x) = \begin{cases} ax + b, & 0 < x < 1 \\ 0, & \text{其他} \end{cases},$$

且 $E(X) = 0.6$，

求（1）常数 a，b；

（2）$D(X)$。

22. （1）设 $X \sim N(2, 9)$，求 $E(3X + 1)$，$D(2X - 1)$。

（2）设 $X \sim B(n, p)$，且 $E(X) = 12$，$D(X) = 8$，求 n，p。

23. 甲、乙两台机床在一天中出现次品数的概率分布律分别为：

X	0	1	2	3
P	0.4	0.3	0.2	0.1

Y	0	1	2	3
P	0.3	0.5	0.2	0

设两机床的日产量相同，问哪一台机床较好？

24. 对下类各组样本值，计算样本均值、样本方差和样本标准差：

（1）4.5，2.0，1.0，1.5，3.5，4.5，6.5，5.0，3.5，4.0；

（2）$54, 67, 68, 78, 70, 66, 67, 70, 65, 69$。

25. 设 $X \sim N(\mu, \sigma^2)$，且 μ，σ^2 未知，$(X_1, X_2, \cdots, X_n)$ 是总体 X 的一个容量为 n 的样本，指明下列哪些是统计量?

（1）$X_1 + X_2 + X_7$；   （2）$X_n - X_{n-1} + 5\mu$；   （3）$X_1 + 5X_4$；   （4）$X_1 - \sigma$。

26. 查表求下列格式中的 λ 值，式中 $t(n)$，$\chi^2(n)$ 分别表示服从自由度为 n 的 t 分布和 χ^2 分布：

（1）$P\{|t(5)| > \lambda\} = 0.2$；   （2）$P\{t(5) > \lambda\} = 0.25$。

（3）$P\{\chi^2(8) < \lambda\} = 0.975$；   （4）$P\{\chi^2(15) < \lambda\} = 0.01$。

27. 从 $X \sim N(63, 49)$ 中随机抽取容量为 $n=9$ 的样本，样本均值为 $\overline{X}$，求概率 $P\{|\overline{X}| < 60\}$。

28. 某类钢丝的抗拉强度服从正态分布，平均值为 100，标准差为 5.48，

（1）求容量为 100 的样本均值的数学期望与标准差；

（2）从总体中抽出容量为 16 的样本，求这一样本的均值介于 $99.8 \sim 100.9$ 的概率。

29. 已知某种铜丝的抗拉力 X（牛顿）$\sim N(\mu, \sigma^2)$，从中随机取出 40 根进行检验，测得样本均值 $\overline{x} = 75$，样本方差 $s^2 = 100$，求这种铜丝的抗拉力均值 μ 的 0.99 置信区间。

30. 某自动包装机装箱重量 $X \sim N(\mu, \sigma^2)$，现从它包装的产品中随机取出 14 箱，称得重量（单位：kg）如下：

$20.5, 19.4, 19.8, 19.6, 21.0, 20.4, 19.2, 20.2, 20.3, 20.6, 19.0, 20.8, 19.1, 19.5$，

（1）已知 $\sigma = 0.6$，求 μ 的 0.95 置信区间；

（2）σ 未知时，求 μ 的 0.95 置信区间。

31. 从正态总体 $X \sim N(\mu, \sigma^2)$ 中随机抽取一个容量为 $n=16$ 的样本，测得样本方差 $s^2 = 0.473$，求 σ^2 的 0.95 置信区间。

32. 某种元件，要求其使用寿命不低于 1 000h，现从一批这种元件中随机地抽取 25 件，测得平均寿命为 950 小时，已知元件寿命服从 $\sigma = 100$ 小时的正态分布，试在显著性水平 $\alpha = 0.05$ 下，确定这批元件是否合格?

33. 某车间生产钢丝，其折断力服从正态分布，现从产品中随机地抽取 10 根钢丝检查折断力，测得样本均值为 287，样本方差为 19，能否认为该车间所生产的钢丝折断力的方差为 16? （$\alpha = 0.05$）

第7章 数理逻辑初步

数理逻辑是用数学方法研究推理规律的数学学科，它不仅是数学学科的基础，而且与人工智能、语言学、计算机科学等有着密切的联系。本章将介绍命题逻辑和谓词逻辑的基本知识。

7.1 命题与联结词

7.1.1 命题的概念

数理逻辑是用数学方法来研究推理的科学，推理的前提和结论都必须是表达判断的陈述句。因而，陈述句成为研究推理的基本要素。

数理逻辑将能够判断真假的陈述句称为命题。命题可能为真，也可能为假。真、假统称为命题的真值，其中真值为真（用"1"或 T 表示）的命题称为真命题，真值为假（用"0"或" F "表示）的命题称为假命题。

命题是具有唯一真值的陈述句。因此，判断一个句子是否为命题，首先判断它是否为陈述句，如果是陈述句，再判断它是否具有唯一的真值。

【例1】判断下列语句是否为命题。

① 3 是素数。

② $\sqrt{5}$ 是有理数。

③ x 大于 y 。

④ 如果明天下暴雪，小红就不去上学。

⑤ 2100 年元旦是晴天。

⑥ π 大于 $\sqrt{2}$ 吗?

⑦ 请不要吸烟!

⑧ 这朵花真美丽啊!

⑨ 我正在说假话。

解：⑥、⑦、⑧ 都不是陈述句，⑨ 是无法判断真假的悖论因而都不是命题。

① 是真命题，② 是假命题。

③ 不是命题，因为它没有确定的真值。

④ 是命题，真值视具体情况确定（不是真就是假）。

⑤ 其真值虽然现在还不能判断，但到了 2100 年就能判断了，因此是命题。

命题分为两种类型：有的命题不能再分解为更简单的陈述句，称为原子命题；有的命题是由原子命题和联结词"……和……"、"如果……就……"、"非……"等组成，这样的命题称为复合命题。

【例1】中，①、②、③、⑤ 是原子命题，④ 是复合命题。

7.1.2 联结词与复合命题

与传统数学严格规定了各种运算符号类似，在数理逻辑中，必须对复合命题的内部联结关系给出精确的定义，并且将其符化，称为**命题联结词**。常见的命题连接词有 5 个。

1. 否定联结词

【定义 1】设 p 为命题，复合命题"非 p"（即 p 的否定）称为 p 的否定式，记为 $\neg p$，符号 $\neg$ 称为**否定联结词**。$\neg p$ 为真，当且仅当 p 为假。

$\neg p$ 的真值表见表 7-1。

表 7-1

p	$\neg p$
1	0
0	1

【例 2】将下列命题符号化。

① 明天不会下雨；

② $\sqrt{5}$ 不是有理数。

解：记 p：明天会下雨；q：$\sqrt{5}$ 是有理数。

则命题符号化为：① $\neg p$；② $\neg q$。

2. 合取联结词

【定义 2】设 p，q 为任意两个命题，复合命题"p 并且 q"（或"p 与 q"）称为 p 与 q 的合取式，记为 $p \wedge q$，符号 $\wedge$ 称为**合取联结词**。$p \wedge q$ 为真，当且仅当 p 与 q 同时为真。

$p \wedge q$ 的真值表见表 7-2。

表 7-2

p	q	$p \wedge q$
0	0	0
0	1	0
1	0	0
1	1	1

【例 3】将下列命题符号化。

① 2 和 3 都是素数；

② 李华不仅用功而且聪明；

③ 李华虽然用功但不聪明。

解：记 p：2 是素数；q：3 是素数；r：李华用功；s：李华聪明。

则命题符号化为：① $p \wedge q$；② $r \wedge s$；③ $r \wedge \neg s$。

3. 析取联结词

【定义 3】设 p，q 为任意两个命题，复合命题"p 或 q"称为 p 与 q 的析取式，记为 $p \vee q$，符号 $\vee$ 称为**析取联结词**。$p \vee q$ 为假，当且仅当 p 与 q 同时为假。

$p \vee q$ 的真值表见表 7-3。

表 7-3

p	q	$p \vee q$
0	0	0
0	1	1
1	0	1
1	1	1

【例 4】将下列命题符号化。

① 李华想去唱歌或跳舞；

② 派老王或小李中一个去上海。

解：① 记 p：李华想去唱歌；q：李华想去跳舞，则命题符号化为 $p \vee q$。

② 记 r：派老王去上海；s：派小李去上海，则命题符号化为 $(p \wedge \neg q) \vee (\neg p \wedge q)$。

4．条件联结词

【定义 4】设 p，q 为任意两个命题，复合命题"如果 p，则 q"称为 p 与 q 的条件式，记为 $p \to q$，p 称为条件式的前件，q 称为条件式的后件，符号 $\to$ 称为条件联结词。$p \to q$ 为假，当且仅当 p 为真，q 为假。

$p \to q$ 的真值表见表 7-4。

表 7-4

p	q	$p \to q$
0	0	1
0	1	1
1	0	0
1	1	1

【例 5】将下列命题符号化。

① 如果 a 能被 4 整除，那么 a 一定能被 2 整除；

② 只有 a 能被 4 整除，a 才能被 2 整除；

③ 除非 a 能被 4 整除，否则 a 不能被 2 整除。

解：记 p：a 能被 4 整除；q：a 能被 2 整除

则命题符号化为① $p \to q$；② $q \to p$；③ $q \to p$。

5．双条件联结词

【定义 5】设 p，q 为任意两个命题，复合命题"p 当且仅当 q"称为 p 与 q 的双条件式，记为 $p \leftrightarrow q$，符号 $\leftrightarrow$ 称为双条件联结词。$p \leftrightarrow q$ 为真，当且仅当 p 与 q 真值相同。

$p \leftrightarrow q$ 的真值表见表 7-5。

表 7-5

p	q	$p \leftrightarrow q$
0	0	1
0	1	0
1	0	0
1	1	1

【例 6】将下列命题符号化，并讨论真值。

① $\sqrt{2}$ 是无理数当且仅当加拿大位于亚洲；

② 若两圆的面积相等，则它们的半径相等，反之亦然；

③ 燕子飞向北方时，春天就来了；而当春天来时，燕子就会飞回北方。

解： ① 记 p：$\sqrt{2}$ 是无理数；q：加拿大位于亚洲，则命题符号化为 $p \leftrightarrow q$，真值为 0。

② 记 r：两圆的面积相等；s：两圆的半径相等，则命题符号化为 $r \leftrightarrow s$，真值为 1。

③ 记 t：燕子飞向北方；u：春天来了，则命题符号化为 $t \leftrightarrow u$，真值为 1。

7.1.3 命题公式

命题符号化的结果常以命题公式的形式呈现出来，由命题变元、联结词、括号等按照一定的逻辑关系联结起来的符号串称为命题公式，其严格的定义如下。

【定义 6】命题公式，简称为公式，定义如下：

① 单个命题变元是命题公式；

② 如果 p 是命题公式，则 $\neg p$ 也是命题公式；

③ 如果 p，q 是命题公式，则 $p \wedge q$，$p \vee q$，$p \to q$，$p \leftrightarrow q$ 都是命题公式；

④ 当且仅当有限次的应用①、②、③ 组成的符号串是命题公式。

通过上面的定义可以看出，公式是由命题变元、联结词和括号组成的，但并不是由命题变元、联结词和括号组成的符号串都能成为命题公式。例如符号串 $\big(\big(\big((\neg p) \wedge q\big) \to s\big) \vee r\big)$，$\big(\big((p \to s) \wedge r\big) \leftrightarrow q\big)$ 都是命题公式，而 $\big((p \wedge) \vee q\big)$ 不是命题公式。

联结词的优先顺序为 $\neg$、$\wedge$、$\vee$、$\to$、$\leftrightarrow$，可以大大减少公式中括号数量。同时规定整个公式的最外层括号可以省略，因此公式 $\big(\big(\big((\neg p) \wedge q\big) \to s\big) \vee r\big)$ 可以写成 $(\neg p \wedge q \to s) \vee r$。

【定义 7】设 A 是一个命题公式，p_1，p_2，$\cdots$，p_n 为出现在 A 中的所有命题变元。给 p_1，p_2，$\cdots$，p_n 指定一组真值，称为对 A 的一个**赋值**或**解释**。将 A 在所有赋值之下取值的情况列成表，该表称为 A 的**真值表**。

含 $n(n \geqslant 1)$ 个命题变元的命题公式，共有 2^n 组不同赋值。

【例 7】构造下列命题公式的真值表。

① $(\neg p \vee q) \leftrightarrow (p \to q)$；

② $\neg(p \to q) \wedge q$；

③ $(p \to q) \wedge \neg r$。

解： ①、②、③ 的真值表分别见表 7-6 ~ 表 7-8。

表 7-6

p	q	$\neg p$	$\neg p \vee q$	$p \to q$	$(\neg p \vee q) \leftrightarrow (p \to q)$
0	0	1	1	1	1
0	1	1	1	1	1
1	0	0	0	0	1
1	1	0	1	1	1

表7-7

p	q	$p \to q$	$\neg(p \to q)$	$\neg(p \to q) \wedge q$
0	0	1	0	0
0	1	1	0	0
1	0	0	1	0
1	1	1	0	0

表7-8

P	q	r	$p \to q$	$\neg r$	$(p \to q) \wedge \neg r$
0	0	0	1	1	1
0	0	1	1	0	0
0	1	0	1	1	1
0	1	1	1	0	0
1	0	0	0	1	0
1	0	1	0	0	0
1	1	0	1	1	1
1	1	1	1	0	0

以上真值表是一步一步构造出来的，如果对构造真值表的方法比较熟练，中间过程可以省略。

由上例可以看出，公式① 在各种赋值情况下取值都为真，公式② 在各种赋值情况下取值都为假，公式③ 的取值不全为真，也不全为假。根据公式在各赋值条件下的取值情况，可以对公式进行分类。

【定义 8】设 A 是一个命题公式，

① 若 A 在它的各种赋值下取值均为真，则 A 称为重言式或永真式；

② 若 A 在它的各种赋值下取值均为假，则 A 称为矛盾式或永假式；

③ 若 A 至少存在一种赋值使其为真，则 A 称为可满足式。

因此，【例 7】中，① 为永真式；② 为永假式；③ 为可满足式。

7.2　公式的等价与蕴涵

7.2.1　命题演算的等价式

形式上看起来是两个不同的命题公式，在任意赋值下，它们可能具有相同的真值，如何判断哪些公式具有相同的真值呢？

【定义 9】若命题公式 A 和 B 在任意赋值下都具有相同的真值，则称 A 与 B 等价，记作 $A \Leftrightarrow B$。$A \Leftrightarrow B$ 称为命题公式的等价式。

【例 8】证明：$\neg(p \vee q) \Leftrightarrow \neg p \wedge \neg q$。

证明：$\neg(p \vee q)$ 与 $\neg p \wedge \neg q$ 的真值表见表 7-9。

表 7-9

p	q	$\neg p$	$\neg q$	$p \vee q$	$\neg(p \vee q)$	$\neg p \wedge \neg q$
0	0	1	1	0	1	0
0	1	1	0	1	0	0
1	0	0	1	1	0	1
1	1	0	0	1	0	0

由表 7-9 可知，$\neg(p \vee q) \Leftrightarrow \neg p \wedge \neg q$。

【定理 1】（基本等价式）设 A，B，C 是公式，则下述等价公式成立：

① 双重否定律　　　　　　$\neg \neg A \Leftrightarrow A$

② 等幂律　　　　　　　　$A \wedge A \Leftrightarrow A$

　　　　　　　　　　　　$A \vee A \Leftrightarrow A$

③ 交换律　　　　　　　　$A \wedge B \Leftrightarrow B \wedge A$

　　　　　　　　　　　　$A \vee B \Leftrightarrow B \vee A$

④ 结合律　　　　　　　　$(A \wedge B) \wedge C \Leftrightarrow A \wedge (B \wedge C)$

　　　　　　　　　　　　$(A \vee B) \vee C \Leftrightarrow A \vee (B \vee C)$

⑤ 分配律　　　　　　　　$(A \wedge B) \vee C \Leftrightarrow (A \vee C) \wedge (B \vee C)$

　　　　　　　　　　　　$(A \vee B) \wedge C \Leftrightarrow (A \wedge C) \vee (B \wedge C)$

⑥ 德·摩根律　　　　　　$\neg(A \vee B) \Leftrightarrow \neg A \wedge \neg B$

　　　　　　　　　　　　$\neg(A \wedge B) \Leftrightarrow \neg A \vee \neg B$

⑦ 吸收律　　　　　　　　$A \vee (A \wedge B) \Leftrightarrow A$

　　　　　　　　　　　　$A \wedge (A \vee B) \Leftrightarrow A$

⑧ 零一律　　　　　　　　$A \vee 1 \Leftrightarrow 1$

　　　　　　　　　　　　$A \wedge 0 \Leftrightarrow 0$

⑨ 同一律　　　　　　　　$A \vee 0 \Leftrightarrow A$

　　　　　　　　　　　　$A \wedge 1 \Leftrightarrow A$

⑩ 排中律　　　　　　　　$A \vee \neg A \Leftrightarrow 1$

⑪ 矛盾律　　　　　　　　$A \wedge \neg A \Leftrightarrow 0$

⑫ 蕴涵等值式　　　　　　$A \rightarrow B \Leftrightarrow \neg A \vee B$

⑬ 假言易位　　　　　　　$A \rightarrow B \Leftrightarrow \neg B \rightarrow \neg A$

⑭ 等价等值　　　　　　　$A \leftrightarrow B \Leftrightarrow (A \rightarrow B) \wedge (B \rightarrow A)$

⑮ 等价否定等值式　　　　$A \leftrightarrow B \Leftrightarrow \neg A \leftrightarrow \neg B \Leftrightarrow \neg B \leftrightarrow \neg A$

⑯ 归谬式　　　　　　　　$(A \rightarrow B) \wedge (A \rightarrow \neg B) \Leftrightarrow \neg A$

这些基本等价公式都可以用真值表验证。有了这些基本等价公式，就可以推演出更多的等价公式，这个过程称为等值演算。在等值演算时，往往用到下述置换规则进行等值置换。

【定理 2】（置换规则）设 $\Phi(A)$ 是含公式 A 的命题公式，$\Phi(B)$ 是用公式 B 置换了 $\Phi(A)$

中的A得到的公式。若$A \Leftrightarrow B$，则$\varPhi(A) \Leftrightarrow \varPhi(B)$。

（证明略）

【例9】用等值演算法验证等值式$(p \wedge q) \vee (p \wedge \neg q) \Leftrightarrow p$。

$$
\begin{aligned}
\text{证明：} (p \wedge q) \vee (p \wedge \neg q) &\Leftrightarrow p \wedge (q \vee \neg q) && \text{（分配律）}\\
&\Leftrightarrow p \wedge 1 && \text{（排中律）}\\
&\Leftrightarrow p && \text{（同一律）}
\end{aligned}
$$

【例10】用等值演算法验证等值式$p \rightarrow (q \rightarrow r) \Leftrightarrow (p \wedge q) \rightarrow r$。

$$
\begin{aligned}
\text{证明：} p \rightarrow (q \rightarrow r) \Leftrightarrow (p \wedge q) \rightarrow r &\Leftrightarrow p \rightarrow (\neg q \vee r) && \text{（蕴涵等值式）}\\
&\Leftrightarrow \neg p \vee (\neg q \vee r) && \text{（蕴涵等值式）}\\
&\Leftrightarrow (\neg p \vee \neg q) \vee r && \text{（结合律）}\\
&\Leftrightarrow \neg (p \wedge q) \vee r && \text{（德·摩根律）}\\
&\Leftrightarrow (p \wedge q) \rightarrow r && \text{（蕴涵等值式）}
\end{aligned}
$$

7.2.2 公式的蕴涵

逻辑的一个重要功能是研究推理。虽然利用等价关系可以进行推理，但是在逻辑推理中更多的是用到蕴涵关系。

【定义 10】设A和B为命题公式，若$A \rightarrow B$是永真式，则称A蕴涵B，记作$A \Rightarrow B$。$A \Rightarrow B$称为命题公式的蕴涵式。

根据上述定义，欲证$A \Rightarrow B$，只需假定A的真值为1，若能推出B的真值也为1，则$A \rightarrow B$是永真式，即$A \Rightarrow B$成立。

【例11】证明：$\neg p \wedge (q \rightarrow p) \Rightarrow \neg q$。

证明：假定$\neg p \wedge (q \rightarrow p)$为1，则$\neg p$为1且$(q \rightarrow p)$为1，即$p$为0且$(q \rightarrow p)$为1。因此$q$为0，即$\neg q$为1，故$\neg p \wedge (q \rightarrow p) \Rightarrow \neg q$成立。

【定理3】（基本蕴涵式）设A，B，C是公式，则下述蕴涵公式成立：

① 化简式 $A \wedge B \Rightarrow A$

               $A \wedge B \Rightarrow B$

② 附加式 $A \Rightarrow A \vee B$

③ 变形附加式 $\neg A \Rightarrow A \rightarrow B$

               $B \Rightarrow A \rightarrow B$

               $\neg (A \rightarrow B) \Rightarrow A$

               $\neg (A \rightarrow B) \Rightarrow \neg B$

④ 假言推论 $A \wedge (A \rightarrow B) \Rightarrow B$

⑤ 拒取式 $\neg B \wedge (A \rightarrow B) \Rightarrow \neg A$

⑥ 析取三段论 $\neg A \wedge (A \vee B) \Rightarrow B$

⑦ 条件三段论 $(A \rightarrow B) \wedge (B \rightarrow C) \Rightarrow A \rightarrow C$

⑧ 双条件三段论 $(A \leftrightarrow B) \wedge (B \leftrightarrow C) \Rightarrow A \leftrightarrow C$

⑨ 合取构造二难　　　$(A \to B) \wedge (C \to D) \wedge (A \wedge C) \Rightarrow B \wedge D$

⑩ 析取构造二难　　　$(A \to B) \wedge (C \to D) \wedge (A \vee C) \Rightarrow B \vee D$

⑪ 前后件附加　　　　$A \to B \Rightarrow (A \vee C) \to (B \vee C)$

　　　　　　　　　　$A \to B \Rightarrow (A \wedge C) \to (B \wedge C)$。

7.2.3 命题演算的推理理论

推理是从一些已知的判断推出另一个判断的思维过程，已知的判断称为前提，从前提推导出的判断称为结论。下面给出前提、结论的严格定义。

【定义 11】设 p_1，p_2，$\cdots$，p_n 和 A 都是命题公式，若 $p_1 \wedge p_2 \wedge \cdots \wedge p_n \Rightarrow A$，则称 p_1，p_2，$\cdots$，p_n 为 A 的前提，A 为 p_1，p_2，$\cdots$，p_n 的有效结论。

注意：$p_1 \wedge p_2 \wedge \cdots \wedge p_n \Rightarrow A$ 也记为 p_1，p_2，$\cdots$，$p_n \Rightarrow A$。

【例 12】判断推理是否有效：如果今天晴天，他去上班。今天晴天，所以他去上班了。

解：首先将推理的前提和结论符号化，最后判定该命题是否为永真式。

设 p：今天晴天；q：他去上班

前提：$p \to q$，p

结论：q

证明：
$$(p \to q) \wedge p \to q \Leftrightarrow ((\neg p \vee q) \wedge p) \to q$$
$$\Leftrightarrow ((p \wedge p) \vee (\neg p \wedge q)) \to q$$
$$\Leftrightarrow (p \wedge q) \to q$$
$$\Leftrightarrow \neg p \vee \neg q \vee q$$
$$\Leftrightarrow \neg p \vee (\neg q \vee q)$$
$$\Leftrightarrow \neg p \vee 1$$
$$\Leftrightarrow 1$$

因为 $(p \to q) \wedge p \to q$ 是永真式，因而此本题的判断推理是有效的。

判断有效结论的过程称为论证，论证的方法有很多种，比如，前面介绍的真值表法、等值演算法，现在重点介绍一种新的论证方法——构造论证法。在构造论证时，常用到推理规则包括以下三项。

（1）前提引入规则：在证明的任何步骤上，都可以引入前提。

（2）结论引入规则：在证明的任何步骤上，已经得到结论都可作为后续证明的前提。

（3）置换规则：在证明的任何步骤上，公式中的任何子公式都可以用与之等价的公式置换。

构造论证法就是通过命题公式的序列给出证明，序列中每一个公式都是前提，或者是由某些前提通过按照上述推理规则、等价式、蕴涵式得到的，并且要将所用的规则写在对应的公式后面。该序列的最后一个公式就是所要证明的结论。

【例 13】用构造论证法推理例 12 的推理形式结构：$(p \to q) \wedge p \to q$。

证明：

① $p \to q$　　　　　　　　　　　　　　前提引入

② $\neg p \vee q$　　　　　　　　　　　　　蕴涵等值式

③ p　　　　　　　　　　　　　　　　前提引入

④ q　　　　　　　　　　　　　　　　③、④析取三段论

构造证明法还可以用于实际的推理。

【例14】公安人员审理一件盗窃案，已知：

① 甲或乙盗窃了计算机；

② 若甲盗窃计算机，则作案时间不可能发生在午夜前；

③ 若乙证词正确，则在午夜时屋里灯光未灭；

④ 若乙证词不正确，则作案时间发生在午夜前；

⑤ 午夜时屋里灯光灭了。

问：谁是盗窃犯？

解：设 p：甲盗窃计算机；q：乙盗窃计算机；r：作案时间发生在午夜前；s：乙证词正确；t：午夜时屋里灯光灭了。

前提：$p \vee q$，$p \to \neg r$，$s \to \neg t$，$\neg s \to r$，t

推理过程如下：

① t	前提引入
② $s \to \neg t$	前提引入
③ $\neg s$	①、②拒取式
④ $\neg s \to r$	前提引入
⑤ r	③、④假言推理
⑥ $p \to \neg r$	前提引入
⑦ $\neg p$	⑤、⑥拒取式
⑧ $p \vee q$	前提引入
⑨ q	⑦、⑧析取三段论

得出结论：乙盗窃了计算机。

7.3 谓词逻辑及其应用

命题逻辑研究的对象是命题，原子命题是进行推理论证的最小单位，不能再进行分解。因此有些推理用命题逻辑就无法解决。例如，下面著名的苏格拉底三段论：

所有人都要死。

苏格拉底是人。

所以苏格拉底要死。

根据常识，这个推理是正确的。但是在命题逻辑中，如果用 p，q，r 分别表示上述 3 个命题，则上述推理应表示为 $p \wedge q \Rightarrow r$，显然用命题逻辑不能证明这个推理的正确性。通过分析可以看出，这 3 个命题有必然的联系，全部是讨论同一件事情，而命题逻辑不能解决这种有内在联系的逻辑推理。

谓词逻辑是将原子命题进一步划分，分析出个体、量词、谓词，能够表达出个体与总体之间的内在联系和数量关系，能够有效地解决类似于苏格拉底三段论这样的涉及命题内部结构和命题间有内在联系的逻辑推理问题。

7.3.1 谓词和量词

1. 个体与谓词

【例15】讨论下列语句。

① 李华是大学生;

② 6 大于 2;

③ 点 z 在点 x 和点 y 之间。

在上述 3 个命题中,"李华"、"6"、"2"、"点 x"、"点 y"、"点 z"等都是命题讨论的对象,可以独立存在的,称为**个体**。具体或特定的个体称为**个体常项**,一般用小写字母 a,b,$\cdots$ 表示,如上例中李华,6,2 都是个体常项。抽象或泛指的个体称为**个体变项**,一般用小写字母 x,y,$\cdots$ 表示,如上例中"点 x"、"点 y"、"点 z"都是个体变项。

个体变项的取值范围称为**个体域**。一切事物组成的个体域称为**全总个体域**。

【例 15】中的"…是大学生"、"…大于…"、"…在…和…之间"指明了个体性质与个体之间的关系,称为**谓词**,谓词中所包含的个体个数称为该谓词的**元数**。谓词一般用大写字母 A,B,P,Q 等表示。

因此,【例 15】中三个命题,可符号化为:

① 设 $G(x)$ 表示个体变项 x 具有性质 G,即 x 是大学生,则李华是大学生可表示为 G(李华);

② 设 $P(x,y)$ 表示 x 大于 y,则 6 大于 2 可表示为 $P(6,2)$;

③ 设 $Q(x,y,z)$ 表示 x 在 y 和 z 之间,则点 z 在点 x 和点 y 之间可表示为 $Q(z,x,y)$。

【例 16】将下列命题在谓词逻辑中符号化。

① 如果李华会游泳,张伟同样会游泳;

② 若 6 大于 2,则小张比小王高。

解:① 设 $G(x)$:x 会游泳

则 $G($ 李华 $) \to G($ 张伟 $)$

② $P(x,y)$:x 大于 y;$Q(x,y)$:x 比 y 高

则 $P(6,2) \to Q($ 小张,小王 $)$。

2.量词

在谓词逻辑中,表示数量的词称为量词,分为全称量词和存在量词两种。

全称量词表示个体域中的全体,用符号 $\forall$ 表示。$\forall x$ 表示"对一切的 x"、"对所有的 x"、"对任意的 x"、"对每一个 x",$\forall x F(x)$ 表示个体域中所有个体都具有性质 F。

存在量词表示个体域中的部分个体(至少一个),用符号 $\exists$ 表示。$\exists x$ 表示"对某一个 x"、"对某些 x"、"至少有一个 x"、"存在某一个 x",$\exists x F(x)$ 表示个体域中有的个体具有性质 F。

【例 17】将下列命题在谓词逻辑中符号化。

① 所有人都会使用计算机;

② 只有有些人会使用计算机。

解:设个体域为人的集合,令 $F(x)$ 表示 x 会使用计算机,则

① $\forall x F(x)$;② $\exists x F(x)$。

设个体域为全总个体域,必须先将人分离出来,因此令 $G(x)$ 表示 x 是人,则

① $\forall x(G(x) \to F(x))$;② $\exists x(G(x) \land F(x))$。

在谓词逻辑中,对含有量词的命题,除非特别声明,其个体域都是指全总个体域。因此就需要在命题中描述个体变项的变化范围与全总个体域的关系,**特性谓词**就是描述个体变项变化范围的谓词,如在【例 17】中的谓词 $G(x)$。

注意：使用量词时，应注意以下几点：

① 在不同的个体域中，命题符号化的形式可能不一样。

② 如果没有指定个体域，则默认为是指全总个体域。

③ 引入特性谓词后，全称量词和存在量词的符号化形式规定如下：

全称量词 $\forall x$ 后接条件式，如【例 17】的 $\forall x(G(x) \to F(x))$；

存在量词 $\exists x$ 后接合取式，如【例 17】的 $\exists x(G(x) \wedge F(x))$。

【例 18】将下列命题在谓词逻辑中符号化。

① 只要能被 2 整除的就是偶数。

② 人无完人。

解：① 设 $F(x)$：x 能被 2 整除，$G(x)$：x 是偶数，

则符号化为：$\forall x(F(x) \to G(x))$

② 这句话可以理解为没有完美的人，设 $F(x)$：x 是人，$G(x)$：x 是完美的，

则符号化为：$\exists x(\neg G(x) \wedge F(x))$

【例 19】将苏格拉底三段论在谓词逻辑中符号化：

所有人都要死。苏格拉底是人。所以苏格拉底要死。

解：设 $F(x)$：x 是人，$G(x)$：x 是要死的，a：苏格拉底

则符号化为：$\forall x(F(x) \to G(x))$，$F(a) \Rightarrow G(a)$。

7.3.2 谓词公式

在谓词逻辑中，命题符号化的结果是以谓词公式的形式体现的。为了使符号化更准确和规范，以便正确进行谓词演算和推理，首先需要给出以下几个定义。

【定义 12】设 $A(x_1, x_2, \cdots, x_n)$ 表示一个 n 元谓词，$x_1, x_2, \cdots, x_n$ 是个体常项或个体变项，则称 $A(x_1, x_2, \cdots, x_n)$ 为原子公式。

【定义 13】谓词公式的递归定义如下：

① 原子公式称为谓词公式；

② 如果 A 是谓词公式，则 $\neg A$ 也是谓词公式；

③ 如果 A，B 是谓词公式，则 $A \wedge B$，$A \vee B$，$A \to B$，$A \leftrightarrow B$ 也是谓词公式；

④ 如果 A，B 是谓词公式，则 $\forall x A$，$\exists x A$ 也是谓词公式；

⑤ 有限次的应用①~④组成的符号串是谓词公式。

说明：谓词公式和命题公式的定义类似，都是一个递归过程，其中，①是递归的基础，②、③、④是递归的规律，⑤是递归的界限。

命题符号化的步骤如下：

① 正确理解给定的命题，弄清楚每个原子命题之间的关系；

② 分析出每个原子命题的个体、谓词和量词；

③ 选择恰当的量词（注意全称量词 $\forall x$ 后接条件式，存在量词 $\exists x$ 后接合取式）；

④ 选择恰当的联结词，写出谓词公式。

【例 20】在谓词逻辑中符号化：尽管有人在这次考试中及格，但并不是所有的人都可以在这次考试中及格。

解：设 $F(x)$：x 是人，$G(x)$：x 在这次考试中及格

则符号化为：$\exists x(F(x) \wedge G(x)) \wedge \neg\forall x(F(x) \to G(x))$

谓词公式是由个体常项、个体变项、函数变项、谓词变项通过量词、逻辑联结词连接起来的符号串，对谓词公式中所有的变项有具体的常项代替，就构成了该谓词公式的一个解释。

【定义 14】谓词公式 A 的一个解释 I 由以下四个部分组成：

① 为个体域指定一个非空集合；

② 为每个个体常项指定一个特定的个体；

③ 为每个函数指定特定的函数；

④ 为每个谓词变项指定一个特定的谓词。

显然，对任意公式 A，如果给定 A 的一个解释 I，则在解释 I 下 A 有唯一的真值，记作 $T_I(A)$。

例如，谓词公式 $\forall xF(x, g(x))$ 在没有给出解释的时候没有实际意义，如果给出下面的解释：

D：全人类的集合；

$g(x)$：x 的爸爸；

$F(x, y)$：x 的年龄比 y 小。

则 $\forall xF(x, g(x))$ 给出的是这样的命题：每个人的年龄都比他爸爸小，真值为 1。

7.3.3　谓词演算的推理理论

谓词演算的推理方法，可以看做命题演算推理方法的扩张。因此在谓词逻辑中，由前提 A_1，A_2，…，A_n 推出结论 B 的形式结构仍然是 $A_1 \wedge A_2 \wedge \cdots \wedge A_n \to B$。如果此式是永真式，则称由前提推出结论 B 的推论正确，记作 $A_1 \wedge A_2 \wedge \cdots \wedge A_n \Rightarrow B$，否则称推理不正确。

谓词逻辑是建立在命题逻辑基础上的，因此命题逻辑中的推理定律和规则在谓词逻辑的推理中全部适用。下面介绍只适用于谓词逻辑推理的 4 条规则。

（1）全称指定规则（US 规则）：（1）$\forall xF(x) \Rightarrow F(a)$；（2）$\forall xF(x) \Rightarrow F(y)$

该规则的意义是：若对于个体域中的任意个体 x，都有 $F(x)$ 成立，则（1）对于该个体域中的某一个体 a，必有 $F(a)$ 成立；（2）对于个体域中任意个体 y，必有 $F(y)$ 成立。

（2）存在指定规则（ES 规则）：　$\exists xF(x) \Rightarrow F(a)$

该规则的意义是：若个体域存在个体 x，使得 $F(x)$ 成立，则在这个体域中一定能找到一个具体的个体 a，使得 $F(a)$ 成立。

（3）全称推广规则（UG 规则）：　$F(y) \Rightarrow \forall xF(x)$

该规则的意义是：若个体域中每一个体 y，都有 $F(y)$ 成立，则对于该个体域中任意个体 x，都有 $F(x)$ 成立。

（4）存在推广规则（EG 规则）：$F(a) \Rightarrow \exists xF(x)$

该规则的意义是：若个体域存在个体 a，使得 $F(a)$ 成立，则在该个体域中一定存在个体 x，使得 $F(x)$ 成立。

【例 21】证明苏格拉底三段论：$\forall x(F(x) \to G(x))$，$F(a) \Rightarrow G(a)$。其中，$F(x)$：x 是人，$G(x)$：x 是要死的，a：苏格拉底。

证明：

①　$\forall x(F(x) \to G(x))$　　　　　　　　　　　　　前提引入

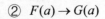

② $F(a) \rightarrow G(a)$ ①全称指定

③ $F(a)$ 前提引入

④ $G(a)$ ②、③假言推理

【例22】证明下列推理的正确性。

所有的有理数都是实数。某些有理数是整数。所以某些实数是整数。

解：设 $F(x)$ ： x 是实数， $G(x)$ ： x 是有理数， $H(x)$ ： x 是整数。

前提： $\forall x(G(x) \rightarrow F(x))$ ， $\exists x(G(x) \wedge H(x))$

结论： $\exists x(F(x) \wedge H(x))$

证明：

① $\exists x(G(x) \wedge H(x))$ 前提引入

② $G(a) \wedge H(a)$ ①全称指定

③ $G(a)$ ②化简

④ $\forall x(G(x) \rightarrow F(x))$ 前提引入

⑤ $G(a) \rightarrow F(a)$ ④存在指定

⑥ $F(a)$ ③、⑤化简

⑦ $H(a)$ ②化简

⑧ $F(a) \wedge H(a)$ ②、③合取

⑨ $\exists x(F(x) \wedge H(x))$ ⑧存在推广

习题 7

1. 判断下列句子哪些是命题，并讨论其真值。

（1）7 是质数；

（2） $3x - 9 < 0$ ；

（3）7 能被 3 整除；

（4）6 是偶数且 7 是奇数；

（5）请勿吸烟！

（6）明天下冰雹；

（7）公园 3000 年，人类将移居到新的星球；

（8）如果李华明年没考上大学，他将去学汽车修理；

（9）你下午有空吗？

（10）所有的颜色都可以用红、黄、蓝三色调配而成。

2. 将下列命题符号化。

（1）地球上没有生物；

（2）如果我有时间，一定去上海参观世博会；

（3）小李一边看电视，一边吃零食；

（4）小王即会游泳又会下棋；

（5）3+2=6 当且仅当美国位于亚洲；

（6）我既不看电视也不看书，我在睡觉；

（7）如果天不下雨并且我有时间，那么我去逛街；

（8）除非天气炎热，否则小梅不去游泳。

3. 用真值表判断下列各小题中的两个命题公式是否相等。

（1）$p \rightarrow q$ 与 $\neg p \rightarrow \neg q$；

（2）$p \rightarrow (q \rightarrow r)$ 与 $(p \wedge q) \rightarrow r$。

4. 证明下列等价式成立。

（1）$p \rightarrow (q \rightarrow p) \Leftrightarrow p \rightarrow (p \rightarrow \neg q)$；

（2）$p \rightarrow (q \vee r) \Leftrightarrow (p \wedge \neg q) \rightarrow r$；

（3）$(p \rightarrow r) \wedge (q \rightarrow r) \Leftrightarrow (p \vee q) \rightarrow r$；

（4）$\neg (p \leftrightarrow q) \Leftrightarrow (p \vee q) \wedge \neg (p \wedge q)$。

5. 证明下列蕴涵式成立。

（1）$p \rightarrow (q \rightarrow q) \Rightarrow p \vee q$；

（2）$p \rightarrow q \Rightarrow p \rightarrow (p \wedge q)$；

（3）$p \rightarrow (q \rightarrow r) \Rightarrow (p \rightarrow q) \rightarrow (p \rightarrow r)$；

（4）$(p \vee q) \wedge (p \rightarrow r) \wedge (q \rightarrow r) \Rightarrow r$。

6. 证明下列推理的有效性。

（1）$\neg (p \wedge \neg q)$，$\neg q \vee r$，$\neg r \Rightarrow \neg p$；

（2）$p \rightarrow q$，$(\neg q \vee r) \wedge \neg r$，$\neg (\neg p \wedge s) \Rightarrow \neg s$。

7. 用命题公式描述下列推理的形式，并证明推理是否正确。

（1）如果他晚上上班，他白天一定睡觉。如果他白天不上班，他晚上一定上班。现在，他白天没睡觉，所以他一定白天上班。

（2）如果天下雨，春游就改期；如果没有球赛，春游就不改期。结果没有球赛，所以没有下雨。

8. 在谓词逻辑中将下列命题符号化。

（1）李华是大学生；

（2）有理数都是实数；

（3）没有不犯错误的人；

（4）有一些整数是质数；

（5）并非每一个实数都是有理数。

9. 构造下列推理的证明。

（1）$\forall x (\neg F(x) \rightarrow G(x))$，$\forall x \neg G(x) \Rightarrow \exists x F(x)$；

（2）$\neg \exists x (F(x) \wedge G(a)) \Rightarrow \exists x F(x) \rightarrow \neg G(a)$。

10. 用谓词公式描述下列推理的形式，并证明推理是否正确。

（1）所有的有理数都是实数，所有的无理数也是实数，任何虚数都不是实数，所以任何虚数既不是有理数，也不是无理数。

（2）凡是计算机系的学生都会安装系统软件。李华不会安装系统软件，所以李华不是计算机系的学生。

第8章 图论初步

8.1 图的基本概念

8.1.1 哥尼斯堡七桥问题——认识图

哥尼斯堡七桥问题是 18 世纪著名古典数学问题之一。当时在德国的哥尼斯堡城有一条普雷格尔河，河中有两个岛屿，河的两岸与岛屿之间有七座桥相互连接，如图 8-1（a）所示，A、B 分别表示河中的岛屿，C、D 为河两岸的陆地。

由于岛上有古老的哥尼斯堡大学，有教堂，还有哲学家康德的墓地和塑像，因此城中的居民，尤其是大学生们经常沿河过桥散步。渐渐地，爱动脑筋的人们提出了一个问题：一个散步者能否一次走遍 7 座桥，而且每座桥只许通过一次，最后仍回到起始地点。这就是七桥问题。

这个问题看起来似乎简单，然而许多人做过尝试始终没有能找到答案。因此一群大学生写信给当时年仅 20 岁的数学家欧拉。为了寻求答案，1736 年欧拉将这个问题抽象：既然陆地是桥梁的连接地点，不妨把图中被河隔开的陆地看成 4 个点，7 座桥表示 7 条连接这 4 个点的线，如图 8-1（b）所示。

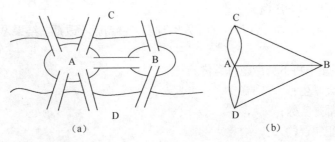

（a）　　　　　　　　　　　　　　（b）

图 8-1

于是七桥问题就等价于图 8-1（b）所示图形的一笔画问题。即能否从某一点开始不重复地一笔画出这个图形，最终回到原点。后来欧拉很快证明出这是不可能的，因为图形中每一个顶点都与奇数条边相连接，不可能将它一笔画出，这就是古典图论中的第一个著名问题。

哥尼斯堡七桥问题让我们认识到，用由点和边构成的图可以直观又准确地反映许多事物对象之间的关系。借助于图论的理论及方法，可以成功地解决许多科学研究、生产和社会生活中的问题。

8.1.2 图的基本概念

图论中所说的图是描述事物之间关系的一种手段。在实际生产生活中，人们为了反映事物之间的关系，常常在纸上用点和线来画出各式各样的示意图。

例如，在一群人中，相互认识这个关系我们可以用图来表示，图 8-2 就是一个表示这种关系的图。

在图 8-2 中，我们分别用 6 个点 v_1，v_2，…，v_6 表示 6 个人，用这 6 个人之间连线来反映他们之间相互认识的关系。如图 8-2 所示，v_1 与 v_2 有连线，说明他俩相互认识，v_3 与 v_5 有连线，而与 v_4 没有连线，这说明 v_3 与 v_5 相互认识，而 v_3 与 v_4 却相互之间不认识。

从上面这个例子可以看出用图可以很好地描述和刻画反应对象之间的特定关系，如果我们用语言文字来描述这 6 个人的相互认识关系，将会费很多的口舌，花很多的笔墨却不见得能达到图 8-2 的简单明了的效果。图论不仅仅是要描述对象之间的关系，还要研究特定关系之间的内在规律。在一般的情况下，图中点的相对位置如何和点与点之间连线的长短曲直，对反映的事物之间的关系并不重要。

如果我们把上面例题中"相互认识"的关系改成"认识"的关系，那么只用两点连线就很难刻画它们之间的关系。这时，我们可以引进带箭头的连线来描述。例如，v_1 认识 v_5，而 v_5 不认识 v_1，我们可以用一条连接 v_1 和 v_5 且箭头对着 v_5 点的连线来表示。如图 8-3 所示，就是反映这 6 个人"认识"关系的图。

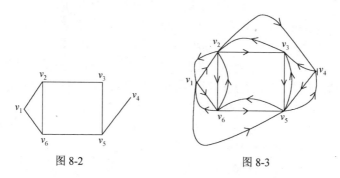

图 8-2   图 8-3

综上所述，图论中的图是由点和点与点之间的线所组成的。点用来表示研究对象，点与点之间的连线表示研究对象之间的特定关系。通常，我们把点与点之间不带箭头的线叫做边，带箭头的线叫做弧。

如果一个图是由点和边所构成的，那么称它为无向图，记作 $G = (V, E)$，其中 V 表示图 G 的点集合，E 表示图 G 的边集合。连接点 v_i，$v_j \in V$ 的边记作 $[v_i, v_j]$，或者 $[v_j, v_i]$。

图 8-4 所示是一个无向图 $G = (V, E)$，其中 $V = \{v_1, v_2, v_3, v_4\}$，
$E = \{[v_1, v_2], [v_1, v_3], [v_3, v_1], [v_2, v_3], [v_3, v_4], [v_2, v_4], [v_4, v_4]\}$。

如果一个图是由点和弧所构成的，那么称它为有向图，记作 $D = (V, A)$，其中 V 表示有向图 D 的点集合，A 表示有向图 D 的弧集合。一条方向从 v_i 指向 v_j 的弧，记作 (v_i, v_j)。

图 8-5 所示是一个有向图 $D = (V, A)$，其中 $V = \{v_1, v_2, v_3, v_4\}$，$A = \{(v_1, v_2), (v_2, v_3), (v_3, v_2), (v_2, v_4), (v_4, v_3)\}$。

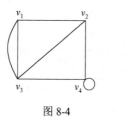

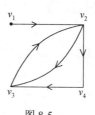

图 8-4   图 8-5

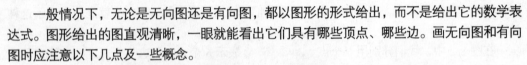

一般情况下，无论是无向图还是有向图，都以图形的形式给出，而不是给出它的数学表达式。图形给出的图直观清晰，一眼就能看出它们具有哪些顶点、哪些边。画无向图和有向图时应注意以下几点及一些概念。

（1）在无向图中，无向边$[v_i, v_j]$是顶点v_i与v_j之间的线段，无方向。在有向图中，弧(v_i, v_j)是有方向的，方向的箭头必须从v_i指向v_j。并且v_i称为弧(v_i, v_j)始点，v_j称为弧(v_i, v_j)终点。

（2）无论是有向图还是无向图，我们都常常用符号e_i表示边。

（3）点集V和边集E都是有穷集的图，为有限集。是我们研究的对象。

（4）一个无向图$G = (V, E)$或是有向图$D = (V, A)$中的点数记作$p(G)$或者$p(D)$，简记为p，有些书上也记为$|V|$；边数或者弧数记作$q(G)$或者$q(D)$，简记为q，有些书上也记为$|E|$或者$|A|$。

（5）若图G的点集合V的元素个数$p(G) = |V| = n$，我们称图G是n阶图。特别地，若$p(G) = |V| = 1$，则称图G为平凡图。平凡图是只有一个点且无边的图。

（6）设图$G = (V, E)$的一条边为$e_k = [v_i, v_j]$，称v_i，v_j为e_k的端点。边e_k与v_i，v_j均为彼此关联的。若$v_i \neq v_j$，则称e_k与v_i（或v_j）关联次数为1，若$v_i = v_j$，则称e_k与v_i关联次数为2，若v_l不是e_k的端点，则称e_k与v_l关联次数为0。无边关联的点称为孤立点。

（7）设图$G = (V, E)$，$v_i, v_j \in V$，$e_k, e_i \in E$。若存在某条边e以v_i，v_j为端点，则称v_i与v_j彼此相邻的。若边e_k与e_i至少有一个公共端点，则称e_k与e_i是彼此相邻的。

（8）如果一个无向图G中一条边的两个端点是相同的，那么称这条边是环，如图8-4所示的边$[v_4, v_4]$。如果两个端点之间有两条以上的边，那么称它们为多重边，如图8-4所示的边$[v_1, v_2]$，$[v_2, v_1]$。一个无环、无多重边的图称为简单图；一个无环、有多重边的图称为多重图。

（9）以点v为端点的边的个数称为点v的度，记作$d(v)$。度为零的点称为孤立点，度为1的点称为悬挂点。悬挂点的边称为悬挂边。度为奇数的点称为奇点，度为偶数的点称为偶点。

（10）在有向图D中，点v作为弧的始点的次数之和称为点v的出度，点v作为弧的终点的次数之和称为点v的入度，点v作为弧的端点的次数之和称为点v的度数或度。显然一个点的度数=其出度+其入度。

（11）对一个无向图G的每一条边$[v_i, v_j]$，如果对应地有一个数w_{ij}，则称这样的图G为赋权图，w_{ij}称为边$[v_i, v_j]$上的权。

（12）对有向图D的每一条弧(v_i, v_j)，如果对应地有一个数c_{ij}，也称这样的图D为赋权图，c_{ij}称为弧(v_i, v_j)上的权。

【定理1】在一个图$G = (V, E)$中，全部点的度之和是边数的2倍，即$\sum_{v \in V} d(v) = 2q$。

结论是显然的。因为在计算每个点的度的时候，每条边都被它的两个端点各用了一次。此定理也常常被称为握手定理。

8.1.3　子图与图的连通

1. 子图

【定义1】给定一个图$G = (V, E)$，V，E的子集V'，E'构成的图$G' = (V', E')$是图G的子图。记作$G' \subseteq G$。若$G' \subseteq G$且$G' \neq G$（即$V' \subset V$或$E' \subset E$），称G'是G的真子图。若$G' \subseteq G$且$V' = V$，则称G'是G的生成子图。

令 $v \in V$，我们用 $G-v$ 表示在图 G 中去掉点 v 和以 v 为端点的边后得到的一个图。

设 $V_1 \subseteq V$ 且 $V_1 \neq \phi$，以 V_1 为点集合，以两个端点均在 V_1 中的全体边为边集合的 G 的子图，称为由 V_1 导出的导出子图，记作 $G[V_1]$。

设 $E_1 \subset E$ 且 $E_1 \neq \phi$，以 E_1 为边集合，以 E_1 中的边关联的点的全体为点集合的 G 的子图，称为由 E_1 导出的导出子图，记为 $G[E_1]$。

如图 8-6 所示，（1），（2），（3）都是（1）的子图，其中（2），（3）是（1）的真子图，（1），（3）是（1）的生成子图。（2）既可以看成是点集合 $V_1 = \{v_1, v_2, v_3, v_4, v_5\}$ 的导出子图 $G[V_1]$，也可以看成是边集合 $E_1 = \{[v_1, v_2], [v_2, v_3], [v_4, v_5], [v_5, v_6]\}$ 的导出子图 $G[E_1]$。

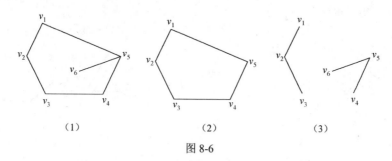

图 8-6

【定义 2】 设 $G = (V, E)$ 是 n 阶无向简单图。若 G 中的任何点都与其余的 $n-1$ 个点相邻，则称 G 为 n 阶无向完全图。

同样地，设 $D = (V, A)$ 是 n 阶有向简单图。若 D 中的任何点 $u, v \in V$（$u \neq v$），都既有 $(u, v) \in A$，又有 $(v, u) \in A$，则称 D 为 n 阶有向完全图。

【定义 3】 设 $G = (V, E)$ 是 n 阶无向简单图。以 V 为点集合，以所有能使 G 称为完全图 K_n 的添加的边组成的集合为边集合的图，称为图 G 相对于 K_n 的补图，记为 $\bar{G}$。

如图 8-7 所示，（2）为（1）的补图，显然（1）也是（2）的补图。完全图 K_n 的补图为 n 阶零图，反之亦然。

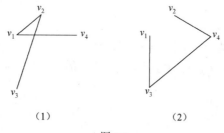

图 8-7

前面我们提到，图是描述事物之间的关系的手段。在一般情况下，图中点的相对位置如何和点与点之间的边的曲直长短都没有什么规定，所以根据同一事物之间的关系可能画出不同形状的图来，这就引出了图的同构的概念。

【定义 4】 设 $G_1 = (V_1, E_1)$，$G_2 = (V_2, E_2)$ 为两个无向图。若存在双射函数 $f: V_1 \to V_2$，使得对于任意的 $e_1 = [v_i, v_j] \in E_1$，当且仅当 $e_2 = [f(v_i), f(v_j)] \in E_2$，且 e_1 与 e_2 的重数相同，则称 G_1 与 G_2 同构，记作 $G_1 \cong G_2$。

如图 8-8 所示，（1）与（2）互为同构。

类似地可以定义两个有向图 $D_1 = (V_1, A_1)$，$D_2 = (V_2, A_2)$ 之间的同构的概念，只是应该注意有向边的方向。

从定义不难看出，图与图之间的同构关系是等价关系。若 $G_1 = (V_1, E_1)$，$G_2 = (V_2, E_2)$ 同构，则有 $|V_1| = |V_2|$，$|E_1| = |E_2|$。若它们都为标定图（即图中点标定次序的图），可调整其中某一个图的点的次序，使得两图有相同的度数列。

我们很容易找到同构的两个图所应该满足的许多必要条件，但这些条件不是充分的。到目前为止，还没有找到判断两个图是否同构的简便方法，只能对一些阶数较小的图根据定义来判断。此外也可以利用破坏必需的条件的方法判断某些图之间不是同构的。

如图 8-9 所示，$(3) \cong (4)$，

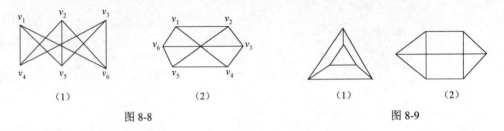

图 8-8　　　　　　　　　　　　　图 8-9

但是图 8-9 中的（3）不同构于图 8-8 中的（1）。思考，这是为什么？

【例 1】画出 4 阶 3 条边的所有非同构的无向简单图。

解：由同构定义容易看出，4 阶 3 条边的非同构简单无向图只有 3 个，如图 8-10 所示。

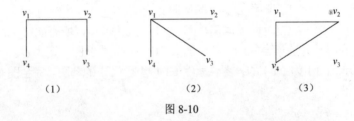

图 8-10

它们都是 K_4 的子图，度数列分别为：2，2，1，1；3，1，1，1；2，2，0，2。

【例 2】画出 3 阶 2 条边所有非同构的有向简单图。

解：由有向简单图的定义，我们可以得到 4 个 3 阶 2 条边所有非同构的有向简单图，如图 8-11 所示。

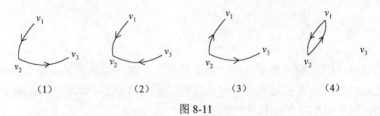

图 8-11

2．图的连通

（1）无向图连通性的概念

【定义 5】在一个无向图 G 中，如果存在一个点、边的交错序列 $(v_{i1}, e_{i1}, v_{i2}, \cdots, v_{ik-1}, e_{ik-1}, v_{ik})$，其中 $v_{it}, (t = 1, 2, \cdots, k)$ 都是图 G 的点，$e_{it} = [v_{it}, v_{it+1}]$，$t = 1, 2, \cdots, k-1$，

称这条点、边的交错序列为连接 v_{i1} 和 v_{ik} 的一条链，记为 $(v_{i1}, v_{i2}, \cdots, v_{ik})$。点 $v_{i2}, \cdots, v_{ik-1}$ 称为中间点。

若链 $(v_{i1}, v_{i2}, \cdots, v_{ik})$ 中，$v_{i1} = v_{ik}$，那么称之为圈，记为 $(v_{i1}, v_{i2}, \cdots, v_{ik-1}, v_{i1})$。如果在链 $(v_{i1}, v_{i2}, \cdots, v_{ik})$ 中的所有点 $v_{i1}, v_{i2}, \cdots, v_{ik}$ 互不相同，那么称它为初等链。如果在圈 $(v_{i1}, v_{i2}, \cdots, v_{ik-1}, v_{i1})$ 中的点 $v_{i1}, v_{i2}, \cdots, v_{ik-1}$ 都是不相同的，那么称它为初等圈。如果在一条链 $(v_{i1}, e_{i1}, v_{i2}, \cdots, v_{ik-1}, e_{ik-1}, v_{ik})$ 中所包含的边互不相同，则称它为简单链，如果在一个圈中所包含的边都不相同，那么称它为简单圈。

如图 8-12 所示，$(v_1, v_2, v_3, v_4, v_5, v_6)$ 是一条初等链，$(v_1, v_2, v_3, v_4, v_5, v_3, v_6)$ 是一条简单链，但不是初等链。$(v_1, v_2, v_3, v_5, v_4, v_1)$ 是一个初等圈，$(v_4, v_1, v_2, v_3, v_5, v_6, v_3, v_4)$ 是一个简单圈，但不是初等圈。

【定义 6】对于一个无向图 G 是平凡图，或其任何两个不同的点之间，至少存在一条链，则称 G 是连通图；否则称为不连通图。如果 G 是不连通图，那么它的每个连通部分称为 G 的连通分图。

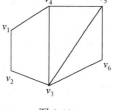

图 8-12

（2）有向图连通性的概念

【定义 7】设有向图 $D = (V, A)$，在 D 中去掉所有弧的箭头所得到的无向图，称为 D 的基础图。任给有向图 $D = (V, A)$ 的一条弧 $a = (v_i, v_j)$，称 v_i 为起点，v_j 为终点，弧的方向是从 v_i 到 v_j 的。如果存在一个点弧的交错序列 $(v_{i1}, a_{i1}, v_{i2}, \cdots, v_{ik-1}, a_{ik-1}, v_{ik})$，它在 D 的基础图中对应的点边序列是一条链，那么称这个点弧序列是有向图 D 的一条链。

类似地，可以得到有向图的初等链、圈和初等圈的定义。

如果 $(v_{i1}, v_{i2}, \cdots, v_{ik-1}, v_{ik})$ 是有向图 D 中的一条链，并且满足条件 (v_{it}, v_{it+1})，其中 $t = 1, \cdots, k-1$，那么称它为从 v_{i1} 到 v_{ik} 的一条路。如果路的第一个点和最后一个点相同，则称之为回路。类似地可定义初等回路。

【定义 8】设 $D = (V, A)$ 为一有向图。v_i、v_j 为 D 中任意两个点，若从 v_i 到 v_j 有一条路，则称 v_i 可达 v_j。设 v_i，v_j 为 D 中任意两个点，若 v_i 可达 v_j 且 v_j 也可达 v_i，则称 v_i 与 v_j 是相互可达的。

【定义 9】设有向图 $D = (V, A)$，在 D 中去掉所有弧的箭头所得到的无向图是连通图，即 D 的基础图为连通的，则称 D 是弱连通图或者是连通图。若 D 中任意两个点至少一个可达另一个，则称 D 是单向连通图。若 D 中任意两点都是相互可达，则称 D 为强连通图。

显然，若有向图 $D = (V, A)$ 是强连通的，则它一定是单向连通的；若有向图 $D = (V, A)$ 是单向连通的，则它一定为弱连通的。反之均不真。

如图 8-13 所示，（1）为强连通图；（2）为单向连通图；（3）为弱连通图。

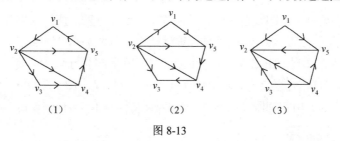

图 8-13

不难看出，若有向图 D 中存在经过每个点至少一次的路，则 D 为单向连通的。若有向图

D 中存在经过每个点至少一次的回路，则 D 为强连通的。

8.2 树及其应用

8.2.1 无向树及其性质

树是图论中非常重要的概念之一，它在许多领域中得到广泛的应用。同时它在各种各样的图中，是拓扑结构比较简单的一种。

【例 3】已知有 6 个城市，它们之间要架设电话线，要求任意两个城市均可以互相通话，并且电话线的总长度最短。

本例可以用图来很好地描述和反映对象之间的特定关系。如图 8-14 所示，我们用 6 个点 v_1，v_2，…，v_6 代表这 6 个城市。用这六个点之间的连线（即边）来反映它们之间架设电话线的情况。这样，6 个城市的一个电话网就做成一个图。

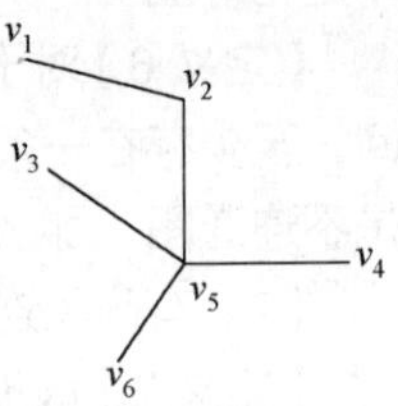

由于任意两个城市之间均可以通话，这个图必须是连通的。要使得电话线总长度最短，这个图必须是无圈的。而且，如果有圈，从圈上任意去掉一条边，剩下的图仍然是 6 个城市一个电话网。如图 8-14 所示，这个不含圈的连通图，代表了一个电话网。

图 8-14

【定义 10】连通不含圈的无向图称为无向树，简称树。常用 T 表示一棵树。

设图 $T=(V,E)$ 为一个无向树，$v \in V$。若 $d(v)=1$（即 v 为悬挂点），则称 v 为 T 的树叶。如图 8-14 所示，v_1，v_3，v_4，v_6 均为树叶。若 $d(v) \geq 2$，则称 v 为分支点。图 8-14 中，v_2，v_5 均为分支点。

【定理 2】设图 $T=(V,E)$ 是一个树，$p(T) \geq 2$，那么树 T 至少有两片树叶。

证明：设 $(v_1$，v_2，…，$v_k)$ 是树 T 中所含边数最多的一初等链。因为 $p(T) \geq 2$，并且 T 连通，所以链 $(v_1$，v_2，…，$v_k)$ 中至少有一条边，即 $v_1 \neq v_k$。现证 v_1 为一片树叶，即 $d(v_1)=1$。用反证法：假设 $d(v_1) \geq 2$，那么存在边 $[v_1,v_m]$，并且 $m \neq 2$。如果点 v_m 不在 $(v_1$，v_2，…，$v_k)$ 上，那么链 $(v_m,v_1,v_2,\cdots,v_k)$ 是图 G 中的一条初等链，并且它所含边数比链 $(v_1$，v_2，…，$v_k)$ 多一条，这与假设中的 $(v_1$，v_2，…，$v_k)$ 是树 T 中所含边数最多的一初等链相矛盾。如果点 v_m 在 $(v_1$，v_2，…，$v_k)$ 上，那么 $(v_1$，v_2，…，v_m，$v_1)$ 即为一个圈，这与图 T 是树的定义相矛盾，所以 $d(v_1)=1$，v_1 为树 T 的一片树叶。同理可证，v_k 也是树 T 的一片树叶。这说明树 T 至少有两片树叶。

【定理 3】设图 $G=(V,E)$，$|V|=n$，$|E|=m$。则图 G 是一个树的充要条件是图 G 不含圈，并且 $m=n-1$。

证明：① 必要性。设图 G 是一个树，按定义，G 不含圈。所以只需证图 G 仅有 $n-1$ 条边。用数学归纳法。当 $|V|=n=2$ 时，结论显然成立。假设 $n=k$ 时，结论成立，$m=k-1$。考察 $n=k+1$ 个点的情况。由定理 21，我们知 G 至少有两片叶子。令 v_1 是 G 的一片叶子。对于图 $G-v_1=(V_1,E_1)$，有 $|V_1|=k$，$|E_1|=|E|-1=m-1=k-2$。由于图 $G-v_1=(V_1,E_1)$ 是一个树，且有 $n=k$ 个点，由归纳假设 $|E_1|=k-1$，所以 $|E|=|E_1|+1=(m-1)+1=m=k-1=|V|-1$，即 $|V|=k+1$ 时，结论成立。

② 充分性。只需证 G 是连通图。反证法。假设 G 不是连通图，G_1，…，G_s，$(s \geq 2)$，是

G 的 s 个连通子图。由于每一个 G_i，$(i=1, \cdots, s)$ 是连通的，且不含圈，故 G_i 是树。令 G_i 有 p_i 个点，由必要性知，G_i 有 p_i-1 条边，所以，有 $q(G)=\sum_{i=1}^{s}q(G_i)=\sum_{i=1}^{s}(p_i-1)=\sum_{i=1}^{s}p_i-s=p(G)-s\leqslant p(G)-2$，这与 $q(G)=p(G)-1$ 的假设相矛盾。

【定理 4】设图 $G=(V,E)$，$|V|=n$，$|E|=m$。则图 G 是一个树的充要条件是图 G 是连通图，并且 $m=n-1$。

证明：① 必要性。设图 $G=(V,E)$ 是树，按定义，G 是连通图，由【定理 2】知，$m=n-1$。

② 充分性。只要证明 G 不含圈。用数学归纳法。当 $|V|=n=2$ 时，结论显然成立。假设 $n=k$ 时，结论成立。考场 $n=k+1$ 的情形。先证明 G 有悬挂点，假如不然，因为 G 是连通图，$|V|\geqslant 2$，故对每一个点 v_i，有 $d(v_i)\geqslant 2$，所以，$|E|=\frac{1}{2}\sum_{i=1}^{|V|}d(v_i)\geqslant |V|$，这与 $|E|=|V|-1$ 相矛盾。因此 G 有悬挂点。令 v_1 是 G 的一个悬挂点，那么图 $G-v_1=(V_1,E_1)$ 仍是连通的，$|E_1|=|E|-1=|V|-2=|V_1|-1$，由归纳假设，图 $G-v_1=(V_1,E_1)$ 不含圈，因此 G 也不含圈。

【定理 5】图 G 是一个树的充要条件是任意两个顶点之间有且仅有一条链。

这个定理的证明留给大家。

从以上定理我们不难得到以下结论：

① 从一个树中任意去掉一条边，那么剩下的图是不连通的，亦即，在点集相同的图中，树是含边数最少的连通图。

② 在树中不相邻的两个点之间加上一条边，那么恰好得到一个圈。

8.2.2 生成树与最小生成树

1．生成树

【定义 11】设图 T 是无向连通图 $G=(V,E)$ 的一个生成子图，如果 T 是树，则称 T 是 G 的生成树。G 在 T 中的边称为 T 的树枝。G 不在 T 中的边称为 T 的弦。T 的所有弦的集合的导出子图称为 T 的余树。

例如，如图 8-15（2）是图 8-15（1）的一个生成树，图 8-15（3）是图 8-15（2）的余树。

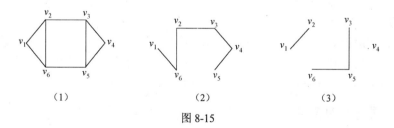

（1） （2） （3）

图 8-15

可以看出余树不一定连通，因而余树不一定是树，更不一定是生成树。

【定理 6】任何无向连通图 G 都存在生成树。

证明：若 G 不含圈，则按照定义，G 是一个树，从而 G 是自身的生成树。若 G 含圈，则任取 G 的一个圈，从该圈中任意去掉一条边，不影响图的连通性。若所得图中还有圈，则在此圈中再删去一条边，继续这一过程，直到所得图中无回路为止。设最后的图为 T，则 T 是 G 的生成树。

【定理 6】的证明，提供了一个寻求连通图的生成树的方法叫做破圈法。就是从图中任意取一个圈，去掉一条边。再对剩下的图重复以上的步骤，直到不含圈时为止，这样就得到一个生成树。

由【定理 6】可以得到如下几条推论。

【推论 1】设 n 阶无向简单连通图 G 中有 m 条边，则 $m \geqslant n-1$。

证明：由定理 26 知，G 中存在生成树。设生成树中有 m_1 条树枝，则 $m_1 = n-1$。因而 $m \geqslant m_1 = n-1$。

【推论 2】设 n 阶无向简单连通图 G 中有 m 条边，T 是 G 的一棵生成树，T' 是 T 的余树，则 T' 中有 $m-n+1$ 条边，即 T 有 $m-n+1$ 条弦。

证明：由于生成树 T 有 $n-1$ 条边，所以它有 $m-(n-1) = m-n+1$ 条弦。

2．最小生成树

设图 $G = (V, E)$ 为赋权的连通图，G 的每一条边 $[v_i, v_j]$ 对应一个非负的权 ω_{ij}（$\omega_{ij} \geqslant 0$）。

【定义 12】设 T 是无向连通带权图 G 的一个生成树，T 各边的权之和称为 T 的权，记作 $s(T)$。G 的所有生成树中权最小的生成树称为 G 的最小生成树。

在如前的【例 3】，在已知的几个城市之间连接电话网，要求总长度最短和建设费用最小，这个问题的解决都可以归结为最小生成树问题。

下面介绍求最小生成树的破圈法。

在给定的连通图中任取一个圈，去掉权最大的一条边，如果有两条以上的权最大的边，则任意去掉一条。在剩下的图中，重复以上步骤，直到得到一个不含圈的连通图为止，这个图便是最小生成树。

【例 4】用破圈法在图 8-16（1）中，求一个最小生成树。

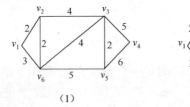

（1）　　　　　　　　　（2）

图 8-16

解：用破圈法求解。任取一个圈，例如，$(v_1, v_2, v_3, v_4, v_5, v_6)$，去掉这个圈中权最大的边 $[v_4, v_5]$。再取一个圈 $(v_1, v_2, v_3, v_5, v_6)$，去掉边 $[v_5, v_6]$。再取一个圈 (v_1, v_2, v_3, v_6)，这个圈中，有两条权最大的边 $[v_2, v_3]$ 和 $[v_3, v_6]$。任意去掉其中的一条，如 $[v_3, v_6]$。再取一个圈 (v_1, v_2, v_6)，去掉边 $[v_1, v_6]$。这时得到一个不含圈的图，如图 8-16（2）所示，即为最小生成树。这个最小生成树的所有边的总权数为 $2+2+4+2+5 = 15$。

8.2.3　根树及其应用

一个有向图 D，如果略去其各弧上的方向后所得到无向图为无向树，则称 D 为有向树。在有向树中，最重要的概念是根树，它在计算机专业的数据结构、数据库等专业课程中占据极其重要的位置。本节主要讨论根树及其性质。

1．根树

【定义 13】一个非平凡的有向树，如果有一个顶点的入度为 0，其余顶点的入度均为 1，则称此有向树为根树。在根树中，入度为 0 的顶点称为树根，入度为 1，出度为 0 的顶点称为树叶；入度为 1，出度大于 0 的顶点称为内点。内点和树根统称为分支点。

如图 8-17（1）所示就是一个根树，v_1 为树根，v_2，v_4，v_6，v_7，v_8 为树叶，v_3，v_5 为内点。我们不难看出在根树中有向边的方向都是一致的，所以当明确树根后，有向边的方向均可省去。用图 8-17（2）来替代图 8-17（1），意义仍然是明确的。

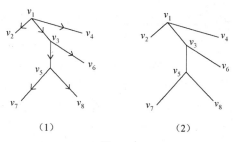

（1）　　　　　　　　（2）

图 8-17

在根树中，从树根到任一点 v 的通路长度称为点 v 的层数，记作 $l(v)$，称层数相同的点在同一层上，层数最大点的层数称为树高，记 $h(T)$ 为根树 T 的高度。如图 8-17 所示的根树中，树根 v_1 处于第 0 层，$l(v_1) = 0$；点 v_2，v_3，v_4 处于第一层上，$l(v_2) = l(v_3) = l(v_4) = 1$；点 v_5，v_6 处于第二层上，$l(v_5) = l(v_6) = 2$；点 v_7，v_8 处于第三层上，$l(v_7) = l(v_8) = 3$。可见 $h(T) = 3$。

一个根树可以看成一个家族树：若顶点 v_i 邻接点 v_j，则称 v_j 为 v_i 的儿子，v_i 为 v_j 的父亲；若 v_j 与 v_k 的父亲相同，则称 v_j，v_k 为兄弟；若 v_i 可到达 v_1，则称 v_i 为 v_1 的祖先，v_1 为 v_i 的后代。如图 8-19 所示，v_2，v_3，v_4 是兄弟，它们的父亲为 v_1。v_5，v_6 为兄弟，它们的父亲为 v_3。

【定义 14】设 T 为一个非平凡的根树。若 T 的每个分支点至多有 r 个儿子，则称 T 为 r 元树；若 T 的每个分支点都恰有 r 个儿子，则称 T 为 r 元正则树。

在所有的 r 元树中，2 元树最重要。下面讨论 2 元树的应用。

2. 最优 2 元树及 Huffman 算法

【定义 15】设 v_1，v_2，$\cdots$，v_m 为 2 元树 T 的 m 片树叶，它们的权分别为 ω_1，ω_2，$\cdots$，ω_m，称 $\sum_{i=1}^{m} \omega_i l(v_i)$ 为 2 元树 T 的权，记作 $W(T)$，其中 $l(v_i)$ 为树叶 v_i 的层数。

所谓最优 2 元树就是在所有有 m 片树叶、带权分别为 ω_1，ω_2，$\cdots$，ω_m 的 2 元树中，权最小的 2 元树。

【例 5】如图 8-18 所示的 3 棵 2 元树 T_1，T_2，T_3，都是带权 1，2，3，4，5 的 2 元树，分别求它们的权。

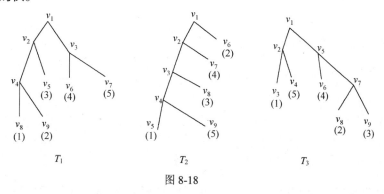

图 8-18

解：根据定义，知

$W(T_1) = (1+2) \times 3 + (3+4+5) \times 2 = 33$ ；　$W(T_2) = (1+5) \times 4 + 3 \times 3 + 4 \times 2 + 2 \times 1 = 43$ ；

$W(T_3) = (2+3) \times 3 + (1+4+5) \times 2 = 35$ 。

上例中的权最小的 2 元树 T_1 是不是带权为 1，2，3，4，5 的最优 2 元树？如何求最优树呢？

下面介绍寻求最优树的方法——Huffman 算法。

算法的具体步骤如下：

给定实数 ω_1，ω_2，$\cdots$，ω_m，并且给出大小顺序 $\omega_1 \leqslant \omega_2 \leqslant \cdots \leqslant \omega_m$ 。

① 连接权为 ω_1，ω_2 的两片树叶，得一分支点，其权为 $\omega_1 + \omega_2$ ；

② 在 $\omega_1 + \omega_2$，ω_3，$\cdots$，ω_m 中选出两个最小的权，连接它们对应的顶点（不一定是树叶），得到新的分支点及所带的权；

③ 重复②，直到形成 $m-1$ 个分支点，m 片树叶为止。

【例 6】求带权为 1，2，3，4，5 的最优 2 元树，并计算它的权 $W(T)$ 。

解：根据 Huffman 算法，

① 在权 1，2，3，4，5 中取出最小的两个权值 $\omega_1 = 1$，$\omega_2 = 2$，连接权为 ω_1，ω_2 的两片树叶，不妨设为 v_1，v_2，得到一分支点 v_3，取 v_3 的权为 $1+2=3$ ；如图 8-19（a）所示。

② 在权 3，3，4，5 中取出最小的两个权值 3，3，它们分别对应的是分支点 v_3 和树叶 v_4 ；连接 v_3，v_4 得到一分支点 v_5，取 v_5 的权为 $3+3=6$ ；如图 8-19（b）所示。

③ 在权 6，4，5 中取出最小的两个权值 4，5，连接权为 4，5 的两片树叶，不妨设为 v_6，v_7，得到一分支点 v_8，取 v_8 的权为 $4+5=9$ ；如图 8-19（c）所示。

④ 最后只剩权 6，9。连接权为 6，9 的两个分支点 v_5 和 v_8，得到新的分支点 v_9。从而得到最优树。如图 8-19（d）所示。

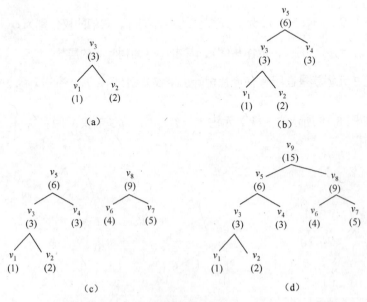

图 8-19

最优树 T 即为图 8-19（d）所示，其权 $W(T) = (1+2) \times 3 + (3+4+5) \times 2 = 33$ 。

可见上例中 2 元树 T_1 的就是带权为 1，2，3，4，5 的最优 2 元树。

8.3 最短路径问题

8.3.1 最短路径问题的提出

最短路问题是图论中十分重要的最优化问题之一，它作为一个经常被用到的基本工具，可以解决生产生活中的许多实际问题。比如，城市中的管道铺设、线路安排、工厂布局、设备更新等。也可以用于解决其他最优化问题。

在一般意义下的最短路问题是对一个赋权的有向图 D 中的指定的两个点 v_s 和 v_t，找到一条从 v_s 到 v_t 的路，使得这条路上所有弧的权数之和最小。这里，弧的赋权根据具体情况，可以是两点距离的长度、成本的花费等。所有弧的权数之和最小的那条路被称之为从 v_s 到 v_t 的最短路，这条路上所有弧的权数的总和被称为从 v_s 到 v_t 的距离。

【例 7】如图 8-20 所示的单行线交通网，每个弧旁边的数字表示这条单行线的长度。现在有一个人要从 v_1 出发，经过这个交通网到达 v_8，寻求使得总路程最短的路线。

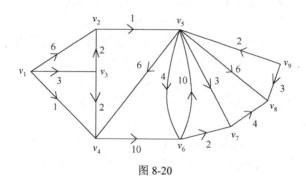

图 8-20

从图上看，从 v_1 出发到达 v_8 的路线是很多的。比如，从 v_1 出发，经过 v_2，v_5 到达 v_8，或者是从 v_1 出发，经过 v_4，v_6，v_7 达到 v_8，又或者是从 v_1 出发，经过 v_3，v_2，v_5，v_6，v_7 到达 v_8，诸如此类。不同的路线，路程的总长度是不一样的。例如，按第一条路线，总路程长度是 $6+1+6=13$ 个单位；按照第二条路线，总路程长度是 $1+10+2+4=17$ 个单位；按照第三种路线，总路程长度为 $3+2+1+4+2+4=16$ 个单位。而我们要找出最短的那条路线。

8.3.2 最短路径问题的一种解决方法

下面我们介绍一个在赋权有向图中寻求最短路的方法——Dijkstra 算法。Dijkstra 算法适用于每条弧的赋权数 $\omega_{ij} \geqslant 0$ 的情形，是目前公认的寻求最短路问题的最好的算法，并且，这个算法实际上也给出了寻求图中从一给定点 v_s 到任意一个点 v_j 的最短路。

Dijkstra 算法又称为 TP 标号法，它的基本思想是从点 v_s 出发，逐步向外寻找最短路。在运算的过程中，每个点 v_i 都会对应 TP 两个标号。点 v_i 的 P 标号记为 $P(v_i)$，表示从点 v_s 到点 v_i 的最短路权；点 v_i 的 T 标号记为 $T(v_i)$，表示从点 v_s 到点 v_i 的最短路权的上界。算法的每一步是修改点的 T 标号，将某个点的 T 标号改变为 P 标号。当图中每个点都带上 P 标号，即求出了从点 v_s 到图上每一个点 v_j 的最短路。

在介绍 Dijkstra 算法之前，给出几个符号的含义。在算法中，我们用 S_i 表示第 i 步时，

具有 P 标号点的集合。为了在计算出从 v_s 到各点的距离的同时，也找出从 v_s 到各点的最短路线，我们给每一个点 v 一个 λ 值。当算法结束时，如果 $\lambda(v) = m$，则说明在从 v_s 到 v 的最短路线上，点 v 的前一个点是 v_m。用符号 k 表示各步中由 T 标号变为 P 标号的点的下标。

现在给出此算法的基本步骤：

首先（$i=0$），令 $S_0 = \{v_s\}$，$P(v_s) = 0$，$\lambda(v_s) = 0$，对每一个 $v \neq v_s$，令 $T(v) = +\infty$，$\lambda(v) = M$，令 $k = s$。

（1）如果 $S_i = V$，则算法结束。这时，对每一个 $v \in S_i$，从 v_s 到 v 的最短路距离 $d(v_s, v) = P(v)$，否则转入（2）。

（2）看每一个使 $(v_k, v_j) \in A$，且 $v_j \notin S_i$ 的点 v_j，如果 $T(v_j) > P(v_k) + \omega_{kj}$，则把 $T(v_j)$ 改变为 $P(v_k) + \omega_{kj}$，令 $\lambda(v_j) = k$，否则转入（3）。

（3）令 $T(v_{j_i}) = \min\limits_{v_j \notin S_i}\{T(v_j)\}$，如果 $T(v_j) < +\infty$，则把 v_{j_i} 的 T 标号改变为 P 标号 $P(v_{j_i}) = T(v_{j_i})$，令 $S_{i+1} = S_i \cup \{v_{j_i}\}$，$k = j_i$，把 i 换成 $i+1$，转入（1），否则结束。这时，对每一个 $v \in S_i$，$d(v_s, v) = P(v)$。对每一个 $v \notin S_i$，$d(v_s, v) = T(v)$。

【例8】用 Dijkstra 算法求【例6】中从 v_1 到 v_8 的最短路径。

解：$i = 0$：$S_0 = \{v_1\}$，$P(v_1) = 0$，$T(v_i) = +\infty$，（$i = 2, 3, \cdots, 9$），$k = 1$；

转入（2）看 v_1：$P(v_1) + \omega_{12} = 6 < T(v_2) = +\infty$，故令 $T(v_2) = 6$，$\lambda(v_2) = 1$；

$P(v_1) + \omega_{13} = 3 < T(v_3) = +\infty$，故令 $T(v_3) = 3$，$\lambda(v_3) = 1$；

$P(v_1) + \omega_{14} = 1 < T(v_4) = +\infty$，故令 $T(v_4) = 1$，$\lambda(v_4) = 1$；

转入（3）在所有的 T 标号中，$T(v_4) = 1$ 最小，于是，令 $P(v_4) = 1$，$S_1 = \{v_1, v_4\}$，$k = 4$。

$i = 1$：

转入（2）看 v_4：$P(v_4) + \omega_{46} = 11 < T(v_6) = +\infty$，故令 $T(v_6) = 11$，$\lambda(v_6) = 4$；

转入（3）在所有的 T 标号中，$T(v_3) = 3$ 最小，于是令 $P(v_3) = 3$，$S_2 = \{v_1, v_4, v_3\}$，$k = 3$。

$i = 2$：

转入（2）看 v_3：$P(v_3) + \omega_{32} = 5 < T(v_2) = 6$，故令 $T(v_2) = 5$，$\lambda(v_2) = 3$；

转入（3）在所有的 T 标号中，$T(v_2) = 5$ 最小，于是令 $P(v_2) = 5$，$S_3 = \{v_1, v_4, v_3, v_2\}$，$k = 2$。

$i = 3$：

转入（2）看 v_2：$P(v_2) + \omega_{25} = 6 < T(v_5) = +\infty$，故令 $T(v_5) = 6$，$\lambda(v_5) = 2$；

转入（3）在所有的 T 标号中，$T(v_5) = 6$ 最小，于是令 $P(v_5) = 6$，$S_4 = \{v_1, v_4, v_3, v_2, v_5\}$，$k = 5$。

$i = 4$：

转入（2）看 v_5：$P(v_5) + \omega_{56} = 10 < T(v_6) = 11$，故令 $T(v_6) = 10$，$\lambda(v_6) = 5$；

$P(v_5) + \omega_{57} = 9 < T(v_7) = +\infty$，故令 $T(v_7) = 9$，$\lambda(v_7) = 5$；

$P(v_5) + \omega_{58} = 12 < T(v_8) = +\infty$，故令 $T(v_8) = 12$，$\lambda(v_8) = 5$；

转入（3）在所有的 T 标号中，$T(v_7) = 9$ 最小，故令 $P(v_7) = 9$，$S_5 = \{v_1, v_4, v_3, v_2, v_5, v_7\}$，$k = 7$。

$i = 5$：

转入（2）看 v_7：$P(v_7) + \omega_{78} = 13 > T(v_8) = 12$，故 $T(v_8) = 12$ 不变；

转入（3）在所有的 T 标号中，$T(v_6) = 10$ 最小，故令 $P(v_6) = 10$，$S_6 = \{v_1, v_4, v_3, v_2, v_5, v_7, v_6\}$，$k = 6$。

$i = 6$：

转入（2）看 v_6，从 v_6 出发没有弧指向不属于 S_6 的点，因此转入（3）；

转入（3）在所有的 T 标号中，$T(v_8) = 12$ 最小，令 $P(v_8) = 12$，

$S_6 = \{v_1,\ v_4,\ v_3,\ v_2,\ v_5,\ v_7,\ v_6,\ v_8\}$，$k = 8$。

$i = 7$：

转入（3）这时，仅有 T 标号的点为 v_9，$T(v_9) = +\infty$，算法结束。

所以，知从 v_1 到 v_8 的最短路距离为 12，[即 $P(v_8) = 12$]；

由 λ 值反推，可得出从 v_1 到 v_8 的最短路为 $v_1 \rightarrow v_3 \rightarrow v_2 \rightarrow v_5 \rightarrow v_8$。

Dijkstra 算法也可以应用在一个赋权无向图 $G = (V,\ E)$ 中寻求最短路。在无向图 $G = (V,\ E)$ 中边 $[v_i,\ v_j]$ 可以看成两条弧 $(v_i,\ v_j)$ 和 $(v_j,\ v_i)$，并且具有相同的权 ω_{ij}。于是在一个赋权无向图 $G = (V,\ E)$ 中，如果所有权 $\omega_{ij} \geqslant 0$，同时只要将 Dijkstra 算法中的"（2）看每一个使 $(v_k,\ v_j) \in A$，且 $v_j \notin S_i$ 的点 v_j"改为"看每一个使 $[v_k,\ v_j] \in E$，且 $v_j \notin S_i$ 的点 v_j"，而其他条件不变，即可求出从 v_s 到各点的最短链（路）。

【例 9】电信公司准备在甲、乙两地沿路架设一条光缆线，问如何架设使其光缆线路最短？如图 8-21 所示，给出了甲、乙两地的交通图，图中 v_1，v_2，…，v_6 表示 6 个地点，其中 v_1 表示甲地，v_6 表示乙地，点与点之间的连线表示两地之间的公路，边所赋的权值表示两地间公路的长度（单位：km）。

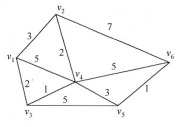

图 8-21

解：这是一个求无向图的最短路的问题。我们用 Dijkstra 算法求图中从 v_1 到 v_6 的最短路。$i = 0$：$S_0 = \{v_1\}$，$P(v_1) = 0$，$T(v_i) = +\infty$，$(i = 2, 3, \cdots, 6)$，$k = 1$；

转入（2）看 v_1：$P(v_1) + \omega_{12} = 3 < T(v_2) = +\infty$，故令 $T(v_2) = 3$，$\lambda(v_2) = 1$；

$P(v_1) + \omega_{13} = 2 < T(v_3) = +\infty$，故令 $T(v_3) = 2$，$\lambda(v_3) = 1$；

$P(v_1) + \omega_{14} = 5 < T(v_4) = +\infty$，故令 $T(v_4) = 5$，$\lambda(v_4) = 1$；

转入（3）在所有的 T 标号中，$T(v_3) = 2$ 最小，于是，令 $P(v_3) = 2$，$S_1 = \{v_1,\ v_3\}$，$k = 3$。

$i = 1$：

转入（2）看 v_3：$P(v_3) + \omega_{34} = 3 < T(v_4) = 5$，故令 $T(v_4) = 3$，$\lambda(v_4) = 3$；

$P(v_3) + \omega_{35} = 7 < T(v_5) = +\infty$，故令 $T(v_5) = 7$，$\lambda(v_5) = 3$；

转入（3）在所有的 T 标号中，$T(v_2) = T(v_4) = 3$ 最小，于是，任取 v_2，v_4 中一点，不妨令 $P(v_4) = 3$，$S_2 = \{v_1,\ v_3,\ v_4\}$，$k = 4$。

$i = 2$：

转入（2）看 v_4：$P(v_4) + \omega_{42} = 5 > T(v_2) = 3$，故 $T(v_2) = 3$ 不变；

$P(v_4) + \omega_{45} = 6 < T(v_5) = 7$，故令 $T(v_5) = 6$，$\lambda(v_5) = 4$；

$P(v_4) + \omega_{46} = 8 < T(v_6) = +\infty$，故令 $T(v_6) = 8$，$\lambda(v_6) = 4$；

转入（3）在所有的 T 标号中，$T(v_2) = 3$ 最小，于是，令 $P(v_2) = 3$，$S_3 = \{v_1,\ v_3,\ v_4,\ v_2\}$，$k = 2$。

$i = 3$：

转入（2）看 v_2：$P(v_2) + \omega_{26} = 10 > T(v_6) = 8$，故 $T(v_6) = 8$ 不变；

转入（3）在所有的 T 标号中 $T(v_5) = 6$ 最小，于是，令 $P(v_5) = 6$，$S_4 = \{v_1,\ v_3,\ v_4,\ v_2,\ v_5\}$，$k = 5$。

$i = 4$：

转入（2）看 v_5 ：$P(v_5) + \omega_{56} = 7 < T(v_6) = 8$ ，故令 $T(v_6) = 7$ ， $\lambda(v_6) = 5$ ；

转入（3）图中只有一个带 T 标号的点，即 $T(v_6) = 5$ ，令 $P(v_5) = 6$ ，$S_5 = \{v_1, v_3, v_4, v_2, v_5, v_6\}$ ，$k = 6$ 。

$i = 5$ ：这时，$S_5 = V$ ，算法结算。

所以，知从 v_1 到 v_6 的最短路距离为 7，[即 $P(v_6) = 7$]；

由 λ 值反推，可得出从 v_1 到 v_6 的最短路为 $v_1 \rightarrow v_3 \rightarrow v_4 \rightarrow v_5 \rightarrow v_6$ 。

习题 8

1. 设有无向图 $G = (V, E)$ ，其中 $V = \{v_1, v_2, v_3, v_4, v_5\}$ ，$E = \{(v_1, v_2), (v_2, v_2), (v_2, v_4), (v_4, v_5), (v_3, v_4)\}$ 。
（1）画出 $G = (V, E)$ 的图形。
（2）求 $G = (V, E)$ 中各点的度数，并验证握手定理。

2. 用破圈法求出下列图 8-22 中的最小生成树。

3. 求带权 1，3，4，5，6 的最优二元树，并计算它的权 $W(T)$ 。

4. 用 Dijkstra 算法求图 8-23 中从 v_1 到 v_7 的最短路。

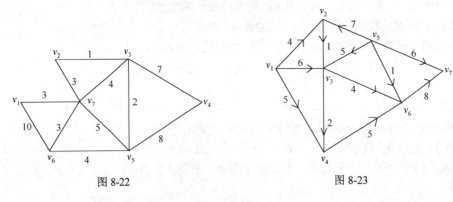

图 8-22   图 8-23

5. 用 Dijkstra 算法求图 8-24 中从 v_1 到 v_5 的最短路。

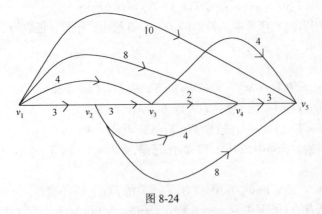

图 8-24

6. 某公司有一台已使用一年的生产设备，每年年初，公司就要考虑下一年度是购买新设备还是继续使用这台旧设备。若购买新设备，就要支出一笔购置费；若继续使用旧设备，则要支付维修费用，而且随着使用年限的延长而增加。已知这种设备每年年初的购置价格见表 8-1，还已知使用不同年限的设备所需要的维修费见表 8-2。现在需要我们制定一个五年之内的设备使用和更新计划，使得五年内设备的购置费和维修费的总支出最小。

表 8-1

年份	1	2	3	4	5
年初价格	11	11	12	12	13

表 8-2

使用年数	0~1	1~2	2~3	3~4	4~5
每年维修费用	5	6	8	11	18

第9章 数学建模初步及应用范例

近年来，随着计算机技术的迅速发展和普及，极大地增强了数学解决现实问题的能力，使其正以神奇的魅力进入科学和技术的各个领域。数学之所以能够进入各个领域，其原因在于数学的思想是纯粹抽象的。所谓抽象性，就是摒弃一切表象，而紧紧抓住本质，抓住共性。数学的这种抽象性，正是其应用广泛性的基础。应用数学解决实际问题，其桥梁就是数学模型。

9.1 数学建模入门

9.1.1 梯子的长度问题——认识数学模型

一幢楼房的后面是一个很大的花园。在花园中紧靠着楼房有一个温室，温室伸入花园宽2m，高3m，温室正上方是楼房的窗台。清洁工打扫窗台周围，他得用梯子越过温室，一头放在花园中，一头靠在楼房的墙上。因为温室是不能承受梯子压力的，所以梯子太短是不行的。现清洁工只有一架 7m 长的梯子，你认为它能达到要求吗？能满足要求的梯子的最小长度为多少？

1．问题分析与建立模型

设梯子与地面所成的角为 x（如图 9-1 所示），梯子的长度为 $L(x)$，则

$$L(x) = \frac{a}{\cos x} + \frac{b}{\sin x}, \quad x \in \left(0, \frac{\pi}{2}\right)$$

其中，a 表示温室的宽度，b 表示温室的高度。

因为 $0 < x < \frac{\pi}{2}$，所以可求得唯一稳定点

$$x = \arctan \sqrt[3]{\frac{b}{a}},$$

从而梯子的最小长度为

$$L_{\min} = \left(\sqrt[3]{a^2} + \sqrt[3]{b^2}\right)^{\frac{3}{2}},$$

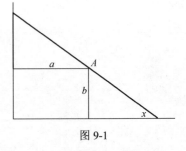

图 9-1

代入 a，b 的值，就可求得梯子的最小长度。由于手算无法得到数值结果，故宜上机计算求解。

2．计算过程

输入下列程序(Mathematica)

```
Clear[a, b, x]
L[x_]:=a/Cos[x]+b/Sin[x];
a=2; b=3;
Plot[{L[x], 7}, {x, 0.7, 1}, AxesOrigin->{0.7, 7}]
```

运行结果如图 9-2 所示。

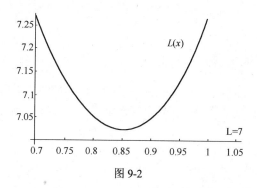

图 9-2

从图中可以看出有唯一的稳定点。下面使用 FindMinimum 命令，可以将函数的极小值点和极小值同时求出来，在实际操作中，非常方便。

FindMinimum[L[x]，{x，1}]

结果：{7.02348，{x->0.852771}}。

3．结果分析

当 $a=2$，$b=3$ 时，计算结果表明 $L_{min} \approx 7.02348$（此时 $x \approx 0.852771 \approx 48.86°$），即 7 米长的梯子是不行的。

其实，当 $a=2$，$b=2.8$ 时，运行结果为

{6.75659，{x->0.84136}}，

所以 7 米长的梯子已足够。

9.1.2　数学模型的有关概念

数学建模作为用数学方法解决问题的第一步，它与数学本身有着同样悠久的历史。例如，一个羊倌看着他的羊群进入羊圈，为了确信他的羊没有丢失，他在每只羊进入羊圈时，则在旁边放一颗小石子，如果每天羊全部入圈而他那堆小石子刚好全部放完，则表示他的羊和以前一样多。究竟羊倌数的是石子还是羊，那是毫无区别的，因为羊的数目同石子的数目彼此相等。这实际上就使石子与羊"联系"起来，建立了一个使石子与羊一一对应的数学模型。

人们在认识研究现实世界里的客观对象时，常常不是直接面对那个对象的原形，有些是不方便，有些甚至是不可能直接面对原形，因此，常常设计、构造它的各种各样的模型。例如，飞机模型、坦克模型、楼群模型等各种实物模型，也有用文字、符号、图表、公式等描述客观事物的某些特征和内在联系的模型，例如，数据库的关系模型、网络的六层次模型，以及我们这里要介绍的数学模型等抽象模型。

模型是人们对所研究的客观事物有关属性的一种模拟，它应具有事物中使我们感兴趣的主要性质，因而它应具有如下特点。

它是客观事物的一种模拟或抽象。它的一个重要作用就是加深人们对客观事物如何运行的理解，为了使模型成为帮助人们合理进行思考的一种工具，因此，需要用一种简化的方式来表述一个复杂的系统或现象。

模型必须具有所研究系统的基本特征或要素，包括决定其原因和效果的各要素间的相互关系。因为建立模型的目的就是要利用模型来实际地处理一个系统的要素，并观察它们的效果。

到底什么是数学模型？数学模型就是为了某种目的，用字母、数字及其他数学符号建立起来的等式、不等式、图表、图形以及框图等描述客观事物特征及内在联系的数学结构，是客观事物的抽象与简化。

9.1.3 数学建模的方法与步骤

建立数学模型是一个非常复杂而具有创造性的劳动，需要有丰富的相关专业知识、数学知识以及想象力等，因此数学建模没有一个固定模式，但大致分为以下几个阶段。

1．调查研究

在建模前，应对实际问题的历史背景和内在机理有深刻的了解，必须对该问题进行全面、深入细致的调查研究。首先要明确所解决问题的目的要求，并着手收集数据。数据是为建立模型而收集的，因此，如果在调查研究时对建立什么样的模型有所考虑的话，那么就可以按模型需要，更有目的、更合理地来收集有关数据。收集数据时应注意精度要求，在对实际问题做深入了解时，向有关专家或从事相关实际工作的人员请教，可以使你对问题了解更快、更直接。

2．现实问题的理想化

现实问题错综复杂，常常涉及面极广。要想建立一个数学模型来面面俱到、无所不包地反映现实问题是不可能的，也是没有必要的。一个模型，只要它能反映我们所需要的某一个侧面就够了，建模前应先将问题理想化、简单化，即首先抓住主要因素，忽略次要因素，在相对简单的情况下，理清变量间的关系，建立相应的数学模型。为此对所给问题做出必要且合理的假设，是建立模型的关键。也是这一步重点要解决的问题。

若假设合理，所建模型就能反映实际问题的实际情况；否则假设不合理或过多地忽略一些因素将会导致模型与实际情况不能吻合，或部分吻合。这时则要修改假设、修改模型。

3．模型建立

在已有假设的基础上，则可以着手建立数学模型，建模时应注意以下几点：

（1）分清变量类型，恰当使用数学工具。如果实际问题中的变量是确定型变量，建模时常选用微积分、微分方程、线性或非线性规划等；若变量是离散取值的，则往往采用线性代数、模拟计算、层次分析等数学内容与数学方法；若变量的取值带有随意性，随不同的试验会得到不相同的结果，这时，往往使用概率统计有关数学内容来进行分析与建模。

（2）抓住问题的本质，简化变量间的关系。所建数学模型越复杂，求解就越困难甚至无法求解，也就无法模拟实际。因此应尽可能用简单的模型来描述客观实际。因此，建模的原则是：既简单明了、又能解决实际问题。能不采用则尽量不采用高深的数学知识，不追求模型的完美。只要能解决问题，模型越简单就越利于模型的应用。

（3）建模要有较严密的推理。在已定的假设下，建模的推理过程越严密，所建模型的正确性就越有保证。

（4）建模要有足够的精度。实际问题常对精度有所要求，建模时和收集资料时都应予以充分考虑。但由于实际问题往往非常复杂，做假设时要去掉非本质的东西，又要反映本质的关系和内容，这就要求一定要掌握好尺度，甚至要反复摸索解决。

4．模型求解

不同的模型要用到不同的数学工具才能求解。由于计算机的广泛使用，利用已有的许多计算机软件为求解各种不同的数学模型带来了方便。其中著名的有 Mathematica、Matlab、

MathCAD 等。掌握了它们，将会使你解决问题事半功倍。

当然，利用高级语言，也可以求解许多实际问题。模型建立后，则要根据所建立的数学模型，结合相应数学问题的求解算法，例如，方程的求根方法，极值问题求解的最速下降法，微分方程的数值解法等，编程求解才行。

5．模型分析与检验

对模型求出的解进行数学上的分析，有助于对实际问题的解决。分析时，有时要根据问题的要求对变量间的依赖关系进行分析和对解的结果稳定性进行分析，有时根据求出的解对实际问题的发展趋势进行预测，为决策者提供最优决策方案。除此之外，常常还需要进行误差分析，模型对数据的稳定性分析和灵敏度分析等。

用多元函数的全微分公式可以估算自变量（往往是可以提供数据的变量）的误差对求解结果的影响，就是对模型的稳定性的一种分析方法。

另外，要说明一个模型是否反映了客观实际，也可用已有的数据去验证。如果由模型计算出来的理论数据与实际数据比较吻合，则可以认为模型是成功的。如果理论数值与实际数值差别较大，则模型失败。如果是部分吻合，则可找原因，发现问题，修改模型。如在 9.2.2 小节中对模型的讨论采用的就是这种方法。

修改模型时，对约束条件也要重新考虑，增加、减少或修改约束条件，甚至于修改模型假设，重新建模。

6．模型应用

数学模型应用非常广泛，可以说已经应用到各个领域，而且越来越渗透到社会学科、生命学科、环境学科等。由于建模是预测的基础，而预测又是决策与控制的前提。因此用数学模型对实际工作进行指导，可以节省开支、减少浪费、增加收入。特别是对未来的预测和估计，对促进科学技术和工农业生产的发展具有更大的意义。

建立数学模型的步骤如图 9-3 所示。

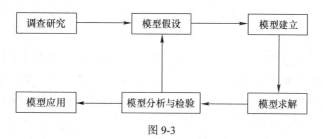

图 9-3

就这些阶段来讲，也不是严格区分的，常要根据具体情况具体分析、灵活运用。

9.2 数学建模应用范例

9.2.1 兔子会濒临灭绝吗

兔子善良温顺，以青草为食物，从不加害于人类和任何动物。然而在弱肉强食的动物世界里，兔子却是弱者，虎狼以它们为食物，猎人以它们为目标。兔肉不仅可享为美食，而且皮毛可制成裘衣，是人类消费最多的动物之一，但至今没有任何一个国家把兔子列为濒危物种。究其原因，一是它们对食物等的生态环境要求很低，二是它们的繁殖能力极强。

在数学史上有一个影响很大的意大利数学家裴波那契（Fibonacci，1170～1250），他早年随父亲到北非，跟随阿拉伯人学习数学，后游历地中海沿岸诸国，1202年回到意大利故乡比萨，用拉丁文翻译了其代表作《算经》，《算经》系统地介绍了印度计数法和阿拉伯与希腊的数学成就，影响并改变了当时整个欧洲的数学面貌，"裴波那契数列"就出自他的这本书。1，2，3，5，8，13，21，34，55，89，144，233，377，610，987，…。

裴波那契数列的通项公式及其一系列珍宝般的数学性质是后人花了几个世纪的心血发现的，然而所有的那些成果都起源于下面的"兔子问题"。

假设有人买了一对兔子，将其养殖在完全封闭的围墙内，我们希望知道一年后兔子能繁衍到多少对？当然，兔子的繁殖数量带有偶然性的因素，为使我们的讨论能进行下去，还得附加一些使问题确定化的条件，例如，我们不妨给出以下假设：每对兔子恰好每月生雌雄一对小兔子，小兔子出生以后，在其第二个月就成熟且能生育，而且也是每月生一对小兔子，此外，假设一年内没有兔子死亡。

我们设第 n 个月有 $f(n)$ 对兔子，如图 9-4 所示。

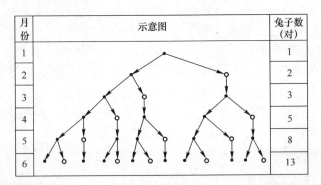

图 9-4

这里用符号○与●分别表示未成熟的和已经成熟的兔子，每对未成熟的兔子（○）在下月就变成成熟的兔子（●），每对成熟的兔子（●）在下月又生下一对小兔，变成两对兔子（●○）。于是我们得到 $f(1)=1$，$f(2)=2$，$f(3)=3$，$f(4)=5$ 等。一般地，第 n 个月兔子的对数是第 $n-1$ 个月的对数加上第 $n-2$ 个月的对数，即

$$\begin{cases} f(n) = f(n-1) + f(n-2), & n = 3, 4, \cdots \\ f(1) = 1, \ f(2) = 2 \end{cases}, \tag{1}$$

因为 $f(1)=1$，$f(2)=2$，根据上述的递推公式，我们得知第 1 月和第 2 月兔子的对数之和为第 3 月的兔子对数，第 2 月和第 3 月的兔子对数之和为第 4 月的兔子对数等。于是就有了表 9-1。

表 9-1　　　　　　　　　　每月兔子对数

月份 n	1	2	3	4	5	6	7	8	9	10	11	12	13
兔子对数 $f(n)$	1	2	3	5	8	13	21	34	55	89	144	233	377

从表 9-1 可以看出在一周年以后兔子的对数为 377。如果我们要求两年后、三年后、四

年后……的兔子对数，那又该怎么办呢？这么一步一步地递推下去显然不是办法。更为一般地，如果要求 n 年以后的兔子对数的表达式呢，那样逐步递推则更是不明智的。既然兔子的对数满足着一定的递推规律，那么，我们能不能给出一个 $f(n)$ 的一般表达式呢？

将兔子对数满足的递推关系式（1）改写成为

$$f(n) - f(n-1) - f(n-2) = 0 , \quad n = 2, 3, 4, \cdots,$$

如果记 $f(n) = F_n$，则上式又可以写成

$$F_n - F_{n-1} - F_{n-2} = 0 , \quad n = 2, 3, 4, \cdots。 \tag{2}$$

（2）式是一个二阶的常系数齐次线性差分方程，其特征方程为

$$r^2 - r - 1 = 0 ; \tag{3}$$

特征根为

$$r_{1,2} = \frac{1 \pm \sqrt{5}}{2}。$$

这说明

$$f_1(n) = \left(\frac{1+\sqrt{5}}{2}\right)^n \text{ 和 } f_2(n) = \left(\frac{1-\sqrt{5}}{2}\right)^n$$

都是方程（2）的解，更为一般地，根据方程（2）的线性齐次性，$f_1(n)$ 和 $f_2(n)$ 的线性组合应当都是方程（2）的解，所以可以假设方程（2）的解为

$$f(n) = a \left(\frac{1+\sqrt{5}}{2}\right)^n + b \left(\frac{1-\sqrt{5}}{2}\right)^n,$$

其中 a 和 b 为待定的常数。下面根据（1）的初始值 $f(1) = 1$，$f(2) = 2$ 来确定 a，b 的值，即求得 a，b，使得

$$\begin{cases} 1 = a\left(\frac{1+\sqrt{5}}{2}\right) + b\left(\frac{1-\sqrt{5}}{2}\right) \\ 2 = a\left(\frac{1+\sqrt{5}}{2}\right)^2 + b\left(\frac{1-\sqrt{5}}{2}\right)^2 \end{cases},$$

可求得

$$\begin{cases} a = \frac{1+\sqrt{5}}{2\sqrt{5}} \\ b = \frac{-1+\sqrt{5}}{2\sqrt{5}} \end{cases}, \tag{4}$$

即 $f(n)$ 的一般表达式为

$$f(n) = \frac{1}{\sqrt{5}}\left(\frac{1+\sqrt{5}}{2}\right)^{n+1} - \frac{1}{\sqrt{5}}\left(\frac{1-\sqrt{5}}{2}\right)^{n+1}。 \tag{5}$$

（5）式就是著名的斐波那契数列的通项公式。

对于对任意的 n，（5）式给出了第 n 个月的兔子对数。十分有意思的是，虽然（5）式是用无理数 $\sqrt{5}$ 来表达的，但对任意的 n，$f(n)$ 竟然全部都是正整数，因为兔子的对数必然是正整数。

易看出，$\left|\dfrac{1-\sqrt{5}}{2}\right| \approx 0.618$，$\dfrac{1+\sqrt{5}}{2} \approx 1.618$，由于 $\lim\limits_{n \to \infty}\left(\dfrac{1-\sqrt{5}}{2}\right)^{n+1} = 0$，$\lim\limits_{n \to \infty}\left(\dfrac{1+\sqrt{5}}{2}\right)^{n+1} = +\infty$，

故兔子的繁衍速度差不多等价于公比为 1.618 的几何级数，增长速度是非常快的，这大概也就是虽然处于其他物种的弱肉强食之下，但至今未见兔子物种濒危的原因。

9.2.2 传染病问题

设某地区发生了一种传染病，为控制病情的发展与蔓延，需对传染病发展的各阶段有所了解，即估计传染病的传染情况，包括何时为传染病高潮期，被传染人数最终大致可达多少等。试建模研究这一问题。

传染，就是病人将病菌传播给健康者，它与病人在健康人群中的分布有关，简言之，即与病人（病菌的分布）的密度有关，因此我们做如下假设：

（1）单位时间内一个病人能传染的人数是常数 k；

（2）一旦得病，不死不愈。即在传染期内不会死亡也不会痊愈。

设最初传染病人数为 i_0，记 t 时刻的病人数为 $i(t)$。则 t 到 $t+\Delta t$ 的时间段内病人人数的增加量满足：

$$i(t+\Delta t) - i(t) = ki(t)\Delta t，$$

因此有

$$\frac{i(t+\Delta t) - i(t)}{\Delta t} = ki(t)，$$

令 $\Delta t \to 0$，并注意到最初传染病人数为 i_0，可得如下初值问题：

$$\begin{cases} \dfrac{\mathrm{d}i(t)}{\mathrm{d}t} = ki(t) \\ i(0) = i_0 \end{cases}，$$

模型求解：

将微分方程 $\dfrac{\mathrm{d}i(t)}{\mathrm{d}t} = ki(t)$ 变形可得 $\dfrac{\mathrm{d}i(t)}{i(t)} = k\mathrm{d}t$，两边积分可得

$$\ln i(t) = kt + C，$$

由于 $i(0) = i_0$，代入可得 $\ln i(0) = k \cdot 0 + C$，即 $C = \ln i_0$，因此微分方程初值问题的解为

$$\ln i(t) = kt + \ln i_0 \quad 即 \quad i(t) = i_0 \mathrm{e}^{kt}。$$

模型分析与检验：

由解易知，传染病的传播是按指数增加的，通过与传染病的数据资料比较可知，这与传染病人数较少的传染病初期相吻合。

另注意到实际中 $k > 0$，又由解可知，$\lim\limits_{t \to +\infty} i(t) = +\infty$，即随着时间的延续，得病人数将会无限量地增加，而总人数是有限的，这显然不符合实际。

仔细考察对问题的假设将发现，假设"单位时间内一个病人能传染的人数是常数 k"将随病人人数的增加越来越不合理，更好的假设应该是"单位时间内一个病人能传染的人数与当时的健康人人数成正比"，更换成这一假设，并记 r 为相应的正比例系数（常称 r 为传染率）。重新建模求解讨论有：

若仍设 t 时刻的病人数为 $i(t)$，则此时的健康人数为 $n-i(t)$，其中 n 为这一地区的总人数。从 t 到 $t+\Delta t$ 的时间段内病人人数的增加量满足：

$$i(t+\Delta t)-i(t)=ri(t)[n-i(t)]\Delta t ，$$

将其化为微分方程，再考虑到相应的初始条件得到微分方程初值问题

$$\begin{cases} \dfrac{\mathrm{d}i(t)}{\mathrm{d}t}=ri(t)[n-i(t)] \\ i(0)=i_0 \end{cases} ，$$

将微分方程 $\dfrac{\mathrm{d}i(t)}{\mathrm{d}t}=ri(t)[n-i(t)]$ 变形为 $\dfrac{\mathrm{d}i(t)}{i(t)[n-i(t)]}=r\mathrm{d}t$，两端求积分可得

$$rt+C=\int\frac{\mathrm{d}i(t)}{i(t)(n-i(t))}=\frac{1}{n}\int[\frac{1}{i(t)}+\frac{1}{n-i(t)}]\mathrm{d}i(t)=\frac{1}{n}(\ln i(t)-\ln(n-i(t)))=\frac{1}{n}\ln\frac{i(t)}{n-i(t)} ，$$

代入初始条件有：$C=\dfrac{1}{n}(\ln i_0-\ln(n-i_0))=\dfrac{1}{n}\ln\dfrac{i_0}{n-i_0}$，因此，初值问题的解满足

$$nrt+\ln\frac{i_0}{n-i_0}=\ln\frac{i(t)}{n-i(t)} ，$$

即

$$\frac{i(t)}{n-i(t)}=\frac{i_0}{n-i_0}\mathrm{e}^{rnt} ，$$

变形可得

$$i(t)=\frac{n}{1+\left(\dfrac{n}{i_0}-1\right)\mathrm{e}^{-rnt}} 。$$

这一解适用于传染病的前期（尤其是传染较快的病），它可用来预报传染高峰的到来时间。事实上，由解可得

$$\frac{\mathrm{d}i(t)}{\mathrm{d}t}=\frac{rn^2\left(\dfrac{n}{i_0}-1\right)\mathrm{e}^{-rnt}}{\left[1+\left(\dfrac{n}{i_0}-1\right)\mathrm{e}^{-rnt}\right]^2} ，$$

作 $\dfrac{\mathrm{d}i(t)}{\mathrm{d}t}$ 与 t 的曲线图（如图 9-5 所示）。

医学上称这一曲线为传染病曲线，它表示传染病人数的增加率与时间的关系。

由上式令 $\dfrac{\mathrm{d}^2i(t)}{\mathrm{d}t^2}=0$，可知 $\dfrac{\mathrm{d}i(t)}{\mathrm{d}t}$ 的极大值点为

$$t_1=\frac{\ln\left(\dfrac{n}{i_0}-1\right)}{rn} ，$$

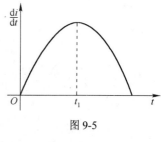

图 9-5

此即传染病传染的高峰到来时刻。由此式可知，当传染率 r 或总人数 n 增加时，高峰到来时刻 t_1 将变小，即传染高峰时刻来得越快，这与实际情况相吻合。若根据以往病发统计数

据得到了某种传染病的传染率 r，即可预报传染病传染高峰时刻。

当 $t \to +\infty$ 时，$i(t) \to n$，即到一定的时刻，所有人都将得病，这与实际不符。考察假设可以发现假设中仍有不合理之处——一旦得病，不死不愈。而实际中，则是得病后，有的会因治疗不及时而死亡，有的则幸运地被治愈，还有的会由于自身免疫力而痊愈。总而言之，纵然医疗卫生条件很差，也应予以考虑。

9.2.3 动物的繁殖问题

某农场饲养的某种动物所能达到的最大年龄为 15 岁，将其分成三个年龄组：第一组，0~5 岁；第二组，6~10 岁；第三组，11~15 岁。动物从第二年龄组起开始繁殖后代，经过长期统计，第二年龄组的动物在其年龄段平均繁殖 4 个后代，第三年龄组的动物在其年龄段平均繁殖 3 个后代。第一年龄组和第二年龄组的动物能顺利进入下一个年龄组的存活率分别为 $\dfrac{1}{2}$ 和 $\dfrac{1}{4}$。假设农场现有三个年龄段的动物各 1 000 头，问 15 年后农场三个年龄段的动物各有多少头？

1. 问题分析与建立模型

因年龄分组为 5 岁一段，故将时间周期也取为 5 年。15 年后就经过了 3 个时间周期。设 $x_i^{(k)}$ 表示第 k 个时间周期第 i 组年龄阶段动物的数量（$k=1$, 2, 3；$i=1$, 2, 3）。

因为某一时间周期第二年龄组和第三年龄组动物的数量是由上一时间周期上一年龄组存活下来动物的数量，所以有

$$x_2^{(k)} = \frac{1}{2} x_1^{(k-1)}, \quad x_3^{(k)} = \frac{1}{4} x_2^{(k-1)}, \quad (k=1, 2, 3)$$

又因为某一时间周期，第一年龄组动物的数量是由上一时间周期各年龄组出生的动物的数量，所以有

$$x_1^{(k)} = 4x_2^{(k-1)} + 3x_3^{(k-1)}, \quad (k=1, 2, 3)$$

于是得到递推关系式

$$\begin{cases} x_1^{(k)} = 4x_2^{(k-1)} + 3x_3^{(k-1)} \\ x_2^{(k)} = \dfrac{1}{2} x_1^{(k-1)} \\ x_3^{(k)} = \dfrac{1}{4} x_2^{(k-1)} \end{cases}, \quad (k=1, 2, 3)$$

用矩阵表示

$$\begin{pmatrix} x_1^{(k)} \\ x_2^{(k)} \\ x_3^{(k)} \end{pmatrix} = \begin{pmatrix} 0 & 4 & 3 \\ \dfrac{1}{2} & 0 & 0 \\ 0 & \dfrac{1}{4} & 0 \end{pmatrix} \begin{pmatrix} x_1^{(k-1)} \\ x_2^{(k-1)} \\ x_3^{(k-1)} \end{pmatrix}, \quad (k=1, 2, 3)$$

即

$$x^{(k)} = Lx^{(k-1)}, \quad (k=1, 2, 3)$$

其中

$$L = \begin{pmatrix} 0 & 4 & 3 \\ \dfrac{1}{2} & 0 & 0 \\ 0 & \dfrac{1}{4} & 0 \end{pmatrix}, \quad x^{(0)} = \begin{pmatrix} 1\,000 \\ 1\,000 \\ 1\,000 \end{pmatrix},$$

则有

$$x^{(1)} = Lx^{(0)} = \begin{pmatrix} 0 & 4 & 3 \\ \dfrac{1}{2} & 0 & 0 \\ 0 & \dfrac{1}{4} & 0 \end{pmatrix} \begin{pmatrix} 1\,000 \\ 1\,000 \\ 1\,000 \end{pmatrix} = \begin{pmatrix} 7\,000 \\ 500 \\ 250 \end{pmatrix},$$

$$x^{(2)} = Lx^{(1)} = \begin{pmatrix} 0 & 4 & 3 \\ \dfrac{1}{2} & 0 & 0 \\ 0 & \dfrac{1}{4} & 0 \end{pmatrix} \begin{pmatrix} 7\,000 \\ 500 \\ 250 \end{pmatrix} = \begin{pmatrix} 2\,750 \\ 3\,500 \\ 125 \end{pmatrix},$$

$$x^{(3)} = Lx^{(2)} = \begin{pmatrix} 0 & 4 & 3 \\ \dfrac{1}{2} & 0 & 0 \\ 0 & \dfrac{1}{4} & 0 \end{pmatrix} \begin{pmatrix} 2\,750 \\ 3\,500 \\ 125 \end{pmatrix} = \begin{pmatrix} 14\,375 \\ 1\,375 \\ 875 \end{pmatrix}。$$

2．计算过程

输入下列程序(Mathematica)

```
L={{0, 4, 3}, {1/2, 0, 0}, {0, 1/4, 0}};
X0={1 000, 1 000, 1 000};
X1=L.X0;
X2=L.X1;
X3=L.X2
```

输出结果为：{14 375，1 375，875}。

3．结果分析

15 年后，农场饲养的动物总数将达到 16 625 头，其中 0～5 岁的有 14 375 头，占 86.47%；6～10 岁的有 1 375 头，占 8.27%；11~15 岁的有 875 头，占 5.226%。15 年间，动物总增长 16 625–3 000=13 625 头，总增长率为 $\dfrac{13\,625}{3\,000} = 454.16\%$。

9.2.4　报童的抉择

报童每天清晨从报站批发报纸零售，晚上将没有卖完的报纸退回。设每份报纸的批发价为 b，零售价为 a，退回价为 c，且设 $a > b > c$。因此，报童每售出一份报纸赚钱（$a-b$），退回一份报纸赔（$b-c$）。报童每天如果批发的报纸太少，不够卖的话就会少赚钱；如果批发的报纸太多，卖不完的话就会赔钱。报童应如何确定他每天批发的报纸的数量，才能获得最大的收益？

1．问题分析与建立模型

显然，应该根据需求量来确定批发量。一种报纸的需求量是一随机变量，假定报童通过自己的实践经验或其他方式掌握了需求量的随机规律，即在他的销售范围内每天报纸的需求量为 x 份的概率为 $p(x)$（$x=0$，1，2，3，4，…）。于是，通过 $p(x)$ 和 a，b，c 就可以建立关于批发量的优化模型。

设每天批发量为 n 份，因为需求量是随机的，故 x 可以小于 n，等于 n 或者大于 n，从而报童每天的收入也是随机的。因此，作为优化模型的目标函数，应该考虑的是他长期（半年、一年等）卖报的日平均收入。根据概率论中的知识，这相当于报童每天收入的期望(以下简称平均收入)。

设报童每天批发进 n 份报纸时的平均收为 $S(n)$，若某一天需求 $x \leqslant n$，则他售出 x 份，退回（$n-x$）份；若这天需求量 $x > n$，则 n 份报纸全部卖出。因需求量为 x 的概率为 $p(x)$，故平均收入为

$$S(n) = \sum_{x=0}^{n}[(a-b)x-(b-c)(n-x)]p(x) + \sum_{x=n+1}^{\infty}(a-b)np(x)，$$

所需要考虑的问题变为当 $p(x)$ 及 a，b，c 已知时，求使 $S(n)$ 达到最大值的 n。

2．计算过程

为了便于分析和计算，同时考虑需求量 x 的取值与批发量 n 都相当大，故可将 x 视为连续变量，这时概率 $p(x)$ 转化为概率密度函数 $f(x)$，$S(n)$ 的表达式变为

$$S(n) = \int_0^n [(a-b)x-(b-c)(n-x)]f(x)\,dx + \int_n^\infty (a-b)nf(x)\,dx，$$

求导得

$$\frac{dS(n)}{dn} = (a-b)nf(n) - \int_0^n (b-c)f(x)\,dx - (a-b)nf(n) + \int_n^\infty (a-b)f(x)\,dx$$

$$= -(b-c)\int_0^n f(x)\,dx + (a-b)\int_n^\infty f(x)\,dx，$$

令 $\dfrac{dS(n)}{dn} = 0$，解得

$$\frac{\int_0^n f(x)\,dx}{\int_n^\infty f(x)\,dx} = \frac{a-b}{b-c}，$$

因此，使报童日平均收入达到最大值的批发量 n 应满足上式。

3．结果分析

首先，对于实验要求而言，若令

$$P_1 = \int_0^n f(x)\,dx，\quad P_2 = \int_n^\infty f(x)\,dx，$$

则当批发进 n 份报纸时，P_1 是需求量 x 不超过 n 的概率，即卖不完的概率；P_2 是需求量 x 超过 n 的概率，即卖完的概率。所以，由式

$$\frac{\int_0^n f(x)\mathrm{d}x}{\int_n^\infty f(x)\mathrm{d}x} = \frac{a-b}{b-c}$$

知批发的报纸份数 n 应使得卖不完与卖完的概率之比，等于卖出一份报纸赚的钱 $(a-b)$ 与退回一份赔的钱 $(b-c)$ 之比。所以，当每份报纸赚钱与赔钱之比越大时，报童批发进的报纸份数就应该越多。

另外，从数学模型的角度看，本问题实际上是需求为连续型随机变量的存储模型。所以解答过程可以推广到满足此条件的各种物质的存储问题。同时，对于需求为离散型随机变量的存储问题也可以类似处理，只是收益期望值的计算是离散型随机变量而已。

习题 9

1. 以梯子长度的例题为背景，回答下面的问题：

（1）取 $a=1.8$，在只用 6.5 m 长梯子的情况下，温室最多能修建多高？

（2）一条 1m 宽的通道与另一条 2m 宽的通道相交成直角，一个梯子需要水平绕过拐角，试问梯子的最大长度是多少？

2. 一种新产品投入市场，随着人们对它的拥有量的增加，其销售量的下降速度与销售量成正比，销售量的增加速度与对此产品的广告费用成正比，但广告只能影响该商品的市场上尚未饱和的部分（设饱和量为 M）。

（1）建立销售量的数学模型（微分方程）；

（2）设广告费为 $A(t)=\begin{cases} A & 0 \leqslant t \leqslant t_0 \\ 0 & t > t_0 \end{cases}$，求销售量；

（3）设 $A(t) \leqslant k$，为使时间 T 内总销量最大，应如何确定 $A(t)$。

3. 对于串联电路（如图 9-6 所示）和纯粹并联电路（如图 9-7 所示），求总电阻，物理上是容易计算的。对于图 9-8 所示的这种 n 级混联电路，如何求其总电阻呢？对于图 9-9 所示的有"无穷多"个支路的这类电路，当 $R=r=1$ 时，其总电阻是多少？

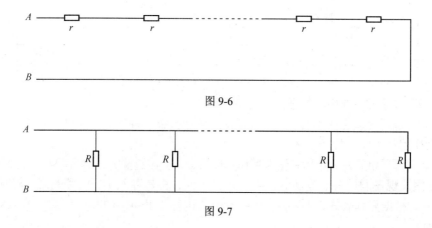

图 9-6

图 9-7

4. 某酒厂新酿制了一批好酒。如果现在就出售，可得总收入 $R_0 = 50$ 万元，如果把酒储藏起来待到来日（第 n 年）按陈酒价格出售，第 n 年末可得总收入为：$R = R_0 \mathrm{e}^{\frac{1}{6}\sqrt{n}}$ 万元。而

银行利率为 $r = 0.05$ ，试分析这批好酒储藏多少年后可使总收入现值最大？具体要求如下：

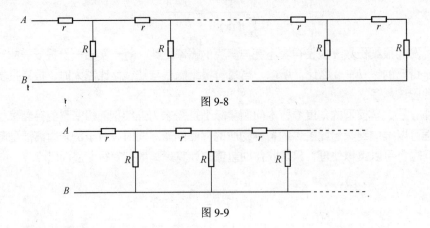

图 9-8

图 9-9

第一种方案：如果现在出售这批好酒，可得本金 50 万元。由于银行利率为 $r = 0.05$ ，按照复利计算公式，第 n 年本利和为：

$$B(n) = 50(1 + 0.05)^n ;$$

第二种方案：如果储藏起来，等到第 n 年出售，原来的 50 万元到第 n 年增值为：

$$R(n) = 50e^{\frac{1}{6}\sqrt{n}} 。$$

（1）利用这两个不同的公式分别计算出第一年末，第二年末……第十六年末采用两种方案，50 万元增值的数目。将计算所得的数据分别填入表 9-2 和表 9-3。

表 9–2　　　　　　　　　　第一种方案

第 1 年	第 2 年	第 3 年	第 4 年	第 5 年	第 6 年	第 7 年	第 8 年
第 9 年	第 10 年	第 11 年	第 12 年	第 13 年	第 14 年	第 15 年	第 16 年

表 9–3　　　　　　　　　　第二种方案

第 1 年	第 2 年	第 3 年	第 4 年	第 5 年	第 6 年	第 7 年	第 8 年
第 9 年	第 10 年	第 11 年	第 12 年	第 13 年	第 14 年	第 15 年	第 16 年

比较表 9-2 和表 9-3 中的数据，考虑如下问题。

① 如果酒厂希望在两年后投资扩建酒厂，应选择哪一种方案使这批好酒所具有的价值发挥最大作用？

② 如果酒厂希望在 8 年后将资金用作其他投资，应该选择哪一种方案？

（2）假设现在酒厂有一笔现金，数额为 X 万元，将其存入银行，等到第 n 年时增值为 $R(n)$ 万元。根据复利公式，$R(n) = X(1 + 0.05)^n$ ，则称 X 为 $R(n)$ 的现值。故 $X(n)$ 的现值计算公式为

$$X(n) = \frac{R(n)}{(1 + 0.05)^n} ,$$

将 $R(n)=50\mathrm{e}^{\frac{1}{6}\sqrt{n}}$ 代入上式，可得酒厂将这批好酒储藏起来作为陈酒在第 n 年后出售所得总收入的现值为

$$X(n)=\frac{50\mathrm{e}^{\frac{1}{6}\sqrt{n}}}{(1+0.05)^{n}},$$

利用这一公式，计算出 16 年内陈酒出售后总收入 $X(n)$ 的现值数据填入表 9-4。

表 9-4 陈酒出售后的现值

第 1 年	第 2 年	第 3 年	第 4 年	第 5 年	第 6 年	第 7 年	第 8 年
第 9 年	第 10 年	第 11 年	第 12 年	第 13 年	第 14 年	第 15 年	第 16 年

根据表 9-4 中的数据，考虑下面的问题：

① 如果酒厂打算将这批好酒出售所得收入用于 8 年后的另外投资，应选择哪一年作为出售陈酒的最佳时间？

② 如果综合考虑银行利率，将出售陈酒后所得总收入再存入银行，使得 8 年后资金增值最大，又应该作何选择？

（3）考虑银行利率按连续复利公式计算：$R(t)=X(t)\mathrm{e}^{0.05t}$（或 $X(t)=R(t)\mathrm{e}^{-0.05t}$），而酒厂将这批好酒窖藏到第 n 年，作为陈酒出售总收入为 $R(t)=50\mathrm{e}^{\frac{1}{6}\sqrt{t}}$。结合这两个计算公式，将 t 年后陈酒出售总收入的现值 X 视为时间 t 的函数。试写出函数 $X(t)$ 的表达式，并利用求一元函数极大值的方法求出酒厂将这批好酒作为陈酒出售的最佳时机。

5. 鱼群是一种可再生的资源。若目前鱼群的总数为 x 千克，经过一年的成长与繁殖，第二年鱼群的总数变为 y 千克。反映 x 与 y 之间相互关系的曲线称为再生产曲线，记为 $y=f(x)$。

现假设鱼群的再生产曲线为 $y=rx\left(1-\dfrac{x}{N}\right)$，$(r>1)$。为保证鱼群的数量维持稳定，在捕捞时必须注意适度捕捞。问

（1）假设 r 为自然增长率，试对再生产曲线的实际意义作简单解释。

（2）鱼群的数量控制在多大时，才能使我们获得最大的持续捕获量？

（3）设某鱼塘最多可养鱼 10 万千克，若鱼量超过 10 万千克，由于缺氧等原因会造成鱼群大范围死亡。根据经验知鱼群年自然增长率为 4，试计算每年的合理捕捞量。

6. 某人去登黄山，此人一步可以登一个台阶也可以登两个台阶。问他登上 n 个台阶的不同攀登方式共有多少种？

7. 假定一个植物园要培育一片作物，它由三种可能基因型 AA、Aa 及 aa 的某种分布组成，植物园的管理者要求采用的育种方案是：子代总体中的每种作物总是用基因型 AA 的作物来授粉，子代的基因型的分布见表 9-5。问：在任何一个子代总体中三种可能基因型的分布表达式如何表示？

表 9-5

		亲代的基因型					
		$AA-AA$	$AA-Aa$	$AA-aa$	$Aa-Aa$	$Aa-aa$	$aa-aa$
子代的基因型	AA	1	$\frac{1}{2}$	0	$\frac{1}{4}$	0	0
	Aa	0	$\frac{1}{2}$	1	$\frac{1}{2}$	$\frac{1}{2}$	0
	aa	0	0	0	$\frac{1}{4}$	$\frac{1}{2}$	1

附录1 初等数学基本公式

一、乘法与因式分解公式

1. $(x+a)(x+b) = x^2 + (a+b)x + ab$;

2. $(a+b)(a-b) = a^2 - b^2$;

3. $(a \pm b)^2 = a^2 \pm 2ab + b^2$;

4. $(a \pm b)^3 = a^3 \pm 3a^2 b + 3ab^2 \pm b^3$;

5. $a^2 - b^2 = (a+b)(a-b)$;

6. $a^3 + b^3 = (a+b)(a^2 - ab + b^2)$;

7. $a^3 - b^3 = (a-b)(a^2 + ab + b^2)$ 。

二、一元二次方程

$ax^2 + bx + c = 0$（ $a \neq 0$ ）

根的判别式：$\Delta = b^2 - 4ac$ ，当 $\Delta \geqslant 0$ ，方程有实根，求根公式为

$$x_{1,2} = \frac{-b \pm \sqrt{b^2 - 4ac}}{2a} ;$$

当 $\Delta < 0$ ，方程有一对共轭复根，求根公式为

$$x_{1,2} = \frac{-b \pm i\sqrt{4ac - b^2}}{2a} 。$$

三、指数公式（设 a , b 是正实数，m , n 是任意实数）

1. $a^m \cdot a^n = a^{m+n}$;

2. $\dfrac{a^m}{a^n} = a^{m-n}$;

3. $(ab)^{mn} = a^{mn} \cdot b^{mn}$;

4. $\left(\dfrac{a}{b}\right)^n = \dfrac{a^n}{b^n}$;

5. $(ab)^m = a^m b^m$;

6. $a^{\frac{m}{n}} = \sqrt[n]{a^m}$;

7. $a^{-m} = \dfrac{1}{a^m}$;

8. $a^0 = 1$;

9. $a^{mn} = \left(a^m\right)^n = \left(a^n\right)^m$ 。

四、对数公式（ $a > 0$ ，$a \neq 1$ ，$b > 0$ ，$b \neq 1$ ，$M > 0$ ，$N > 0$ ）

1. 恒等式 $a^{\log_a N} = N$ 。

2. 运算法则

（1） $\log_a(MN) = \log_a M + \log_a N$;

（2） $\log_a \dfrac{M}{N} = \log_a M - \log_a N$;

（3） $\log_a M^p = p \log_a M$ 。

3. 换底公式

$$\log_a M = \frac{\log_b M}{\log_b a} \text{。}$$

五、绝对值和不等式

1. $|a| = \begin{cases} a, & a \geqslant 0 \\ -a, & a < 0 \end{cases}$;

2. $|ab| = |a||b|$;

3. $\left|\dfrac{a}{b}\right| = \dfrac{|a|}{|b|}$;

4. $|x| < a \Leftrightarrow -a < x < a$;

5. $|x| > a \Leftrightarrow x < -a$ 或 $x > a$;

6. $|x+y| \leqslant |x|+|y|$;

7. $|a| = \sqrt{a^2}$ 。

六、三角公式

1. 平方关系

（1） $\sin^2 x + \cos^2 x = 1$;

（2） $1 + \tan^2 x = \sec^2 x$;

（3） $1 + \cot^2 x = \csc^2 x$ 。

2. 倒数关系

（1） $\csc x = \dfrac{1}{\sin x}$;

（2） $\sec x = \dfrac{1}{\cos x}$;

（3） $\cot x = \dfrac{1}{\tan x}$ 。

3. 商的关系

（1） $\tan x = \dfrac{\sin x}{\cos x}$;

（2） $\cot x = \dfrac{\cos x}{\sin x}$ 。

4. 倍角公式

（1） $\sin 2x = 2\sin x \cos x$;

（2） $\tan 2x = \dfrac{2\tan x}{1 - \tan^2 x}$;

（3） $\cos 2x = \cos^2 x - \sin^2 x = 1 - 2\sin^2 x = 2\cos^2 x - 1$ 。

5. 降幂公式

（1） $\sin^2 x = \dfrac{1 - \cos 2x}{2}$;

（2） $\cos^2 x = \dfrac{1 + \cos 2x}{2}$;

6. 加法与减法公式

（1） $\sin(x \pm y) = \sin x \cos y \pm \cos x \sin y$;

（2） $\tan(x \pm y) = \dfrac{\tan x \pm \tan y}{1 \mp \tan x \tan y}$;

（3） $\cos(x \pm y) = \cos x \cos y \mp \sin x \sin y$ 。

7. 和差化积公式

（1） $\sin x + \sin y = 2\sin\dfrac{x+y}{2}\cos\dfrac{x-y}{2}$;

（2） $\sin x - \sin y = 2\cos\dfrac{x+y}{2}\sin\dfrac{x-y}{2}$;

（3） $\cos x + \cos y = 2\cos\dfrac{x+y}{2}\cos\dfrac{x-y}{2}$;

（4） $\cos x - \cos y = -2\sin\dfrac{x+y}{2}\sin\dfrac{x-y}{2}$ 。

8. 积化和差公式

（1）$\sin x \sin y = -\dfrac{1}{2}[\cos(x+y) - \cos(x-y)]$ ；

（2）$\sin x \cos y = \dfrac{1}{2}[\sin(x+y) + \sin(x-y)]$ ；

（3）$\cos x \cos y = \dfrac{1}{2}[\cos(x+y) + \cos(x-y)]$ 。

9. 特殊角的三角函数值

x	0	$\dfrac{\pi}{6}$	$\dfrac{\pi}{4}$	$\dfrac{\pi}{3}$	$\dfrac{\pi}{2}$	π	$\dfrac{3\pi}{2}$	2π
$\sin x$	0	$\dfrac{1}{2}$	$\dfrac{\sqrt{2}}{2}$	$\dfrac{\sqrt{3}}{2}$	1	0	-1	0
$\cos x$	1	$\dfrac{\sqrt{3}}{2}$	$\dfrac{\sqrt{2}}{2}$	$\dfrac{1}{2}$	0	-1	0	1
$\tan x$	0	$\dfrac{\sqrt{3}}{3}$	1	$\sqrt{3}$	∞	0	∞	0
$\cot x$	∞	$\sqrt{3}$	1	$\dfrac{\sqrt{3}}{3}$	0	∞	0	∞

10. 诱导公式

（1）$\sin\left(\dfrac{\pi}{2} - x\right) = \cos x$ ；

（2）$\cos\left(\dfrac{\pi}{2} - x\right) = \sin x$ ；

（3）$\tan\left(\dfrac{\pi}{2} - x\right) = \cot x$ ；

（4）$\cot\left(\dfrac{\pi}{2} - x\right) = \tan x$ ；

（5）$\sin\left(\dfrac{\pi}{2} + x\right) = \cos x$ ；

（6）$\cos\left(\dfrac{\pi}{2} + x\right) = -\sin x$ ；

（7）$\tan\left(\dfrac{\pi}{2} + x\right) = -\cot x$ ；

（8）$\cot\left(\dfrac{\pi}{2} + x\right) = -\tan x$ ；

（9）$\sin(\pi - x) = \sin x$ ；

（10）$\cos(\pi - x) = -\cos x$ ；

（11）$\tan(\pi - x) = -\tan x$ ；

（12）$\cot(\pi - x) = -\cot x$ ；

（13）$\sin(\pi + x) = -\sin x$ ；

（14）$\cos(\pi + x) = -\cos x$ ；

（15）$\tan(\pi + x) = \tan x$ ；

（16）$\cot(\pi + x) = \cot x$ ；

（17）$\sin(2\pi + x) = \sin x$ ；

（18）$\cos(2\pi + x) = \cos x$ ；

（19）$\tan(2\pi + x) = \tan x$ ；

（20）$\cot(2\pi + x) = \cot x$ ；

（21）$\sin(-x) = -\sin x$ ；

（22）$\cos(-x) = \cos x$ ；

（23）$\tan(-x) = -\tan x$ ；

（24）$\cot(-x) = -\cot x$ 。

七、数列的前 n 项和公式

1. 首项为 a_1 ，末项为 a_n ，公差为 d 的等差数列的前 n 项和公式

$$S_n = \dfrac{n(a_1 + a_n)}{2} = na_1 + \dfrac{n(n-1)}{2}d 。$$

2. 首项为 a_1 ，公差为 q 的等比数列的前 n 项和公式

$$S_n = \frac{a_1(1-q^n)}{1-q} \qquad (|q| \neq 1)_\circ$$

3. $1+2+3+\cdots+n = \dfrac{n(n+1)}{2}_\circ$

4. $1^2+2^2+\cdots+n^2 = \dfrac{n(n+1)(n+2)}{6}_\circ$

八、排列数和组合数公式、二项式定理

1. 排列数公式

（1）$A_n^m = n(n-1)(n-2)\cdots(n-m+1)$ ； （2）$n! = A_n^n = n(n-1)(n-2)\cdots 3\cdot 2\cdot 1$ ；

（3）$0! = 1_\circ$

2. 组合数公式

（1）$C_n^m = \dfrac{A_n^m}{A_m^m}$ ； （2）$C_n^m = C_n^{n-m}$ ；

（3）$C_n^0 = 1_\circ$

3. 二项式定理

$$(a+b)^n = C_n^0 a^n + C_n^1 a^{n-1}b + C_n^2 a^{n-2}b^2 + \cdots + C_n^{n-1}ab^{n-1} + C_n^n b^n_\circ$$

附录 2　几种分布的数值表

一、标准正态分布数值表

$$\Phi(x) = \int_{-\infty}^{x} \frac{1}{\sqrt{2\pi}} e^{-\frac{x^2}{2}} dx = P\{X \leqslant x\}$$

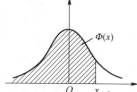

x	0.00	0.01	0.02	0.03	0.04	0.05	0.06	0.07	0.08	0.09
00	0.500 0	0.504 0	0.508 0	0.512 0	0.516 0	0.519 9	0.523 9	0.527 9	0.531 9	0.535 9
0.1	0.539 8	0.543 8	0.547 8	0.551 7	0.555 7	0.559 6	0.563 6	0.567 5	0.571 4	0.575 3
0.2	0.579 3	0.583 2	0.587 1	0.591 0	0.594 8	0.598 7	0.602 6	0.606 4	0.610 3	0.614 1
0.3	0.617 9	0.621 7	0.625 5	0.629 3	0.633 1	0.636 8	0.640 4	0.644 3	0.648 0	0.651 7
0.4	0.655 4	0.659 1	0.662 8	0.666 4	0.670 0	0.673 6	0.677 2	0.680 8	0.684 4	0.687 9
0.5	0.691 5	0.695 0	0.698 5	0.701 9	0.705 4	0.708 8	0.712 3	0.715 7	0.719 0	0.722 4
0.6	0.725 7	0.729 1	0.732 4	0.735 7	0.738 9	0.742 2	0.745 4	0.748 6	0.751 7	0.754 9
0.7	0.758 0	0.761 1	0.764 2	0.767 3	0.770 3	0.773 4	0.776 4	0.779 4	0.782 3	0.785 2
0.8	0.788 1	0.791 0	0.793 9	0.796 7	0.799 5	0.802 3	0.805 1	0.807 8	0.810 6	0.813 3
0.9	0.815 9	0.818 6	0.821 2	0.823 8	0.826 4	0.828 9	0.835 5	0.834 0	0.836 5	0.838 9
1.0	0.841 3	0.843 8	0.846 1	0.848 5	0.850 8	0.853 1	0.855 4	0.857 7	0.859 9	0.862 1
1.1	0.864 3	0.866 5	0.868 6	0.870 8	0.872 9	0.874 9	0.877 0	0.879 0	0.881 0	0.883 0
1.2	0.884 9	0.886 9	0.888 8	0.890 7	0.892 5	0.894 4	0.896 2	0.898 0	0.899 7	0.901 5
1.3	0.903 2	0.904 9	0.906 6	0.908 2	0.909 9	0.911 5	0.913 1	0.914 7	0.916 2	0.917 7
1.4	0.919 2	0.920 7	0.922 2	0.923 6	0.925 1	0.926 5	0.927 9	0.929 2	0.930 6	0.931 9
1.5	0.933 2	0.934 5	0.935 7	0.937 0	0.938 2	0.939 4	0.940 6	0.941 8	0.943 0	0.944 1
1.6	0.945 2	0.946 3	0.947 4	0.948 4	0.949 5	0.950 5	0.951 5	0.952 5	0.953 5	0.953 5
1.7	0.955 4	0.956 4	0.957 3	0.958 2	0.959 1	0.959 9	0.960 8	0.961 6	0.962 5	0.963 3
1.8	0.964 1	0.964 8	0.965 6	0.966 4	0.967 2	0.967 8	0.968 6	0.969 3	0.970 0	0.970 6
1.9	0.971 3	0.971 9	0.972 6	0.973 2	0.973 8	0.974 4	0.975 0	0.975 6	0.976 2	0.976 7
2.0	0.977 2	0.977 8	0.978 3	0.978 8	0.979 3	0.979 8	0.980 3	0.980 8	0.981 2	0.981 7
2.1	0.982 1	0.982 6	0.983 0	0.983 4	0.983 8	0.984 2	0.984 6	0.985 0	0.985 4	0.985 7
2.2	0.986 1	0.986 4	0.986 8	0.987 1	0.987 4	0.987 8	0.988 1	0.988 4	0.988 7	0.989 0
2.3	0.989 3	0.989 6	0.989 8	0.990 1	0.990 4	0.990 6	0.990 9	0.991 1	0.991 3	0.991 6
2.4	0.991 8	0.992 0	0.992 2	0.992 5	0.992 7	0.992 9	0.993 1	0.993 2	0.993 4	0.993 6
2.5	0.993 8	0.994 0	0.994 1	0.994 3	0.994 5	0.994 6	0.994 8	0.994 9	0.995 1	0.995 2
2.6	0.995 3	0.995 5	0.995 6	0.995 7	0.995 9	0.996 0	0.996 1	0.996 2	0.996 3	0.996 4
2.7	0.996 5	0.996 6	0.996 7	0.996 8	0.996 9	0.997 0	0.997 1	0.997 2	0.997 3	0.997 4
2.8	0.997 4	0.997 5	0.997 6	0.997 7	0.997 7	0.997 8	0.997 9	0.997 9	0.998 0	0.998 1
2.9	0.998 1	0.998 2	0.998 2	0.998 3	0.998 4	0.998 4	0.998 5	0.998 5	0.998 6	0.998 6
3.0	0.998 7	0.999 0	0.999 3	0.999 5	0.999 7	0.999 8	0.999 8	0.999 9	0.999 9	1.000 0

二、t 分布数值表

$$P\{t(n) > t_\alpha(n)\} = \alpha$$

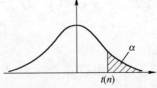

n	α=0.25	0.10	0.05	0.025	0.01	0.005
1	1.000 0	3.077 7	6.313 8	12.706 2	31.820 7	63.657 4
2	0.816 5	1.885 6	2.920 0	4.302 7	6.964 6	9.924 8
3	0.764 9	1.637 7	2.353 4	3.182 4	4.540 7	5.840 9
4	0.740 7	1.533 2	2.131 8	2.776 4	3.746 9	4.604 1
5	0.726 7	1.475 9	2.015 0	2.570 6	3.364 9	4.032 2
6	0.717 6	1.439 8	1.943 2	2.446 9	3.142 7	3.707 4
7	0.711 1	1.414 9	1.894 6	2.364 6	2.998 0	3.499 5
8	0.706 4	1.396 8	1.859 5	2.306 0	2.896 5	3.355 4
9	0.702 7	1.383 0	1.833 1	2.262 2	2.821 4	3.249 8
10	0.699 8	1.372 2	1.812 5	2.228 1	2.763 8	3.169 3
11	0.697 4	1.363 4	1.795 9	2.201 0	2.718 1	3.105 8
12	0.695 5	1.356 2	1.782 3	2.178 8	2.681 0	3.054 5
13	0.693 8	1.350 2	1.770 9	2.160 4	2.650 3	3.012 3
14	0.692 4	1.345 0	1.761 3	2.144 8	2.624 5	2.976 8
15	0.691 2	1.340 6	1.753 1	2.131 5	2.602 5	2.946 7
16	0.690 1	1.336 8	1.745 9	2.119 9	2.583 5	2.920 8
17	0.689 2	1.333 4	1.739 6	2.109 8	2.566 9	2.898 2
18	0.688 4	1.330 4	1.734 1	2.100 9	2.552 4	2.878 4
19	0.687 6	1.327 7	1.729 1	2.093 0	2.539 5	2.860 9
20	0.687 0	1.325 3	1.724 7	2.086 0	2.528 0	2.845 3
21	0.686 4	1.323 2	1.720 7	2.079 6	2.517 7	2.831 4
22	0.685 8	1.321 2	1.717 1	2.073 9	2.508 3	2.818 8
23	0.685 3	1.319 5	1.713 9	2.068 7	2.499 9	2.807 3
24	0.684 8	1.317 8	1.710 9	2.063 9	2.492 2	2.796 9
25	0.684 4	1.316 3	1.708 1	2.059 5	2.485 1	2.787 4
26	0.684 0	1.315 0	1.705 6	2.055 5	2.478 6	2.778 7
27	0.683 7	1.313 7	1.703 3	2.051 8	2.472 7	2.770 7
28	0.683 4	1.312 5	1.701 1	2.048 4	2.467 1	2.763 3
29	0.683 0	1.311 4	1.699 1	2.045 2	2.462 0	2.756 4
30	0.682 8	1.310 4	1.697 3	2.042 3	2.457 3	2.750 0
31	0.682 5	1.309 5	1.695 5	2.039 5	2.452 8	2.744 0
32	0.682 2	1.308 6	1.693 9	2.036 9	2.448 7	2.738 5
33	0.682 0	1.307 7	1.692 4	2.034 5	2.444 8	2.733 3
34	0.681 8	1.307 0	1.690 9	2.032 2	2.441 1	2.728 4
35	0.681 6	1.306 2	1.689 6	2.030 1	2.437 7	2.719 5
36	0.681 4	1.305 5	1.688 3	2.028 1	2.434 5	2.715 4
37	0.681 2	1.304 9	1.687 1	2.026 2	2.431 4	2.711 6
38	0.681 0	1.304 2	1.686 0	2.024 4	2.428 6	2.707 9
39	0.680 8	1.303 6	1.684 9	2.022 7	2.425 8	2.704 5
40	0.680 7	1.303 1	1.683 9	2.021 1	2.423 3	2.704 5
41	0.680 5	1.302 5	1.682 9	2.019 5	2.420 8	2.701 2
42	0.680 4	1.302 0	1.682 0	2.018 1	2.418 5	2.698 1
43	0.680 2	1.301 6	1.681 1	2.016 7	2.416 3	2.695 1
44	0.680 1	1.301 1	1.680 2	2.015 4	2.414 1	2.692 3
45	0.680 0	1.300 6	1.679 4	2.014 1	2.412 1	3.689 6

三、χ^2 分布数值表

$$P\{\chi^2(n) > \chi^2_\alpha(n)\} = \alpha$$

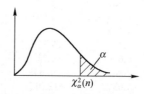

n	$\alpha = 0.995$	0.99	0.975	0.95	0.90	0.75
1	—	—	0.001	0.004	0.016	0.102
2	0.010	0.020	0.051	0.103	0.211	0.575
3	0.072	0.115	0.216	0.352	0.584	1.213
4	0.207	0.297	0.484	0.711	1.064	1.923
5	0.412	0.554	0.831	1.145	1.610	2.675
6	0.676	0.872	1.237	1.635	2.204	3.455
7	0.989	1.239	1.690	2.167	2.833	4.255
8	1.344	1.646	2.180	2.733	3.490	5.071
9	1.735	2.088	2.700	3.325	4.168	5.899
10	2.156	2.558	3.247	3.940	4.865	6.737
11	2.603	3.053	3.816	4.575	5.578	7.584
12	3.074	3.571	4.404	5.226	6.304	8.438
13	3.565	4.107	5.009	5.892	7.042	9.299
14	4.075	4.660	5.629	6.571	7.790	10.165
15	4.601	4.229	6.262	7.261	8.547	11.037
16	5.142	5.812	6.908	7.962	9.312	11.912
17	5.697	6.408	7.564	8.672	10.085	12.792
18	6.265	7.015	8.231	9.390	10.865	13.675
19	6.844	7.633	8.907	10.117	11.651	14.562
20	7.434	8.260	9.591	10.851	12.443	15.452
21	8.034	8.897	10.283	11.591	13.240	16.344
22	8.643	9.542	10.982	12.338	14.042	17.240
23	9.260	10.196	11.689	13.091	14.848	18.137
24	9.886	10.856	12.401	13.848	15.659	19.037
25	10.520	11.524	13.120	14.611	16.473	19.939
26	11.160	12.198	13.844	15.379	17.292	20.843
27	11.808	12.879	14.573	16.151	18.114	21.749
28	12.461	13.565	15.308	16.928	18.939	22.657
29	13.121	14.257	16.047	17.708	19.768	23.567
30	13.787	14.954	16.791	18.493	20.599	24.478
31	14.458	15.655	17.539	19.281	21.434	25.390
32	15.134	16.362	18.291	20.072	22.271	26.304
33	15.815	17.074	19.047	20.867	23.110	27.219
34	16.501	17.789	19.806	21.664	23.952	28.136
35	17.192	18.509	20.569	22.465	24.797	29.054
36	17.887	19.233	21.336	23.269	25.643	29.973
37	18.586	19.960	22.106	24.075	26.492	30.893
38	19.289	20.691	22.878	24.884	27.343	31.815
39	19.996	21.426	23.654	25.695	28.196	32.737
40	20.707	22.164	24.433	26.509	29.051	33.660
41	21.421	22.906	25.215	27.326	29.907	34.585
42	22.138	23.650	25.999	28.144	30.765	35.510
43	22.859	24.398	26.785	28.965	31.625	36.436
44	23.584	25.148	27.575	29.787	32.487	37.363
45	24.311	25.901	28.366	30.612	33.350	38.291

续表

n	$\alpha=0.25$	0.10	0.05	0.025	0.01	0.005
1	1.323	2.706	3.841	5.024	6.635	7.879
2	2.773	4.605	5.991	7.378	9.210	10.597
3	4.108	6.251	7.815	9.384	11.345	12.838
4	5.385	7.779	9.488	11.143	13.277	14.860
5	6.626	9.236	11.071	12.833	15.086	16.750
6	7.841	10.645	12.592	14.449	16.812	18.548
7	9.037	12.017	14.067	16.013	18.475	20.278
8	10.219	13.362	15.507	17.535	20.090	21.955
9	11.389	14.684	16.919	19.023	21.666	23.589
10	12.549	15.987	18.307	20.483	23.209	25.188
11	13.701	17.275	19.675	21.920	24.725	26.757
12	14.845	18.549	21.026	23.337	26.217	28.299
13	15.984	19.812	22.362	24.736	27.688	29.819
14	17.117	21.064	23.685	26.119	29.141	31.319
15	18.245	22.307	24.996	27.488	30.578	32.801
16	19.369	23.542	26.296	28.845	32.000	34.267
17	21.489	24.769	27.587	30.191	33.409	35.718
18	21.605	25.989	28.869	31.526	34.805	37.156
19	22.718	27.204	30.144	32.852	36.191	38·582
20	23.828	28.412	31.410	34.170	37.566	39.997
21	24.935	29.615	32.671	35.479	38.932	41.401
22	26.039	30.813	33.924	36.781	40.289	42.796
23	27.141	32.007	35.172	38.076	41.683	44.181
24	28.241	33.196	36.415	39.364	42.980	45.559
25	29.339	34.382	37.652	40.646	44.314	46.928
26	30.435	35.563	38.885	41.923	45.642	48.290
27	31.528	36.741	40.113	43.194	46.963	49.645
28	32.620	37.916	41.337	44.461	48.278	50.993
29	33.711	39.987	42.557	45.722	49.588	52.336
30	34.800	40.256	43.773	46.979	50.892	53.672
31	35.887	41.422	44.985	48.232	52.191	55.003
32	36.973	42.585	46.194	49.480	53.486	56.328
33	38.058	43.745	47.400	50.725	54.776	57.648
34	39.141	44.903	48.602	51.966	56.061	58.964
35	40.223	46.059	49.802	53.203	57.342	60.275
36	41.304	47.212	50.998	54.437	58.619	61.581
37	42.383	48.363	52.192	55.668	59.982	62.883
38	43.462	49.518	53.384	56.896	61.162	64.181
39	44.539	50.660	54.572	58.120	62.428	65.476
40	45.616	51.805	55.785	59.342	63.691	66.766
41	46.692	52.949	56.942	60.561	64.950	68.053
42	47.766	54.090	58.124	61.777	66.206	69.336
43	48.840	55.230	59.304	62.990	67.459	70.616
44	49.913	56.369	60.481	64.201	68.710	71.893
45	50.985	57.505	61.656	65.410	69.957	73.166

附录3 Mathematica 软件系统使用入门

Mathematica 是一个功能强大的计算机软件系统。它将几何、数值计算与代数有机结合在一起，可用于解决各种领域内涉及的复杂符号计算和数值计算问题，适用于从事实际工作的工程技术人员、学校教师与学生、从事理论研究的数学工作者和其他科学工作者使用。

Mathematica 能进行多项式的计算、因式分解、展开等；进行各种有理式的计算；多项式、有理式方程和超越方程的精确根和近似根；数值的、一般代数式的、向量与矩阵的各种计算；求极限、导数、积分；进行幂级数展开及求解微分方程等。还可以做任意位数的整数或分子分母为任意大整数的有理数的精确计算，进行具有任意位精度的数值（实、复数值）计算。使用 Mathematica 可以很方便地画出用各种方式表示的一元和二元函数的图形。通过这样的图形，我们常可以立即形象地把握住函数的某些特性。

Mathematica 的能力不仅仅在于上面说的这些功能，更重要的在于它把这些功能有机地结合在一个系统里。在使用这个系统时，人们可以根据自己的需要，一会儿从符号演算转去画图形，一会儿又转去做数值计算。这种灵活性能带来极大的方便，常使一些看起来非常复杂的问题变得易如反掌。Mathematica 还是一个很容易扩充和修改的系统，它提供了一套描述方法，相当于一个编程语言，用这个语言可以写程序，解决各种特殊问题。

下面介绍这一系统的使用。

一、系统的算术运算

1. **数的表示**：Mathematica 的数常以两种形式出现：精确数与浮点数，除几个常用的数学常数外，与通常的表示基本相同。常用数学常数的表示：圆周率π用 Pi 表示，E 表示自然对数的底 e=2.718286……，Degree 表示角度1°，I 表示虚数单位 i，Infinity 表示无穷大∞。

2. **数运算算符**：加、减、乘、除、乘方的算符依次为+、-、*、/、^。其中乘可以用空格来代替，减号可用来表示一个负数的符号，并直接写在数的前边。

3. **数的运算规则**：与数学中数的运算规则相同，其先后次序由低到高依次为：加（减）、乘（除）、乘方，连续几个同级运算（除乘方外）从左到右顺序进行，乘方则从右到左进行。用小括号（ ）可以改变运算次序。

4. **数运算的结果**：运算结果依以下方式进行

（1）整数、分数等，总之，不带有小数点的数，它们所组成的算式，将被系统认可为求精确值；例如，2/3 的结果为 $\frac{2}{3}$；4/10 的结果为 $\frac{2}{5}$ 等。

（2）式子中若有一个参与运算的数是浮点数（即带有小数点的数），将被系统认可为求整个式子的近似值，结果以浮点数形式给出（含有数学常数的式子除外）。关于这点，请注意以下例子：

【例1】求式子 $-2^2 \times [3 \times (\frac{5}{9})^0]^{-1} \times [81^{-0.25} + (3 + \frac{3}{8})^{-\frac{1}{3}} 1^{\frac{1}{2}}]$ 的值。

解：可以用以下的 Mathematica 系统书写格式：

$-2\wedge2*(3*(5/9)\wedge0)\wedge-1*(81\wedge-0.25+(3+3/8)\wedge(-1/3))\wedge(1/2)$

其输出结果为：-1.33333。

（3）对于含有数学常数的式子，则分组依上述规则进行运算。即对含有浮点数而不含数学常数的部分依上述规则直接进行；对含有数学常数的项除数学常数外依上述规则进行。

【例2】求式子 $100^{0.25}\times\left(\dfrac{1}{9}\right)^{-\frac{1}{2}}+8^{-\frac{1}{3}}\times\left(\dfrac{4}{9}\right)^{\frac{1}{2}}\pi+\left(\dfrac{8}{9}\right)^{0}$ 的值。

解：输入 Mathematica 命令

$100\wedge0.25*(1/9)\wedge(-1/2)+8\wedge(-1/3)*(4/9)\wedge(1/2)*Pi+(8/9)\wedge0$

其运行结果为：$10.4868+\dfrac{Pi}{3}$；又若将上式中 $\dfrac{4}{9}$ 的次幂改成了 0.5，即输入

$100\wedge0.25*(1/9)\wedge(-1/2)+8\wedge(-1/3)*(4/9)\wedge0.5*Pi+(8/9)\wedge0$

则输出结果变为：$10.4868+0.333333\ Pi$。

（4）精确数转换为浮点数有以下方式：

$N[a]$——表示求数 a 的近似值，有效位数取 6 位；

$a//N$——与 $N[a]$ 的结果相同。

$N[a, n]$——求 a 的近似值，有效位数由 n 的取值而给定。

其中 a 为数或为一可以确定数值的表达式。如对于前面的例子，要想结果为一个浮点数，只需输入：

$100\wedge0.25*(1/9)\wedge(-1/2)+8\wedge(-1/3)*(4/9)\wedge0.5*Pi+(8/9)\wedge0//N$

或

$N[100\wedge0.25*(1/9)\wedge(-1/2)+8\wedge(-1/3)*(4/9)\wedge0.5*Pi+(8/9)\wedge0]$

结果均为：11.534。要想得到更精确的结果，比如，取 20 位有效数字的结果，只要输入

$N[100\wedge0.25*(1/9)\wedge(-1/2)+8\wedge(-1/3)*(4/9)\wedge0.5*Pi+(8/9)\wedge0, 20]$

结果为：11.53403053170173。

二、数表及其有关操作

1．表与集合

Mathematica 中的表形式上为：{a，b，c，…}，正如我们已经看到的那样，它的元素既可以是数，也可以是表，甚至可以是其他任何形式的元素。用表可以表示集合，形式没什么差别。但它到底表示表还是表示集合，则要根据前后文的用法来判定。

表中元素也可以是表，例如，{{1，2}，{3，4}，{4，5}}，{{1，2，3}，{2，3，1}，{3，4，5}}等，这就是二层表，二层表中的元素为一表，常称为子表，子表中元素还可以是表，从而有三层表，四层表等，二层及二层以上的表称为多层表，常见的多为单层、二层与三层表。

2．表的生成

直接生成：按顺序写出一个表中的元素并放在一个大括号{}之中，即得到一个表。例如，语句 tt={1，2，3，4}则表示由 1，2，3，4 按序组成的表，并同时将此表赋值给 tt；

通项生成：其命令格式为

Table[表达式，{n，n1，n2，step}]

表示用包含 n 的"表达式"并将 n 依次以步长 step 取 n1 到 n2 间的值所得到的表，例如，

Table[1/n^2，{n，1，20，2}]

可得到一表。注意：step=1 时可以省略不写，step=1 且 $n1=1$ 时，二者均可省略，例如，
Table[1/n^2，{n，2，20}]

Table[1/n^2，{n，20}]

都是合法语句。step!=1 时，上述任何一项均不可省略。使用时要注意 $n1<n2$ 时，step 应取正，$n1>n2$ 时，step 取负。注意比较以下两个语句的输入与输出：

Table[1/n^2，{n，20，30，2}]

Table[1/n^2，{n，30，20，-1}]

大家也可以违反上述规则，反其道而行之看一看能得到什么结果。

Table[ ]可以用来生成多层表，请用以下命令查看其生成方式：

Table[f[i，j]，{i，1，3}，{j，1，4}]

迭代生成：其命令格式为 NestList[纯函数 f，初始值 x，迭代次数 n]，它表示这样一个表：表中元素分别是 x，f 一次作用到 x 上得到的结果，f 复合两次作用到 x 上得到的结果，……，f 复合 n 次作用到 x 上的结果。共计 $n+1$ 个元素。输入

NestList[Sin，1.0，20]

看所得结果。

3．表的有关操作

元素抽取：First[表]，Last[表]，表[[n]]分别表示取表的第一个、最后一个、第 n 个元素，Take[表，整数 n] 中 n 可正可负，正表示取前 n 个，负表示取后 n 个，Take[表，{整数 m，整数 n}] 取出表的第 m 个到第 n 个元素作成一个表。

加入元素：Prepend[表，表达式]，将"表达式"加在原表所有元素的前面；Append[表，表达式]，将"表达式"加在原表所有元素的后面；Insert[表，表达式，n]，将"表达式"插在原表的第 n 个位置。

表与表的合并：Join[表，表，…]，表表元素间顺序连接合成的表；Union[表，表，…]表表合并，并删除了重复元素，按内定顺序排序后的表，这正是集合的并。

表的其他常用操作：对表的其他常用操作还有 Length[表]，MemberQ[表，表达式]，Count[表，表达式]，FreeQ[表，表达式]，Position[表，表达式]等。有关的常用操作的格式及功能见附表 1。

附表 1

	格　式	功能说明
抽取元素	First[表]、Last[表]	取出表的第一个、最后一个元素
	表名[[i]] 表名[[i1, i2, …in]]	取出表的第 i 个元素 取出多层表的第一层 i_1 个子表的第 i_2 个子表的…第 i_n 个元素
	Take[表，n]	n 正，取表的前 n 个元素，负后 n 个
	Take[表，{m, n}]	取表中 m 与 n 位置之间的所有元素
加入元素	Prepend[表，表达式]	"表达式"加在表的第一位置
	Append[表，表达式]	"表达式"加在表的最后位置
	Insert[表，表达式，n]	元素加在表的第 n 位置

续表

	格　式	功能说明
合并表	Join[表，表，…]	表与表放在一起所成的表
	Union[表，表，…]	表与表作为集合的合并，即集合的并
其他常用操作	Length[表]	表的长度
	MemberQ[表，表达式] FreeQ[表，表达式]	判断"表达式"是否在表中出现、不出现
	Count[表，表达式] Position[表，表达式]	"表达式"在表中出现的次数列表、位置列表

注意：

（1）上述表中所有操作，均不改变原表。例如，置 tt={1，2，3，4，5}，Append[tt，6] 的执行结果为：{1，2，3，4，5，6}，但此时输入命令 tt 查看 tt 的情况，可得执行结果仍为：{1，2，3，4，5}。另外，用简短的变量名代替一些较长的式子、表以及后面要介绍的图形等是一个很好的办法，建议学习使用。

（2）多层表的操作与单层表相同，只是注意所做操作首先是对表的最外层所做的，例如，

$$Take[\{\{1，2，3\}，\{2，3，1\}，\{3，4，5\}\}，2]$$

的结果为外层表的元素——子表{2，3，1}。但要取出子表中元素，可用以下命令

$$\{\{1，2，3\}，\{2，3，1\}，\{3，4，5\}\}[[3，2]]，$$

这一命令的结果为 4，可见命令的含义为：取出外层表的第三个元素{3，4，5}的第二个元素。

三、代数式与代数运算

1．赋值

$x=a$ 表示把数 a 赋予 x。在此以后 x 即有定义，其代表一个数，值为数 a，只要不再对 x 赋值，没有退出过系统，x 恒为此值。也可以用这种方法将 x 的值赋给其他的变量，但赋值后，此变量也与 x 一样具有了值 a。例如，先输入表达式：x^2+3x-10，则运行结果为：x^2+3x-10。输入 x=2，运行结果为 2，说明 x 已赋值成 2。此时，如果我们再输入表达式：x^2+3x-10，则输出结果为 0。这说明此时的 x 已经代表数 2 了，而不再是符号 x。

2．代入

表达式/.x->a 表示把表达式中的 x 全代换成 a 时的结果，其中，x->a 叫做代入规则。代入不改变原表达式，只给出表达式将 x 代换成 a 后的式子或值。例如，仍用上述的式子：x^2+3x-10，输入：x^2+3x-10/.x->2，则结果为 0。再输入：x^2+3x-10，其结果仍为：x^2+3x-10。说明表达式没有改变，或者说 x 仍代表字符或变量 x，没有具体的值。

3．清除

x=.或 Clear[x]，表示取消对 x 的赋值，它们没有输出结果。一般来说，在使用一些变量前，最好先清除一下，这可以避免变量的以前赋值影响以后的计算结果，这种影响有时容易从运行结果发现，但有时也很难发现，而这是最难以忍受的。因此，应当养成使用变量前先清除变量以前定义的习惯。

4．以前结果的使用

%可用于表示上次计算的结果，%%表示上上次的计算结果，%n 表示第 *n* 次输入的计算结果，即 Out[*n*]的值。

请分次连续输入以下各语句，并理解其输入与输出：Mathematica 规定用(**)括起来的所有内容，表示注释而不予执行，输入时可以不输入。

(1+x+3y)^4

%

x=2

(1+x+3y)^4

%12/.y->2　　(*注意：%12 已假设上述第一个语句的标号为 12*)

x=.　　(*清除了对 *x* 的赋值*)

(1+x+3 y)^4

所得输出有 7 个，仔细考察各语句之间的关系可以看出，每个输出正好对应着上述各输入的计算结果。另外，引用变量来表示一些较复杂难写的结果，也可以使输入变得容易。例如，以下语句也代表了上述的一系列语句，请注意体会。

p=(1+x+3y)^4

p

x=2

p

p/.y->2

x=.　　(*注意未清除 y*)

(1+x+3 y)^4

执行后也得到与前述一样的七个输出。

5．代数式的几个操作函数

（1）展开与因式分解

除按一般的算术运算计算外，对多项式还有展开与因式分解的操作，命令分别为：

Expand[表达式]　　表示对表达式作展开运算；

Factor[表达式]　　表示对表达式进行因式分解。

【例 3】对第 15 次的运算结果展开，然后，再分解因式。

解：对第 15 次的运算结果进行展开用命令

Expand[%15]

设第 15 次的结果是：$(1+x+3y)^4$，则上面命令的运行结果为

$$1+4x+6x^2+4x^3+x^4+12y+36xy+36x^2y+12x^3y+54y^2+108xy^2+$$
$$54x^2y^2+108y^3+108xy^3+81y^4,$$

对上述结果再进行因式分解

Factor[%]

运行后则返回到结果：$(1+x+3y)^4$。

（2）化简

Simplify[表达式]表示把表达式化简所得结果。例如，化简 Expand[(1+x+3y)^4]的结果，则命令为：

Simplify[Expand[(1+x+3y)^4]]

注意：Simplify[表达式]的意义是将表达式化为最简形式，即以最短、最简单的形式输出结果；Factor[表达式]则是给出表达式因式分解以后的结果。请输入以下命令，弄清 Simplify[ ] 与 Factor[ ]的区别：

Simplify[x^5-1]

Factor[x^5-1]。

6．关于解方程

Mathematica 有多个命令可以求解一个方程或方程组，例如，Solve[ ]、Reduce[ ]等。它们均可以用来求方程的精确解。Solve[ ]给出的结果形式为一代入规则列表；Reduce[ ]则给出方程解的组合条件表示形式。例如，

Solve[x^4-13x^2+36==0，x]

执行的结果为

{{x -> 3}，{x -> -3}，{x -> 2}，{x -> -2}}

Reduce[x^4-13x^2+36==0，x]

执行的结果为 x == 3 || x == -3 || x == 2 || x == -2，可以看出，除了运算结果的输出形式有所不同外，其他没有太大差别。但使用这些命令，对于有些方程往往往求不出其根的精确值。例如，对于方程 $x^5 - 4x + 2 = 0$，这时可用命令 NSolve[ ] 来求方程的近似解，NSolve[ ]可用来求其根的近似值。例如，

Solve[2-4x+x^5==0，x]

N[%]

NSolve[2-4x+x^5==0，x]

从所得结果可以看出，NSolve[ ]与 Solve[ ]后再 N[ ]是等同的。

NSolve[ ]与 Solve[ ]，Reduce[ ]还可用来求解方程组。例如，

Solve[{x^2+y^2==2x*y+4，x+y==1}，{x，y}]

的结果为 $\{\{x-> -\frac{3}{2}，y-> \frac{3}{2}\}，\{x-> \frac{3}{2}，y-> -\frac{3}{2}\}\}$。用另外两个语句 Nsolve[ ]与 Reduce[ ]可分别得到解的近似值与解的条件格式。

7．方程消元

给定方程组 $\begin{cases} f(x, y, z) = 0 \\ g(x, y, z) = 0 \end{cases}$，对 x 或 $x，y$ 消元，命令的格式分别为

Eliminate[{f[x，y，z]==0，g[x，y，z]==0}，x]

Eliminate[{f[x，y，z]==0，g[x，y，z]==0}，{x，y}]

例如，给定方程 $x^2 + y^2 + 3xy - 4 = 0$ 与 $x - y = 1$，则对 y 消元时可使用命令

Eliminate[{x^2+y^2+3x*y-4==0，x-y==1}，y]，

但注意用它不能求得方程或方程组的解。对于超越方程来讲，它的作用也是有限的。但对于代数方程的消元是很有用的。

四、变量与函数

1．变量名

变量用包含任意多的字母数字表示，其中不能带有空格、标点符号、算符等，且数字字符不能放在变量名的最前面。例如，xx、x35、xyz 是变量名，5x、x*y、x□y（这里我们以符

号□表示空格）不是变量名。以下对空格用法的详细描述将有助于理解。

空格的使用规定是：

（1）两个子表达式间的空格（或换行符）总表示它们相乘。例如，x□x 表示 x 与 x 的乘积。

（2）能明确判定是相乘的地方可以省略空格。例如，5(2+3)是一个表达式，其值为 30。

（3）算术运算符的前面、圆括号、方括号或大括号的前后等地方，有没有空格或有多个空格都不改变表达式的意义。例如，5□(2+3)和5□□(2+3)均是表达式，其值也为 30。

2．系统内部常用的数学函数名称

幂函数	Sqrt（求平方根），Exp（以 e 为底的指数）
对数函数	Log
三角函数	Sin Cos Tan Cot Sec Csc
反三角函数	ArcSin ArcCos ArcTan ArcCot ArcSec ArcCsc
双曲函数	Sinh Cosh Tanh Coth Sech Csch
反双曲函数	ArcSinh ArcCosh ArcTanh …

3．书写系统内部函数名应注意的事项

（1）都以大写字母开头，后面字母用小写。例如，Sin，Cos 等。假如当函数名可以分成几段时，每段的头一个字母要大写，后面字母用小写。例如，ArcTan，ArcSinh 等。

（2）函数名是一个字符串，其中不能有易引起异义的字符。例如，将 ArcSin 写成 Arc□Sin 是不合法的。

（3）函数的参数表用方括号括起来，不能用其他括号。例如，Sin(x+y)表示变量 Sin 与 x+y 的乘积；Sin[x+y]则表示函数 Sin 作用到 x+y 上的结果。

（4）有多个参数的函数，参数之间用逗号分隔。例如，Log[2，3]表示以 2 为底 3 的对数。

4．数学函数的运算和函数值

函数与数、函数与函数之间的运算方式和数与式、式与式之间的运算相同。例如，函数与函数的复合方式表现为函数名之间的嵌套。例如，Sin[x]+Cos[x]，Sin[x]*Cos[x]分别表示函数 Sin[x]与 Cos[x]的和函数与积函数；Sin[Cos[x]]即表示由函数 Sin[u]与 u=Cos[x]复合而成的函数。例如，求 $\sin\cos 2.1$ 的值，可用如下命令

Sin[Cos[2.1]]。

5．自定义函数

（1）定义：有两种方式：

f[x_]：=函数表达式　　或　　f[x_]=函数表达式

用来定义一个自变量为 x 的函数 f[x]，今后我们会学到，它们只有微小的区别，在此我们不妨暂时认为二者没有区别。只要不退出系统，则函数 f[x]的定义必然存在，再次定义 f[x]，则 f[x]的定义更换为新的表示。Clear[f]清除 f 的所有定义内容。Save[f]可将 f 的定义保存起来，下次仍可使用。

（2）使用：可以像 Mathematica 系统内部函数一样使用，除了要按所定义的函数名书写外，其用法与书写规范与内部函数完全一样。

（3）【例】首先定义一个函数 $f(x)=x^3$，然后再求这一函数在 x=3 时的函数值，则可输入如下命令：

f[x_]：=x^3　　　　　　　（*定义了函数 $f(x)=x^3$ *）

f[3]

结果为：27。

（4）注意：定义函数的"：="表示延时定义，即在需要函数的当地进行计算；但"="则表示立即定义，即在定义的同时进行了等号右端表达式的计算。

五、Mathematica 的绘图初步

1．一元函数的图形

Mathematica 的基本命令形式为

Plot[函数名[自变量]，{自变量，下限，上限}]

这一命令用来画出"函数名"对应的函数当"自变量"在"下限"与"上限"之间变化时的图形，一般来说，不标注纵横轴的名称。例如，要画出函数 $\sin x$ 在区间 $[-2\pi, 2\pi]$ 的图形，可用以下命令：

Plot[Sin[x]，{x，−2Pi，2Pi}]

系统运行结果为

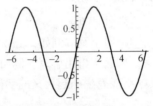

画图时，也许你希望按照自己的意愿给出结果，此时你可在画图命令中加入自定的可选项要求，格式为

Plot[函数表达式，{变量，下限，上限}，选项]

常用的可选项：

AxesLabel 说明你要画图的坐标轴标记，缺省时不标记。AxesLabel->{time，temp}表示坐标轴标记横轴为 time，纵轴为 temp。例如，

Plot[Sin[x]，{x，−2，2}，AxesLabel->{time，temp}]

PlotRange 说明你要求的画图范围，缺省时为 Automatic，即 PlotRange->Automatic，表示由计算机自动选定，这时，系统按一定的原则确定作图范围，有时可能切掉图形的某些尖峰。当发现系统切掉了重要的尖峰时，可更换选项重画图形。其他可能的值有：All 表示画出函数的全部情况；{下限，上限}表示画出纵坐标在区间[下限，上限]内的图形；{{$x1$, $x2$}, {$y1$, $y2$}}形式给出横坐标在[$x1$, $x2$]，纵坐标在[$y1$, $y2$]的函数图形。注意：重画的图形仅为没有此选项时图形的局部放大，不改变形状，即使局部有误也如此。

AspectRatio 说明整个图的高宽比，缺省时为 1。可以用任何的数值以迎合你的要求。

Axes 指明是否画坐标轴及坐标轴的交点坐标，缺省值为 Automatic。可用 None 说明不画坐标轴，也可用{x, y}形式的值表示把坐标轴交叉点设在（x, y）点的位置。

一幅图中，可同时画几个函数的图形，其格式为：

Plot[{函数 1，函数 2，…}，{自变量，下限，上限}]

表示在自变量的"下限"至"上限"范围内，在一幅图中，画出函数 1，函数 2，…的图形。例如，将函数 $\sin x$，$\cos x$，$\tan x$ 画在同一张图上。

Plot[{Sin[x]，Cos[x]，Tan[x]}，{x，−2Pi，2Pi}]

执行的结果为：

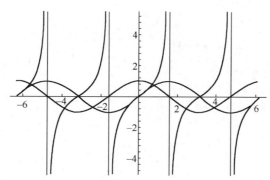

为比较所画出的图形，常要将几个图形组合显示在同一图中，组合显示的命令为

Show[图形 1，图形 2，…]

表示将图形 1，图形 2，…中图形显示一幅图中，在此要注意 Show[ ]所显示的图形应是已经画好的图形。例如，

首先用红色画出 $\sin x$ 的图形，并将图形记为 $g1$

g1=Plot[Sin[x]，{x，-2Pi，2Pi}，PlotStyle->{RGBColor[1，0，0]}]；

（图形略），其次用绿色画出 $\cos x$ 的图形，并将图形记为 $g2$

g2=Plot[Cos[x]，{x，-2Pi，2Pi}，PlotStyle->{RGBColor[0，1，0]}]；

（图形略），再用蓝色画出 $\tan x$ 的图形，并将图形记为 $g3$

g3=Plot[Tan[x]，{x，-2Pi，2Pi}，PlotStyle->{RGBColor[0，0，1]}]；

（图形略），最后将它们显示在同一图中有

Show[g1，g2，g3]

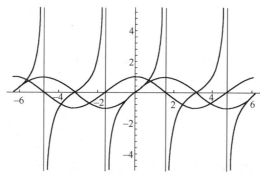

注意：上述过程可以一次直接用以下命令画出

Plot[{Sin[x]，Cos[x]，Tan[x]}，{x，-2Pi，2Pi}，

PlotStyle->{RGBColor[1，0，0]，RGBColor[0，1，0]，RGBColor[0，0，1]}]

2．平面曲线的参数方程作图

已知某一平面曲线的参数方程为：

$$\begin{cases} x = x(t) \\ y = y(t) \end{cases}, \quad (t1 \leqslant t \leqslant t2)$$

则 Mathematica 系统的绘图命令为：ParamatricPlot[{x[t]，y[t]}，{t，t1，t2}]，其中 x(t) 为横轴，y(t)为纵轴。例如，已知某一平面曲线的参数方程为

$$\begin{cases} x = \sin^3 t \\ y = \cos^3 t \end{cases}, \quad (0 \leqslant t \leqslant 2\pi)$$

则 Mathematica 命令为：

ParametricPlot[{Sin[t]^3, Cos[t]^3}, {t, 0, 2Pi}]

画出的图形为（注意：x 为横轴，y 为纵轴）

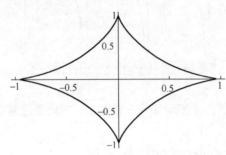

ParametricPlot[ ]也有一系列的任选项，常用的与 Plot[ ]命令的任选项相同，有关其选项的缺省值，请用命令??ParametricPlot 查阅，同时也可以从中了解 ParametricPlot[ ]所有选项的名称写法及其设置值。当然，通过使用，你可以了解它们的作用，查字典了解它们的中文意思也可以帮助记忆与理解它们。

3. 数据点作图

在系统中，数据点用数据表——二、三元数组来表示，因此一组数据用数据点的表表示，如{{1，3}，{2，5}，{5，8}}即表示一组数据。在此我们不妨称一组数据为一数据表。用命令 ListPlot[ ]可以画出数据表的散点图或由各点顺次连接起来的折线图。格式分别为：

ListPlot[数据表]

ListPlot[数据表，PlotJoined->True]

由第二种用法可以看出，ListPlot[ ]也有选项，除上述选项外，Plot[ ]的大多数选项对它都适用。

【例4】给定数据表：

| x | 496.8 | 519.6 | 623.2 | 668.1 | 742.7 | 854.0 | 1 009.5 | 1 302.4 | 1 754.3 | 2 420.0 |
| y | 443.2 | 453.1 | 561.4 | 620.0 | 682.0 | 809.6 | 954.5 | 1 186.0 | 1 582.0 | 2 214.0 |

试画出这一数据表的散点图与顺次连接各点的折线图。

解：为了后面使用方便，我们将表赋值给 data1，即令 data1 表示这一表有

data1={{496.8, 443.2}, {519.6, 453.1}, {623.2, 561.4}, {668.1, 620.0}, {742.7, 682.0}, {854.0, 809.6}, {1 009.5, 954.5}, {1 302.4, 1 186.0}, {1 754.3, 1 582.0}, {2 420.0, 2 214.0}}

此时，可画出数据的散点图，命令为

ListPlot[data1]

命令执行后，你只看到一个空的坐标系，选中图形（用鼠标单击图形）后，找到可拉大点将图形拉大到一定大小，即可看到坐标系中的散点位置，即数据的散点图。在上述命令中加入一个选项 PlotJoined->True，可以画出将各散点用直线连接起来后的图形

ListPlot[data1，PlotJoined->True]

关于 ListPlot[ ]还有其他的一些选项，用??ListPlot 可以查阅。

习题参考答案

习题 1

1. （1）$(-\infty,1)\cup(2,+\infty)$；（2）$[-1,0)\cup(0,1]$；（3）$(-1,1)$；（4）$(-\infty,+\infty)$。

2. （1）0；（2）$2x+\Delta x$；（3）$-\dfrac{1}{x(x+\Delta x)}$；（4）$\dfrac{1}{\sqrt{x+\Delta x}+\sqrt{x}}$。

3. $x+1$。

4. 4；$3x^2+4x$；$3x^2-10x+7$；$27x^4-72x^3+36x^2+16x$。

5. （1）$y=\dfrac{1+x}{1-x}$，　$(-\infty,1)\cup(1,+\infty)$；（2）$y=\mathrm{e}^{x-1}-2$，　$(-\infty,+\infty)$；

（3）$y=\sqrt{x^2-1}$，　$[1,+\infty)$；（4）$y=\log_2(x+1)$，　$(-1,+\infty)$。

6. （1）$(-\infty,+\infty)$；（2）$(-\infty,+\infty)$。

7. （1）$y=\mathrm{e}^u,u=-x$；（2）$y=\lg u,u=\cos x$；（3）$y=u^2,u=\sin x$；

（4）$y=\sqrt{u},u=2x^2+1$；（5）$y=u^3,u=2-\ln x$；（6）$y=\tan u,u=\sqrt{x}\mathrm{e}^x$。

8. $y=\sqrt{d^2-x^2},(0<x<d)$（设两边长分别为 x，y ）。

9. $f=-\dfrac{1}{2}v$。

10. （1）略；（2）20。

11. $y=\begin{cases}0, & 0\leqslant x\leqslant 20\\ 0.2(x-20), & 20<x\leqslant 50\\ 0.3(x-50)+6, & x>50\end{cases}$。

12. $y=\begin{cases}2.0, & 0<x\leqslant 2\\ 2.5, & 2<x\leqslant 3\\ 3.0 & 3<x\leqslant 4\\ 3.5 & 4<x\leqslant 5\end{cases}$。

13. 54000。

14. （1）① 2；② 0；③ 不存在；④ 2；⑤ 2；⑥ 0。

（2）① $-\infty$；② $-\infty$；③ $-\infty$；④ 1；⑤ 2；⑥ 2。

15. 2，2，存在且等于2。

16. 1，-1，不存在。

17. （1）1；（2）-3；（3）∞；（4）-1；（5）$3x^2$；（6）$\dfrac{1}{2}$；（7）2；（8）2；（9）$\dfrac{3}{2}$；

（10）0；（11）-2；（12）$\dfrac{2}{3}$。

18.（1）3；（2）$\dfrac{2}{3}$；（3）$\dfrac{5}{2}$；（4）3；（5）–1；（6）e^{-4}；（7）e^3；（8）$e^{-\frac{5}{3}}$。

19. 24.61。

20. E。

21. 1。

22.（1）连续；（2）不连续。

23. e^2-1。

24. –1。

25.（1）3；（2）0 和 1；（3）0；（4）1。

26. 提示：令 $f(x)=x^3-2x-1$，然后在 $[1,2]$ 用零点定理。

27. 提示：令 $f(x)=x\cdot 2^x-1$，然后在 $[0,1]$ 用零点定理。

28. 满足 $0.18<\xi<0.19$ 的点 0.185 就可以作为根的近似值。

习题 2

1.（1）$10-g-\dfrac{1}{2}g\Delta t$；（2）$10-g$；（3）$10-gt_0-\dfrac{1}{2}g\,\Delta t$；（4）$10-gt_0$。

2.（1）因为随着时间的推移，甘薯温度不断升高，所以 $f(t)$ 是增函数，因此 $f'(t)>0$。
（2）$f'(20)$ 的单位是 $℃/\min$，$f'(20)=2$ 表示，在第 20 分钟时刻，甘薯温度升高的瞬时速率为 $2℃/\min$。

3. $\dfrac{1}{2\sqrt{x}}$，$\dfrac{1}{4}$。

4. $3x^2$。

5.（1）$x+y-2=0$；（2）$y=2x-1$。

6.（1）$20x^3-6x+1$；（2）$(a+b)x^{a+b-1}$；（3）$\dfrac{1}{2\sqrt{x}}+\dfrac{1}{x^2}$；（4）$-\dfrac{1}{2\sqrt{x^3}}-\dfrac{3}{2}\sqrt{x}$；

（5）$-\sin x+2x\sin x+x^2\cos x$；（6）$\dfrac{x\ln x-x-1}{x\ln^2 x}$；（7）$2^x e^x(\ln 2+1)$；

（8）$\dfrac{\sec x(x\tan x-1)}{x^2}$；（9）$\dfrac{\cot x}{2\sqrt{x}}-\sqrt{x}\csc^2 x$；（10）$15(3x+1)^4$；

（11）$\dfrac{1}{x\ln x}$；（12）$\dfrac{1}{x^2}\csc^2\dfrac{1}{x}$；（13）$4x^3 e^{\sqrt{x}}+\dfrac{1}{2}x^{\frac{7}{2}}e^{\sqrt{x}}$；

（14）$\dfrac{1}{2\sqrt{x}}\cot\dfrac{1}{x}+\dfrac{\sqrt{2x}}{x^2}\csc^2\dfrac{1}{x}$；（15）$-\dfrac{a^2}{(x^2-a^2)^{\frac{3}{2}}}$；

（16）$2x2^{x^2}\ln 2\cos\sqrt{1-x^2}+\dfrac{2^{x^2}x\sin\sqrt{1-x^2}}{\sqrt{1-x^2}}$；（17）$-\dfrac{1}{\sqrt{x^2+a^2}}$；

（18）$e^{x\ln x}(\ln x+1)$；（19）$3x^2 f'(x^3)$。

7.（1）–1；（2）2；（3）$2^{\frac{\sqrt{2}}{2}}\cdot\dfrac{\sqrt{2}}{2}\cdot\ln 2$。

8.（1）$4\ln x+6$；（2）$-4\sin 2x$；（3）0；（4）$\dfrac{2(1-x^2)}{(1+x^2)^2}$。

9. $5x - y - 13 = 0$。

10. $5!$; 0。

11. （1）$7\,900$，$13\,300$；（2）$\dfrac{47}{6}$，$\dfrac{61}{8}$。

12. （1）$9\,975$；（2）199。

13. $0.2 + \dfrac{4}{(t+2)^2}$。

14. （1）$\mathrm{d}y = (\dfrac{3}{2}x^{\frac{1}{2}} - \dfrac{2}{x^3} - 10x)\mathrm{d}x$；（2）$\mathrm{d}y = (x+2)\mathrm{e}^x \mathrm{d}x$；

（3）$\mathrm{d}y = -\dfrac{2}{(x-1)^2}\mathrm{d}x$；（4）$\mathrm{d}y = \dfrac{\sec^2\sqrt{x}}{2\sqrt{x}}\mathrm{d}x$；（5）$\mathrm{d}y = -\tan x \mathrm{d}x$；

（6）$\mathrm{d}y = [-\csc x \cot x + \sin(2^x) + (\ln 2)x2^x\cos(2^x)]\mathrm{d}x$；

（7）$\mathrm{d}y = \dfrac{(\sin x + x\cos x)(1 + \tan x) - x\sin x\sec^2 x}{(1 + \tan x)^2}\mathrm{d}x$。

15. （1）$\dfrac{3}{2}x^2 + C$；（2）$4\sqrt{x} + C$；（3）$-\dfrac{1}{x} + C$；（4）$\mathrm{e}^x + C$；（5）$\cos x + C$；（6）$\tan x + C$。

16. 0.09803。

17. $(0, +\infty)$上单调增加。

18. （1）单增区间$(-\infty, -1)$，$(3, +\infty)$，单减区间$(-1, 3)$，极大值$f(-1) = 15$，极小值$f(3) = -49$；

（2）单增区间$\left(\dfrac{1}{2}, +\infty\right)$，单减区间$\left(0, \dfrac{1}{2}\right)$，极小值$f\left(\dfrac{1}{2}\right) = \dfrac{1}{2} + \ln 2$；

（3）单增区间$(-\infty, -2)$，$(2, +\infty)$，单减区间$(-2, 0)$，$(0, 2)$，极大值$f(-2) = -8$，极小值$f(2) = 8$；

（4）单增区间$\left(-\infty, \dfrac{1}{5}\right)$，$(1, +\infty)$，单减区间$\left(\dfrac{1}{5}, 1\right)$，极大值$f\left(\dfrac{1}{5}\right) = \dfrac{4^2 \cdot 6^3}{5^5}$，极小值$f(1) = 0$。

19. （1）凸区间$\left(-\infty, \dfrac{5}{3}\right)$，凹区间$\left(\dfrac{5}{3}, +\infty\right)$，拐点$\left(\dfrac{5}{3}, -\dfrac{250}{27}\right)$；

（2）凸区间$(-\infty, -1)$，$(1, +\infty)$，凹区间$(-1, 1)$，拐点$(-1, \ln 2)$和$(1, \ln 2)$；

（3）凸区间$(-\infty, 1)$，凹区间$(1, +\infty)$，拐点$(1, -17)$；

（4）凸区间$\left(-\infty, -\dfrac{\sqrt{3}}{3}\right)$，$\left(\dfrac{\sqrt{3}}{3}, +\infty\right)$，凹区间$\left(-\dfrac{\sqrt{3}}{3}, \dfrac{\sqrt{3}}{3}\right)$，拐点$\left(-\dfrac{\sqrt{3}}{3}, \dfrac{1}{3}\right)$和$\left(\dfrac{\sqrt{3}}{3}, \dfrac{1}{3}\right)$；

（5）凸区间$(0, 1)$，凹区间$(-\infty, 0)$，$(1, +\infty)$，拐点$(0, 1)$和$(1, 0)$；

（6）凹区间$(-\infty, +\infty)$，无拐点。

20. （1）$y_{max} = 13$，$y_{min} = 4$；（2）$y_{max} = 80$，$y_{min} = -5$；（3）$y_{max} = 0$，$y_{min} = -1$；

（4）$y_{max} = 0$，$y_{min} = -\ln 2$。

21. $-\dfrac{1}{27}$，0，1，4。

22. $\sqrt{a}$，$\sqrt{a}$。

23. $5\sqrt{2}$，$250\sqrt{2}$。

24. 25。

25. 50 000。

26. 250。

27. 20。

28. （1）0；（2）–2；（3）$-\dfrac{2}{3}$；（4）$\dfrac{1}{2}$；（5）$\dfrac{1}{6}$；（6）0；（7）∞；（8）1。

29. 1.324718

习题 3

1. （1）$\displaystyle\int_{-1}^{1}\sqrt{1-x^2}\,\mathrm{d}x=2\int_{0}^{1}\sqrt{1-x^2}\,\mathrm{d}x=\dfrac{\pi}{2}$；单位圆面积的一半。

在区间 $[-1,1]$ 上由曲线 $y=\sqrt{1-x^2}$，x 轴所围成的曲边梯形是 $\dfrac{1}{2}$ 单位圆，由定积分的几何

意义可得：$\displaystyle\int_{-1}^{1}\sqrt{1-x^2}\,\mathrm{d}x=\dfrac{\pi}{2}$。

（2）$\displaystyle\int_{-3}^{3}x^3\,\mathrm{d}x=0$。利用对称性

2. （1）$\dfrac{4}{3}$； （2）3。

3. （1）$\sqrt{x^2+2}$； （2）$-\sin\left(x^2\right)$。

4. $\ln x+1$。

5. $-\dfrac{4}{3}$。

6. （1）$\mathrm{e}^{\frac{x}{3}}$； （2）$\dfrac{1}{2}\cos\dfrac{x}{2}+1$。

7. $-\sin x+C$。

8. $\dfrac{2}{3}x^3+C$。

9. （1）$3\ln|x|-2\sqrt{x}-\cos x+C$； （2）$\dfrac{1}{3}x^3-\dfrac{3}{2}x^2+2x+C$； （3）$\dfrac{1}{2}x^2-3x+C$；

（4）$\dfrac{10^x}{\ln 10}+\dfrac{1}{11}x^{11}+C$； （5）$\dfrac{2^x\mathrm{e}^x}{1+\ln 2}+C$； （6）$\sin x-\cos x+C$；

（7）$-\cot x-x+C$； （8）$\tan x-\cot x+C$； （9）e^x+x+C；

（10）$x-\arctan x+C$； （11）$\tan x-\sec x+C$； （12）$\mathrm{e}^x+\dfrac{1}{x}+C$；

（13）$\arctan x-\dfrac{1}{x}+C$； （14）$\dfrac{3^x}{\ln 3}+\dfrac{1}{4}x^4+\dfrac{3}{4}x^{\frac{4}{3}}+C$。

10. （1）$a^3-\dfrac{1}{2}a^2+a$； （2）$4-2\sqrt{2}$；（3）$\dfrac{21}{8}$；（4）$-\dfrac{20}{3}$；（5）$\dfrac{9}{\ln 10}+\dfrac{1}{11}$；

（6）$\dfrac{17}{4}$;   （7）$\dfrac{256}{7}$;   （8）$\sqrt{2}-1$;   （9）$\dfrac{5}{\ln 6}$;   （10）$\dfrac{\pi}{2}$;

（11）$\dfrac{1}{2}(e^4-e^2)-2\sqrt{2}+2$;   （12）$1-\dfrac{\pi}{4}$。

11.（1）2 ;   （2）1 ;   （3）$e+\dfrac{4}{3}$。

12.（1）$x-\ln|1+x|+C$;   （2）$-e^{-x}+C$;   （3）$\sqrt{1+2x}+C$;（4）$\dfrac{1}{2}e^{x^2}+C$;

（5）$\dfrac{1}{2}x+\dfrac{1}{4}\sin 2x+C$;（6）$\dfrac{1}{96}(x+2)^{96}+C$;   （7）$-\cos(e^x)+C$;

（8）$3\sin\left(\dfrac{x}{3}-2\right)+C$;   （9）$\dfrac{1}{2}\ln(1+x^2)+C$;   （10）$\dfrac{1}{2}(\ln x)^2+C$;

（11）$-\tan\dfrac{1}{x}+C$;（12）$2\sin\sqrt{x}+C$;（13）$\ln|\sin x|+C$;（14）$-\dfrac{10^{-3x+2}}{3\ln 10}+C$;

（15）$e^x+e^{-x}+C$;（16）$\dfrac{1}{6}(3+4x)^{\frac{3}{2}}+C$;（17）$-\dfrac{1}{2}\cot^2 x+C$;（18）$\ln\left|\dfrac{x-1}{x}\right|+C$;

（19）$\dfrac{1}{2}\ln\left|\dfrac{x-1}{x+1}\right|+C$;   （20）$\ln(1+\sin x)+C$。

13.（1）$\dfrac{13}{3}$;（2）0 ;（3）$e-2$;（4）$\dfrac{1}{2}(1-e^{-1})$;（5）$\ln 2$;（6）$\sin e-\sin 1$;

（7）$\dfrac{1}{3}(e^5-e^2)$;（8）$e+e^{-1}-2$;   （9）$e^{\cos 1}-e$;（10）$\sqrt{3}$;   （11）$\ln 6-\ln 5$;

（12）$-\dfrac{\ln 3}{4}$;   （13）0 ;   （14）2 ;   （15）$2\cot 1-2\cot 2$;   （16）$\cos\dfrac{1}{2}-\cos 1$。

14.（1）发散 ;（2）1 ;（3）π ;（4）发散。

15.（1）$\dfrac{32}{3}$;   （2）1 ;   （3）1 ;   （4）$\dfrac{9\pi^2}{8}+1$。

16. $e+e^{-1}-2$。

17. 8。

18. $\dfrac{32}{5}\pi$。

19. $\dfrac{1}{2}\pi^2$。

20. $y=\dfrac{x^3}{3}+1$。

21.（1）2阶 ;   （2）1阶 ;   （3）1阶 ;   （4）2阶。

22.（1）$e^y=\dfrac{1}{2}e^{2x}+C$;   （2）$\dfrac{1}{2}y^2=\dfrac{1}{3}x^3+3x+C$;

（3）$\dfrac{1}{2}y^2=-\sqrt{1-x^2}+C$;   （4）$y=e^{-x}(x+C)$;

（5）$y=e^{x^2}\left(\dfrac{1}{2}x^2+C\right)$;   （6）$y=(x+1)^2\left(2\sqrt{x+1}+C\right)$;

（7）$y = \mathrm{e}^{-\sin x}(x+C)$；　　　　　（8）$\ln\dfrac{y}{x} = Cx + 1$；

（9）$y = \dfrac{1}{\sin x}\left(-5\mathrm{e}^{\cos x} + C\right)$；　　　（10）$y = \dfrac{1}{4}x^3 + \dfrac{1}{x}C$。

23. 求下列微分方程满足所给初始条件的特解：

（1）$\sin y = \sin x + 1$；　　　　　（2）$2\mathrm{e}^x + \mathrm{e}^{-2y} = 3$；

（3）$y = \mathrm{e}^{2x}(x+2)$；　　　　　（4）$y = \mathrm{e}^{-\sin x}(x+1)$。

（5）$3\ln y + x^3 = 0$；　　　　　　（6）$2\ln(1-y) = 1 - 2\sin x$。

24. 200。

25. （1）$y = 200 - 180\mathrm{e}^{-kt}$；　　　（2）$k = -\dfrac{1}{15}\ln\dfrac{2}{3}$。

习题 4

1. （1）$u_n = \dfrac{1}{2n}$；（2）$u_n = (-1)^{n-1}\dfrac{n+1}{n+2}$。

2. $s_4 = \dfrac{65}{27}$，$s_n = 3\left[1 - \left(\dfrac{2}{3}\right)^n\right]$，$s = 3$。

3. （1）发散；（2）收敛；（3）收敛；（4）发散。

4. （1）100；85；72；61；52；（2）370；（3）666。

5. 900 万元。

6. （1）收敛；（2）收敛；（3）发散；（4）收敛；（5）收敛；（6）收敛；

7. （1）收敛；（2）收敛；（3）收敛；（4）发散

8. （1）条件收敛；（2）条件收敛；（3）发散；（4）绝对收敛。

9. （1）$R = 1$，$x \in (-1,1)$；　　　（2）$R = 2$，$x \in (-2,2)$；

（3）$R = +\infty$，$x \in (-\infty, +\infty)$；　　　（4）$R = 1$，$x \in [-1,1]$；

（5）$R = 1, x \in [2,4)$；　　　（6）$R = 1, x \in \left[-\dfrac{3}{2}, \dfrac{1}{2}\right]$。

10. （1）$s(x) = \dfrac{2}{2 - x^2}$；（2）$s(x) = \dfrac{2x}{(1 - x^2)^2}$；（3）$s(x) = -\ln(1+x)$；

（4）$s(x) = -3\ln(3 - x) + 3\ln 3$。

11. （1）$\mathrm{e}^{-x^2} = \displaystyle\sum_{n=0}^{\infty}(-1)^n\dfrac{x^{2n}}{n!}$，$x \in (-\infty, +\infty)$；

（2）$\ln(3+x) = \ln 3 + \displaystyle\sum_{n=0}^{\infty}(-1)^n\dfrac{x^{n+1}}{3^{n+1}(n+1)}$，$x \in (-3,3]$；

（3）$\cos 2x = \displaystyle\sum_{n=0}^{\infty}(-1)^n\dfrac{2^{2n}x^{2n}}{(2n)!}$，$x \in (-\infty, +\infty)$；

（4）$\dfrac{x}{3+x} = \displaystyle\sum_{n=0}^{\infty}(-1)^n\dfrac{x^{n+1}}{3^{n+1}}$，$x \in (-3,3)$；

（5）$\dfrac{1}{x^2 - 2x - 3} = -\dfrac{1}{4}\displaystyle\sum_{n=0}^{\infty}\left[\dfrac{1}{3^{n+1}} + (-1)^n\right]x^n$，$x \in (-1,1)$。

12. $f(x) = -\dfrac{\pi}{4} + \left(\dfrac{2}{\pi}\cos x + \sin x\right) - \dfrac{1}{2}\sin 2x + \left(\dfrac{2}{3^2\pi}\cos 3x + \dfrac{1}{3}\sin 3x\right)$

$\qquad -\dfrac{1}{4}\sin 4x + \left(\dfrac{2}{5^2\pi}\cos 5x + \dfrac{1}{5}\sin 5x\right) - \cdots$

$\qquad (-\infty < x < +\infty; x \neq \pm\pi, \pm 3\pi, \cdots)$

13. $2x^2 = \dfrac{4}{\pi}\sum\limits_{n=1}^{\infty}\left[-\dfrac{2}{n^3} + (-1)^n\left(\dfrac{2}{n^3} - \dfrac{\pi^2}{n}\right)\right]\sin nx, [0, \pi)$

$\qquad 2x^2 = \dfrac{2}{3}\pi^2 + 8\sum\limits_{n=1}^{\infty}\dfrac{(-1)^n}{n^2}\cos nx, [0, \pi)$

习题 5

1. $A = \begin{pmatrix} 2 & 2 \\ -2 & -4 \end{pmatrix}$, $B = \begin{pmatrix} 2 & 1 \\ -1 & -2 \end{pmatrix}$。

2. （1）$\begin{pmatrix} 2 & \frac{5}{2} & 5 & 9 \\ 0 & \frac{3}{2} & 0 & 1 \\ 1 & 0 & \frac{7}{2} & 4 \end{pmatrix}$；（2）$\begin{pmatrix} 1 & 3 \\ \sqrt{2}-2 & 0 \end{pmatrix}$；（3）$\begin{pmatrix} 1 & 5 \\ 2 & 1 \end{pmatrix}$；（4）$\begin{pmatrix} 7 & -2 & 0 \\ 3 & 4 & -1 \\ -8 & 0 & 5 \\ 1 & 1 & 2 \end{pmatrix}$；

（5）$\begin{pmatrix} -6 & 29 \\ 5 & 32 \end{pmatrix}$。

3. $AB = \begin{pmatrix} 0 & a & 0 \\ 0 & b & 0 \\ 0 & c & 0 \end{pmatrix}$，$BA = b$。

4. （1）$\begin{pmatrix} 7 & 4 & 3 & 0 \\ -6 & 1 & -6 & 1 \\ -1 & -4 & -3 & -6 \end{pmatrix}$；（2）$\dfrac{1}{3}\begin{pmatrix} 10 & 10 & 6 & 6 \\ 0 & 4 & 0 & 4 \\ 2 & 2 & 6 & 6 \end{pmatrix}$。

5. （1）$A = \begin{matrix} \text{高}\ \ \text{中}\ \ \text{低} \\ \begin{pmatrix} 31 & 42 & 18 \\ 22 & 25 & 18 \end{pmatrix} \end{matrix} \begin{matrix} \text{城里} \\ \text{城外} \end{matrix}$；（2）$M = \begin{pmatrix} 28 & 29 & 20 \\ 20 & 18 & 9 \end{pmatrix}$；（3）$\begin{pmatrix} 59 & 71 & 38 \\ 42 & 43 & 27 \end{pmatrix}$；

（4）19；（5）9%，15%。

6. PS，$PS = (37\,200,\ 35\,050)$。

7. （1）不一定；（2）可交换；（3）不成立。

8. $3^{99}\begin{pmatrix} 0 & 0 & 0 & 0 \\ 2 & 4 & 6 & 8 \\ 5 & 10 & 15 & 20 \\ -4 & -8 & -12 & -16 \end{pmatrix}$。

9. （1）3；（2）3；（3）2。

10. （1）$\begin{pmatrix} 1 & -4 & -3 \\ 1 & -5 & -3 \\ -1 & 6 & 4 \end{pmatrix}$；（2）$\begin{pmatrix} \dfrac{2}{3} & \dfrac{2}{9} & -\dfrac{1}{9} \\ -\dfrac{1}{3} & -\dfrac{1}{6} & \dfrac{1}{6} \\ -\dfrac{1}{3} & \dfrac{1}{9} & \dfrac{1}{9} \end{pmatrix}$；（3）$\begin{pmatrix} 22 & -6 & -26 & 17 \\ -17 & 5 & 20 & -13 \\ -1 & 0 & 2 & -1 \\ 4 & -1 & -5 & 3 \end{pmatrix}$；

（4）$\dfrac{1}{4}\begin{pmatrix} 1 & 1 & 1 & 1 \\ 1 & 1 & -1 & -1 \\ 1 & -1 & 1 & -1 \\ 1 & -1 & -1 & 1 \end{pmatrix}$。

11. $A^{-1} = \dfrac{A-E}{2}$，$(A+2E)^{-1} = \dfrac{A-3E}{-4}$。

12. 略

13. $A = A^9 = \begin{pmatrix} 1 & 0 & 0 \\ 2 & 0 & 0 \\ -2 & 1 & 1 \end{pmatrix}$。

14. （1）$\begin{pmatrix} 2 & -23 \\ 0 & 8 \end{pmatrix}$；（2）$\begin{pmatrix} -5 & 4 & -2 \\ -4 & 5 & -2 \\ -9 & 7 & -4 \end{pmatrix}$。

15. （1）$x_1 = 1, x_2 = 2, x_3 = 1$；（2）$\begin{cases} x_1 = \quad C_1 + \quad C_2 + 5C_3 - 16 \\ x_2 = -2C_1 - 2C_2 - 6C_3 + 23 \\ x_3 = \quad C_1 \\ x_4 = \qquad\quad C_2 \\ x_5 = \qquad\qquad\quad C_3 \end{cases}$；（3）无解。

16. 当 $a = 5$ 时，线性方程组有解，且全部解为 $\begin{cases} x_1 = -C_1 \\ x_2 = -C_1 + 2C_2 - 1 \\ x_3 = C_1 \\ x_4 = \qquad C_2 \end{cases}$。

17. （1）$\begin{cases} x_1 = -8C \\ x_2 = -C \\ x_3 = 5C \end{cases}$；（2）$\begin{cases} x_1 = \qquad C_2 \\ x_2 = 2C_1 - 17C_2 \\ x_3 = \quad C_1 \\ x_4 = \qquad\quad 5C_2 \end{cases}$；（3）$\begin{cases} x_1 = -9C \\ x_2 = -15C \\ x_3 = \quad C \end{cases}$。

18. $k = -1$ 或 $k = 4$ 时有非零解，$k \neq -1$ 及 $k \neq 4$ 时仅有零解。

19. $f(x) = \dfrac{7}{4}x^3 + \dfrac{1}{2}x^2 - \dfrac{23}{4}x + \dfrac{1}{2}$，$\dfrac{195}{2}$。

20. 92.5 万元。

习题 6

1. （1）$\Omega = \{HH, HT, TH, TT\}$；（2）$\Omega = \{5, 6, 7, \cdots\}$；（3）$\Omega = \{2, 3, 4, 5, 6, 7\}$。

2. （1）$\dfrac{7}{15}$；（2）$\dfrac{14}{15}$。

3. （1）0.5；0.4；（2）$\dfrac{5}{7}$；（3）1。

4. 0.5。

5. （1）0.48；（2）0.84。

6. 0.6。

7. $P\{X=k\}=(1-p)^{k-1}p\ (k=1,2,3,\cdots)$。

8. （1）$P\{X=3\}=C_5^3 0.55^2 0.45^3\approx 0.2756$；
（2）$P\{X\geqslant 2\}=1-0.55^5-C_5^1 0.55^4\cdot 0.45\approx 0.7438$。

9. 0.936。

10. （1）$a=0.36$；（2）0.48；（3）0.58。

11. （1）$\dfrac{1}{9}$；（2）$\dfrac{7}{27}$，$\dfrac{19}{27}$；（3）0。

12. （1）$a=6$；（2）$\dfrac{1}{2}$。

13. $a=\dfrac{1}{3},b=-\dfrac{1}{6}$。

14. 0.937。

15. （1）0.8952；（2）0.1357；（3）0.0456。

16. （1）0.5328；（2）$a=3$；（3）$b\leqslant -0.76$。

17. $h\geqslant 186.64$。

18. （1）–0.1，5.3，0.8；（2）5.29，47.61。

19. （1）X 的分布律为

X	0	1	2	3
P	0.03	0.22	0.47	0.28

；（2）$E(X)=2$。

20. （1）1，2，7/6；（2）1/6。

21. （1）$a=\dfrac{6}{5}$，$b=\dfrac{2}{5}$；（2）$D(X)=\dfrac{11}{150}$。

22. （1）7，36；（2）$n=36$，$p=\dfrac{1}{3}$。

23. 乙机床较好。

24. （1）$\bar{x}=3.6$；$s^2=2.88$；$s=1.697$；
（2）$\bar{x}=67.4$；$s^2=35.16$；$s=5.93$。

25. （1）、（3）是。

26. （1）$\lambda=t_{0.1}(5)=1.4759$；（2）$\lambda=t_{0.25}(5)=0.7267$；
（3）$\lambda=\chi^2_{0.025}(8)=17.535$；（4）$\lambda=\chi^2_{0.99}(15)=5.229$。

27. 0.0985。

28. （1）$E(\overline{X})=100$，$\sigma(\overline{X})=0.548$；（2）0.305。

29. （70.72,79.28）。

30. （1）（19.643,20.271）；（2）（19.572,20.342）。

31. $(0.2581,1.1330)$。

32. 认为这批元件合格。

33. 认为该车间生产的钢丝折断力的方差为16。

习题7

1. （2）、（5）、（9）不是命题；（1）、（4）、（10）是命题，真值为1；（3）是假命题，真值为0；（6）（7）（8）是命题，但真值还不能判断。

2. （1）设 p：地球上有生物，则符号化为 $\neg p$；

（2）设 p：我有时间，q：去上海参观世博会，则符号化为 $p \to q$；

（3）设 p：小李看电视，q：小李吃零食，则符号化为 $p \wedge q$；

（4）设 p：小王会游泳，q：小王会下棋，则符号化为 $p \wedge q$；

（5）设 p：3+2=6，q：美国位于亚洲，则符号化为 $p \leftrightarrow q$；

（6）设 p：我在看电视，q：我在看书洲，r：我在睡觉，则符号化为 $\neg p \wedge \neg q \wedge \neg r$；

（7）设 p：天下雨，q：我有时间，r：我去逛街，则符号化为 $(\neg p \wedge q) \to r$；

（8）设 p：天气炎热，q：小梅去游泳，则符号化为 $q \to p$。

3. （1）不相等；（2）相等。

4. 证明略。

5. 证明略。

6. 证明略。

7. （1）推理正确；（2）推理正确。（证明略）

8. （1）设 $F(x)$：x 是大学生，a：李华，符号化为 $F(a)$；

（2）设 $F(x)$：x 是有理数，$G(x)$：x 是实数，符号化为 $\forall x(F(x) \to G(x))$；

（3）设 $F(x)$：x 是人，$G(x)$：x 会犯错误，符号化为 $\forall x(F(x) \to G(x))$；

（4）设 $F(x)$：x 是整数，$G(x)$：x 是素数，符号化为 $\exists x(F(x) \wedge G(x))$；

（5）设 $F(x)$：x 是有理数，$G(x)$：x 是实数，符号化为 $\exists x(G(x) \wedge \neg F(x))$；

9. 证明略。

10. （1）推理正确；（2）推理正确。（证明略）

习题8

1. 解：

（1）

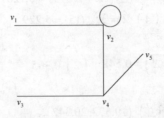

（2）$d(v_1)=1$，$d(v_2)=4$，$d(v_3)=1$，$d(v_4)=3$，$d(v_5)=1$。

2. 解：最小生成树为：

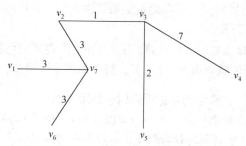

3. 解：最优 2 元树为：

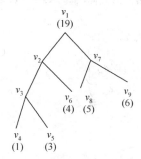

$W(T)=42$。

4. 解：

从 v_1 到 v_7 的最短距离为 17。

最短路为 $v_1 \to v_2 \to v_3 \to v_6 \to v_7$。

5. 解：

从 v_1 到 v_5 的最短距离为 8。

最短路为 $v_1 \to v_3 \to v_5$。

6. 解：

最优方案有两个，第一个方案为：第一年初购置的新设备使用到第二年底（即第三年初），第三年初再购置新设备使用到第五年底（即第六年年初）。第二个方案为：第一年年初购置的新设备使用到第三年年底（即第四年年初），第四年年初再购置新设备使用到第五年年底（即第六年年初）。这两个方案使得总的支付最小，均为 53。

习题 9

1.（1）2.83 m；（2）4.16 m。

2.（1）$\dfrac{\mathrm{d}P(t)}{\mathrm{d}t}=k_2A(t)(M-P(t))-k_1P(t)$（其中，$k_1$ 表示销售量的下降速度与销售量成正比的比例常数，k_2 表示销售量的增加速度与广告费用成正比的比例常数）；

（2）$P(t)=\begin{cases} \dfrac{k_2AM}{k_1+k_2A}+Ce^{-(k_1+k_2A)t} & 0\leqslant t\leqslant t_0 \\ Ce^{-k_1t} & t>t_0 \end{cases}$；（3）$A(t)=\dfrac{k_1P(t)}{k_2(M-P(t))}$。

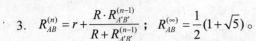

3. $R_{AB}^{(n)} = r + \dfrac{R \cdot R_{A'B'}^{(n-1)}}{R + R_{A'B'}^{(n-1)}}$; $R_{AB}^{(\infty)} = \dfrac{1}{2}(1+\sqrt{5})$。

4. (1)① 第二种方案较好，两年后资金增值为 63.2899 万元；② 第二种方案较好，8 年后资金增值为 80.1121 万元。

(2)① 陈酒在第 3 年出售时现值最高。在 8 年后，出售陈酒可收入 80.1121 万元；② 第 3 年售酒，第 8 年从银行取款可得 88.17 万元。好于单纯采取第二种方案。

(3) $X(t) = 50 \mathrm{e}^{\frac{1}{6}\sqrt{t}-0.05t}$，陈酒出售的最佳时机是第 3 年。

5. (1) r 是鱼群的自然增长率，故一般可以认为 $y = rx$。但是，由于自然资源的限制，当鱼群的数量过大时，其生长环境就会恶化，导致鱼群增长率的降低。为此，乘上一个修正因子 $\left(1-\dfrac{x}{N}\right)$，其中 N 是自然环境所能负荷的最大鱼群数量；

(2) $x = \dfrac{r-1}{2r}N$;（3) 5.625 万公斤。

6. $d(n) = \dfrac{1}{\sqrt{5}}\left(\dfrac{1+\sqrt{5}}{2}\right)^{n+1} - \dfrac{1}{\sqrt{5}}\left(\dfrac{1-\sqrt{5}}{2}\right)^{n+1}$。

7. $\begin{cases} a_n = 1 - \left(\dfrac{1}{2}\right)^n b_0 - \left(\dfrac{1}{2}\right)^{n-1} c_0 \\ b_n = \left(\dfrac{1}{2}\right)^n b_0 + \left(\dfrac{1}{2}\right)^{n-1} c_0 \qquad n = 1, 2, \cdots。 \\ c_n = 0 \end{cases}$

参 考 文 献

[1] 车燕，戈西元，邢春峰. 应用数学与计算（修订版）. 北京：电子工业出版社，2000.

[2] 王信峰，戈西元，邢春峰. 应用数学与计算上机实训. 北京：电子工业出版社，2000.

[3] 王信峰，车燕，戈西元. 大学数学简明教程. 北京：高等教育出版社，2001.

[4] 邢春峰，李平. 应用数学基础. 北京：高等教育出版社，2008.

[5] 赵树嫄. 微积分. 北京：中国人民大学出版社，1998.

[6] 同济大学应用数学系. 高等数学（本科少学时类型）. 北京：高等教育出版社，2001.

[7] 李心灿. 高等数学应用 205 例. 北京：高等教育出版社，1997.

[8] James Stewart 著，白峰杉主译. 微积分（上册）. 北京：高等教育出版社，2004.

[9] 刘斌. 计算机数学. 北京：机械工业出版社，2005.

[10] 谢季坚，李启文. 大学数学. 北京：高等教育出版社，1999.

[11] 叶东毅，陈昭炯，朱文兴. 计算机数学基础. 北京：高等教育出版社，2004.

[12] 周煦. 计算机数值计算方法及程序设计. 北京：机械工业出版社，2004.

[13] 王能超. 数值分析简明教程. 北京：高等教育出版社，2004.

[14] 吴筑筑，谭信民，邓秀勤. 计算方法（第 4 版）. 北京：电子工业出版社，2004.

[15] 常柏林，李效羽，卢静芳，钱能生. 概率论与数理统计（第 2 版）. 北京：高等教育出版社，2001.

[16] 季夜眉，吴大贤，等. 概率与数理统计. 北京：电子工业出版社，2001.

[17] 盛骤，谢式千. 概率论与数理统计及其应用. 北京：高等教育出版社，2005.